城市规划与环境保护

陈 宁 崔 宁 张 健 主编

吉林科学技术出版社

图书在版编目（CIP）数据

城市规划与环境保护 / 陈宁，崔宁，张健主编. --
长春：吉林科学技术出版社，2019.10
　ISBN 978-7-5578-6127-8

　Ⅰ. ①城… Ⅱ. ①陈… ②崔… ③张… Ⅲ. ①城市规
划－关系－环境保护－研究－中国 Ⅳ. ① TU984.2 ② X-12

　中国版本图书馆 CIP 数据核字（2019）第 232670 号

城市规划与环境保护

主　　编	陈　宁　崔　宁　张　健
出 版 人	李　梁
责任编辑	汪雪君
封面设计	刘　华
制　　版	王　朋
开　　本	185mm×260mm
字　　数	330 千字
印　　张	15
版　　次	2019 年 10 月第 1 版
印　　次	2019 年 10 月第 1 次印刷
出　　版	吉林科学技术出版社
发　　行	吉林科学技术出版社
地　　址	长春市福祉大路 5788 号出版集团 A 座
邮　　编	130118

发行部电话 / 传真　0431—81629529　　81629530　　81629531
　　　　　　　　　　 81629532　　81629533　　81629534

储运部电话　0431—86059116

编辑部电话　0431—81629517

网　　址	www.jlstp.net
印　　刷	北京宝莲鸿图科技有限公司
书　　号	ISBN 978-7-5578-6127-8
定　　价	60.00 元

前　言

　　在城市发展中，城市环境问题日渐突出。而城市环境问题也已经不单单只是环境污染的问题，其包含多种复杂的元素，因此，在对城市规划中的环境问题进行探讨时，不能仅仅局限于对环境污染的治理，还要关注环境的其他方面，只有这样才能够在整体上改善城市环境，从而为城市的长远发展奠定良好的环境基础。和谐可持续发展是环境改善的最主要目标，和谐的城市环境，以及可持续发展目标的实现，是城市规划中环境问题的根本。

　　本书将从城市规划的整体做出简要的介绍，概述了城市规划的内容及城市规划中的总体布局，城市中的土地规划，道路交通规划，绿地规划和基础设施规划方面的内容。同时对环境保护方面做了一定的介绍，主要包括全球性的环境问题，如大气污染，噪声污染，水污染等方面的内容。

目　录

上篇　城市规划

第一章　城市化与近现代城市规划

第一节　城市化与城市问题

一、中国城市化进程分析

中国城市化进程始于建国，但中国城市化的发展步伐非常缓慢。1949～1978年近30年的时间里，我国实行的是高度中央集权的计划经济体制，城市化的发展模式是政府发动和包办型的自上而下的城市化，广大农村和众多农民被游离于工业化的进程之外，大量的剩余劳动力滞留在农村，不能进入城市化的进程，这就使我国城市化水平仅仅从新中国成立初的10.6%、136个建制市增加到1978年年底的17.9%、193个建制市。改革开放以来，中国的城市化进入快速发展的新时期，城市化的发展模式是以市场导向的改革进程中新出现的由民间力量或社区组织发动并得到政府认可或支持的自下而上的城市化。这期间城乡之间的壁垒被逐渐打破，各种生产要素开始在城乡之间跨地区流动。伴随着农村经济的快速发展、乡镇企业的崛起，大量农村剩余劳动力摆脱了土地和农业的束缚，向城镇和非农产业转移，有力地推动了我国的城市化进程。初步形成了以特大城市为中心，大中城市为骨干，小城市为纽带协调发展的城镇体系。尽管如此，但是由于中国工业化刚刚起步，城市化水平与世界水准仍有较大的差距。可见我国的城市化水平还处于由初期起步阶段向中期加速发展阶段转换，伴随着国家工业化和经济市场化、社会化、现代化进程的加快，城市化的发展也必将与世界性潮流接轨，进入加速发展阶段。因此分析我国城市化进程中出现的问题，探索适合我国国情的城市道路新战略显得至关重要。

二、中国城市化进程中出现的主要问题

改革开放以来，我国城市化进程明显加快，进入到加速发展的新时期。但长期实施的城市化方针却严重阻碍了我国城市化向更高层次的迈进。城市化水平较低、城市化地区性差异明显、城市化滞后于工业化、农村剩余劳动力增长与城镇容量间的矛盾突出等成为中国城市化进程中出现的主要问题。

1. 城市化水平较低

按第五次人口普查资料，到2000年，中国的城市化率为36.06%，这个指标，不仅低

于世界上同等经济发展水平国家，也与自身工业化程度和经济发展水平不协调。目前世界城市化平均水平已近 50%，发达地区国家为 75%，发展中国家也在 40%。我国的城市化水平除了受制于工业化以及经济社会发展水平之外，还要受到体制、政策与形势等的影响。实践证明，城市化的主要动力是市场推动，而不在于政府的行政推动。城市的核心是"市"，城市化的核心是"市场化"。然而目前的城市化进程中依然强调政府去"抓"，而没有真正依靠市场来"育"。所以中国的城市化要变"政府推动"为"市场推动"，要打开城门，让市场去调节，降低城市发展的非市场成本。国际经验也说明，城市化是市场经济的必然要求，市场经济是城市化的推进器。

2. 城市化地区性差异明显

特殊的地理环境造成我国各地的经济发展水平和城市分布相对集中在东部地带，东中西三大地带呈现明显的梯度差异，在城市化发展上亦呈现明显的地区性差异，从总体上看，东部地区明显高于西部地区。从城市数目看，东部地区城市数目增长快。与此同时，东部地区的城市化进程比中、西部地区明显要快，已经进入城市化发展的中期阶段，中部地区正处于初期向中期的过渡阶段，西部地区仍处于城市化发展的初期阶段。

3. 城市化滞后于工业化

新中国成立以来，中国一直走的是一条在推进工业化进程的同时，控制城市发展的道路，使得中国的城市化严重滞后于工业化。究其原因，除国家经济发展水平低的因素外，更为重要的是经济体制和政府政策的影响。高度集中的计划经济体制和城乡分隔政策极大地阻碍了城市化的发展。我国城市化发展的滞后，已经制约了社会经济的进一步发展。我国在新中国成立后直到改革开放前的 30 年间，大量的研究表明，我国目前的城市化进程仍然落后于工业化进程，城市化滞后的结果不仅使工业化和农业现代化进程受到严重阻碍，而且还引发了诸如工业乡土化、农业副业化、离农人口"两栖化"、小城镇发展无序化、生态环境恶化等"农村病"的产生。这是一种违背工业化和现代化发展的城市化模式。

4. 农村剩余劳动力增长与城镇容量间的矛盾突出

由于人口基数庞大，劳动力过剩，就业不足问题在一段较长时间仍将困扰着我国。进入 20 世纪 90 年代以后，由于乡镇企业发展速度的减缓，吸纳数量呈减少的态势。与此同时，由于国企改革的不断深化，使企业中富裕职工显性化，城镇内部失业人口与待业人员日益增多，下岗职工再就业的任务十分严峻。随着经济增长方式由粗放型向集约型转变，产业结构调整，技术水平提高，城市对劳动力需求增长幅度相对减缓，城市劳动力供过于求的矛盾将更加突出。

三、中国城市化战略的新选择

中国的城市化战略，具体而深刻地体现了"三个代表"重要思想的精髓。我国城市化道路的选择不应局限于"大城市战略、中等城市战略和小城市战略"的争论，而应根据城市发展的客观规律，注重从中国的现实国情出发，遵循市场经济规律，统筹规划，合理布局，循序渐进，坚持提高、完善大城市与积极发展中小城市相结合，促进区域城市化的发展，促进建制镇适当集中，有力推进城乡一体化进程，走出一条具有中国特色的城市化道路。

1. 提高和完善大城市

提高、完善大城市，促进建制镇适当集中，应该成为新时期中国城市发展方针的重要内容。我国虽然疆土辽阔，但人口众多，人均土地资源十分有限，剩余劳动力就业压力巨大，发展大城市意义重大。在中国城市体系的规模结构中，应适当加快大城市的发展。中外城市发展史证明，大城市有着难以替代的规模效益、聚集效应和辐射功能。大城市、特大城市在国民经济发展中除了有比中小城市高得多的经济效益外，大城市的高度发展，即是增强综合国力、提升我国产业国际竞争力的需要，也是从根本上提高我国城市化水平及其质量的需要。此外，知识经济和信息时代的挑战也要求我们必须将大城市，特别是国际经济中心城市和大都市带的发展置于优先地位。通过这种高效率的集聚人口和经济活动的布局模式，在大幅度提高我国经济运行和产业布局效率的同时，还可以促进知识和信息的创新活动。实践证明，同中小城市相比，大城市就业潜力巨大、对城市人口增长贡献率大、容纳农民的成本相对较低、比小城镇节约土地，在资金、人才、信息、交通、市场、管理、效率等方面都具有更大的优势。这是大城市在城市化加速发展阶段超前增长的主要原因。

2. 积极发展中小城市

中小城市在我国的城镇体系中处于中间环节，起到了联系大城市和小城镇的作用；中小城市点多面广，承上启下，联系广泛，规模适中，具有大城市的优点，城市基础设施和产业基础具有一定规模；在住房、交通等方面不像大城市那么紧张，生产力水平及文化科技基础又比小城镇优越。因此，合理发展中小城市对缓解大城市人口和承载压力及促进小城镇发展都具有十分重要的作用。中小城市是城市化进程的重要推动力。中小城市处于城市规模结构金字塔的中部，上联大城市，下联小城镇，人口、经济、空间三者之间的矛盾比较少，是县域及县域以上的区域中心，具有大城市和小城镇不可替代的功能。中小城市不仅在数量上占我国城市 90% 以上，而且也成了吸纳城镇人口的主体；中小城市的产业基础具有一定规模，基础设施建设相对完备，能够实现聚集效益和规模效益，已形成所在区域的工商业中心；中小城市是农村富余劳动力的主要流向地；中小城市是城乡协调发展的主要力量；但是由于中小城市存在要素集聚能力较弱、建设资金相对短缺、土地管理和环境保护等方面监管不力等特点，在现阶段需要加强监控管理，统筹规划，合理布局，循序渐进，使中小城市，能够健康、有序地发展。

3. 促进区域城市化发展

长期以来，由于相同或相似的政治、经济、文化等因素的影响，城市与其腹地以及其他相关的城市、乡村共同组成了一个相互关联、密不可分的整体。因此，城市化的研究不能仅及于大城市本身，而必须十分地关注大城市所在区域的社会发展；必须改变传统研究城市化只以大城市和乡村为基本分析单位的现象，从而使城市化发展及其效能上升到区域社会发展的高度。城市的集聚效应不仅在于城市的规模，更重要的在于城市的区域联系。加强中心城市的改造与扩展，建立以大城市为核心的城市群。如此才能最终实现中国城市化的目标。

第二节　城市化指标

一、评价指标体系构成

一个地区的城市化发展水平，主要由本地区的经济发展、社会发展、基础设施建设和环境保护等方面反映。因此，我们从人口城市化、经济城市化、地域景观城市化、生活方式、生活质量城市化和环境状态城市化 5 个方面构建城市化发展水平评价指标体系。

表 1-2-1　城市化发展水平评价指标体系

城市化发展水平	人口城市化	非农业人口比重（%）
		人口密度（人／平方公里）
		第二、三产业从业人员占总人口的比重（%）
	经济城市化	工业总产值（亿元）
		人均 GDP（元）
		社会消费品零售总额（亿元）
		出口总额（万美元）
		实际利用外贸（万美元）
	地域景观城市化	道路面积（万平方米）
		公路通车里程（公里）
		城市建成区面积（平方公里）
		人均公共绿地面积（平方米）
		建成区绿化覆盖率（%）
	生活方式、生活质量城市化	用水普及率（%）
		燃气普及率（%）
		人均天然气用量（立方米）
		私人拥有汽车数量（辆／万人）
		每百人公共藏书量（册／百人）

「续表」

城市化发展水平	环境状态城市化	污水管道长度（公里）
		污水排放量（万立方米）
		生活垃圾清运量（万吨）
		万人拥有公厕数（座）

二、评价指标代表的含义

人口城市化是人类社会发展到一定历史阶段的产物，它的产生绝不是偶然的，而是社会经济发展的必然趋势，从根本上说，是社会生产力发展的结果。人口城市化是指农业人口进入城市转变为非农业人口以及农村地区转变为城市地区所导致的农业人口转为非农业人口的过程，其实质应是人口经济活动的转移过程。因为人口城市化的主体是经济活动人口，在人口迁移变动中，经济因素是首要因素，这种经济城市化与人口的城市化是无法分开的，两者的结合就形成了城市。人口城市化包括了非农业人口比重、人口密度和第二、三产业从业人员占总人口的比重这 3 个指标。非农业人口比重反映了在整个城市人口结构中非农业人口所占比例情况；人口密度反映了在每平方公里的区域内人口的密集程度；第二、三产业从业人员占总人口的比重，反映了从业人员在第二、三产业中的就业情况，可以在一定程度上说明第二、三产业的活跃程度。人口城市化的进行，促进了劳动力在地区间、部门间的合理流动，在城镇中不断发展落后产业。因此人口城市化是一种调整产业结构和就业结构的途径和手段，能够促进产业结构的合理化和人口就业结构的合理化，从而实现城市化的健康发展。

经济城市化，主要反映了一个地区的经济实力和经济发展状况。在利润最大化动机下经济活动具有一种空间集中的向心力。但这种经济活动的集中倾向并非主要以空间位移来表现，而主要以生产的空间组织和企业之间联系的变化来表现。城市化进程中经济活动的这种集中倾向，最终将在空间形成经济活动聚集。经济城市化是城市化的动力，城市化的根本原因是工业化，随着工业化的推进，在市场经济机制的作用下，必然导致城市化。经济城市化中最直接的推动因素是工业化，而服务业等第三产业则是城市化向更高层次深入的表现。也正因为如此，工业化与城市化联系紧密，特别是在城市化处于加速发展阶段，工业化更是城市化的主要推动力量。以工业化经济为基础的城市聚集经济具有突出的空间密集性，聚集可以理解为经济要素和相关经济活动处于相对密集的状态，对应于经济要素和经济活动的密集型空间组织与资源配置结构。因此必然会对工业化所必要依赖的共同资源、交通运输、市场以及为生产和生活服务的各种基础设施增加投入，形成相互促进的关系，从而使城市规模扩大，或新的城市的建立。经济城市化的实质是分工、专业化生产以及减少交易成本的结果。经济城市化指标包括：工业总产值、人均 GDP、社会消费品零售总额、出口总额、实际利用外资金额。工业总产值反映了整个城市工业发展的总体情况；人均GDP，反映了城市的经济规模水平社会消费品零售总额，反映城市商业发达状况以及城市服务功能。出口总额和实际利用外资金额，反映了城市金融经济外向性、对外招商引资能力的状况。

地域景观城市化方面的指标主要有：道路面积、公路通车里程、城市建成区面积、人均公共绿地面积、建成区绿化覆盖率。道路面积、公路通车里程、城市建成区面积等指标反映了城市基础设施建设和市容面貌情况；人均公共绿地面积、建成区绿化覆盖率，反映了城市的绿化美化情况。人均住房使用面积、人均生活用水量、人均生活用电量、人均铺装道路面积和每万人拥有公共汽电车。人均住房使用面积，反映城市居民的生活质量；人均生活用水、用电量，反映城市消耗总体规模；人均铺装道路面积和每万人拥有公共汽电车，反映城市交通基础设施建设和居民的生活方便程度。生活方式、生活质量的城市化是整个城市化过程的有机组成部分，也是城市化内涵丰富性的具体体现。用水普及率、燃气普及率指标反映了城市的市政基础建设和与人民群众息息相关的基本生活。每百人公共藏书量指标反映了人们生活方式趋向于知识型；私人拥有汽车数量指标反映了人们生活水平提高后的生活质量的改观。

环境状态城市化是城市存在和可持续发展的必要条件，城市是现代文明产物之一，工业化过程必然伴随"三废"产生，随着城市化水平提高，人们也越来越重视环境保护和治理，环境状态好坏也从一个方面反映了城市化水平的高低。可从污水管道长度、污水排放量、生活垃圾清运量、万人拥有公厕数等几个方面来衡量环境状态的城市化水平。

第三节　我国城市化政策及模式选择

一、我国应采取的城市化政策

（一）推进中国城镇化必须确立并实施科学的发展战略

城镇化发展战略的制定涉及不同等级城镇的地位、功能、相互关系以及城镇化发展的动力等根本性问题。在不同等级城镇的关系问题上，我国理论界先后提出过五种不同观点，目前国家倡导的是重点发展中小城市并把小城镇放在非常突出地位，这将导致两个方面的偏差：一是违背世界城市化历史进程中大城市优先发展并带动城市群发展的普遍规律和趋势，将遏制中国城镇化的速度，影响城镇化的质量。二是由于大多数小城镇缺乏完善的交通运输、能源供给、信息传输等网络体系，企业的投资成本会大大提高，因而小城镇对各种生产要素的集聚和辐射功能都较差，想依靠小城镇来解决数亿农民的转移问题是不现实的。小城镇应该发展，但必须择优。基于上述认识，推进中国城镇化应确立并实施两大战略：

1. 城市群发展战略

要以城市群建设为重点，以城市群带动城镇化和城乡一体化发展，最终形成大中小城市和小城镇协调发展的城镇化空间格局。第一，要发挥现有特大城市和大城市强大的辐射功能，带动周边次中心城市、卫星城镇的发展，推进城市群建设。第二，以扩容为重点，积极鼓励中等城市发展，为特大城市设置保护带，并培育其逐步成长为大城市。第三，小城市和小城镇应确立依托大城市加快自身发展的战略。要注意对大城市辐射的承接，避免在专业分工上与大城市的雷同，走特色发展之路，与大城市形成优势互补的良性互动关系。

2. 产业带动战略

城镇化必须依托于城镇二、三产业的充分发展，如果没有二、三产业的发展，大量农村居民涌进城镇势必会带来更多的社会问题。扩大城镇就业空间，要在继续发展好第二产业的同时重视发展第三产业。世界上一些发达国家如美国，其第三产业的就业人员占总就业人数的比重已达到80%以上，而在我国的就业结构中第三产业明显偏低。在总量不足的同时，第三产业的内部结构也不尽合理，金融、保险、通信、房地产、信息服务和社区服务等新兴第三产业还处于起步阶段。针对这种情况，各级政府应从战略高度调整产业结构，大力扶持城镇第三产业的发展，挖掘第三产业的就业潜力。

（二）中国城镇化进程中应采取正确的策略

1. 在工业化进程中采取合理的技术选择策略

现阶段我国经济增长的模式正由粗放型加速向集约型转变，靠科技、管理和结构调整促进经济增长的因素越来越大，这就产生了资本和技术替代劳动力的现象。同时，在激烈的市场竞争中一些企业效益不佳甚至破产，导致职工下岗分流，也进一步加大了城镇的就业压力。对一个国家来说，大型企业主要承担工业体系、综合技术水平、技术研发、国际竞争力等任务，而中小型企业则主要应发挥解决就业、稳定社会、促进竞争活力的作用。中国未来10年每年需要提供1000万个就业机会，只有在坚持以信息化推动工业化、重视发展以资本和技术为依托的大型企业的同时，大力发展中小劳动密集型企业，大中小企业并举，才能使中国既在国际竞争中具有优势，又能扩大吸收城乡劳动力的就业容量，使国内劳动力资源得到充分利用，降低失业率，使社会成员安居乐业，促进城镇化进程。

2. 城镇化与新农村建设协调并进

尽管改革开放以后我国的城镇化不断加速，以年均0.93%的增速发展，至2008年年末已达到45.7%，但要实现数亿农民向城镇的转移还需要一个较长的过程。实践中如果我们仅仅注重城镇的发展而忽视农村居民生产生活条件的改善，城乡差距将会进一步扩大。城镇化与新农村建设是两个相辅相成的过程，只有两手抓，协调并进，才能推进城乡一体化发展，最终实现整个国家的现代化目标。

（三）我国城镇化快速健康发展必须进行制度创新

大量关于城镇化与工业化关系的研究表明，我国目前仍属于城镇化严重滞后的国家。在制约城镇化进程的诸多因素中，制度因素是主要障碍，推动我国城镇化快速健康发展的关键在于制度创新。

1. 户籍制度创新：建立以人口迁徙自由为最终目标的户籍管理制度

自 1958 年开始实行的户籍管理制度人为地把国民划分为农业人口和非农业人口两大极不平等的社会群体，成为农民进城的一个难以逾越的坎。近些年来这种分割体制虽然有所松动，但并未得到根本改变。农民进城仍受到许多限制，导致这种状况的原因主要是部分学者和政府决策者担心一旦户籍制度彻底放开，大量农民涌进城市会加重"城市病"，带来城市住房紧张、交通拥挤、公共资源紧缺、失业率上升等问题。事实上这种担心是没有必要的。人口从乡村流向城镇或从城镇流向乡村主要取决于人们对流动后收入和生活状况能否得到改善的预期，以及由此所需承担风险的理性判断，如果一个农民进了城，在城市找不到固定居所和稳定的生活来源，最终还是要回去的，近些年部分进城农民要求将城镇户口迁回农村的"反城镇化"现象就有力地说明了这一点。人口迁徙既是市场优化资源配置的必然结果，同时也是人口在利益驱动下对劳动和生活空间进行选择的结果，市场经济的发展必然要求建立与之相适应的人口自由迁徙制度。

2. 农地流转制度创新：建立规范的多级市场体系

在城乡存在巨大差距的情况下，大量农村剩余劳动力进入城镇二、三产业就业。短距离流动的农民通常采取兼业形式；而当他们作跨地区、跨省流动时，其承包的农地通常交给父母兄弟照料，由于缺乏中介组织和农地流转市场，亲朋、乡邻之间的农地流转多为口头协议，转包费常常难以兑现，转包期限也随时变动，导致许多纠纷。这既不利于对原承包者利益的保护，也不利于农地向优势经营主体的集中，迫切需要建立规范的农地流转市场。一要培育中介组织。二是形成科学合理的价格评估体系。三是要加快公共就业服务制度创新，建立健全覆盖城乡的公共就业服务体系。

（四）社会保障制度创新：逐步构建城乡一体化社会保障体系

相比较而言，目前我国城镇居民的社会保障体系建设得要好一点，而农村居民的社会保障体系远未真正建立和健全。保障体系的残缺使进城农民存在后顾之忧，成为制约城镇化进程的一个重要因素。在社会保障体系建设方面要重点抓好以下三个关键方面：

1. 完善失地农民社会保障制度

农地不仅是农民获取收入的重要来源，而且是其最后的保障。要坚决制止在征占农地过程中对农民利益的再剥夺。这里主要涉及两个方面的关键问题。一是在公益性项目的建设中对农民的补偿、安置费过低。二是用于商业开发性项目的征地过程中，地方政府通过低买高卖获得的巨额差价收入的绝大部分被归入地方财政，只有少部分用于被征地农民的补偿和安置，这在全国是一种极为普遍的现象，实质上构成了对农民利益的巨大损害。农民作为弱势的一方缺乏参与权和话语权，利益诉求得不到充分表达，无论补偿安置费高低，农民通常只能被动地接受，导致政府与被征地农民的深刻矛盾，为社会稳定埋下巨大隐患。这是违背我党执政为民理念的，严重损害了党和政府的形象。

2. 完善针对进城农民工的社会保障制度

大量的调查数据表明，进城农民工参加各类保险的比例较低，既有用工单位的原因，也有农民工自身参保意识不强的原因。为此，一要加强对用工单位执行劳动法状况的监督检查，对违法者给予重罚，确保用人单位依法不符合正义的价值需求，该种法律拟制就不应当存在。也就是说，在充分考虑效益价值的基础上，立法上的法律拟制只有在符合罪刑法定、罪刑均衡、平等适用原则的情况下才是正当的；司法上的法律拟制只有有利被告的出罪法律拟制和易罪法律拟制才是正当的。

二、我国城市化模式的选择

（一）组织管理模式的妥协

近年来，随着社会主义市场经济的建立和完善，对于如何协调市场与政府在城市化进程中的作用，学者们对政府主导的城市化与市场主导的城市化展开了讨论。一些学者认为，在市场主导型城市化模式下，政府缺乏必要的调控和干预，其后果必然是"城市病"和"农村病"并存；而政府主导型城市化模式，人口的流动和迁移在政府的宏观调控下而进行的，既可以避免"城市病"，又可以避免"农村病"。而一些学者则对政府主导下的城市化进程进行了批判，认为这种城市化模式是改革开放前中国城市化水平滞后的原因之一，也造成了当前城市化较高的社会总成本，中国城市化应从政府主导型向市场主导型转化。目前大多数学者都既肯定市场在城市化过程中资源配置的基础性作用，也肯定政府的调控作用，认为中国的城市化模式应当是市场机制与政府调控相结合的城市化。但在如何确定市场与政府在城市化中的主导关系问题上仍有所偏差。有的学者更重视政府在城市化管理中的主体作用而有的学者更强调市场在城市化中的主导作用

（二）城乡关系模式的破局

在中国的城市化进程中，城乡发展不协调的矛盾一直十分突出，特别是随着20世纪80年代中期后城乡差距的持续扩大，在城市化过程中建立什么样的城乡关系模式成为城市化研究所关注的焦点。对于城乡关系模式的研究视角，有的从城市化历史进程中城乡关系变化的视角出发，将城市化划分为"城市瓦解农村模式""城市馈补农村模式""农村转变城市模式"三种模式；有的从城乡协调的角度，将城乡发展划分城乡相互封闭发展、

城市优先发展、城乡同质化发展和城乡差别化协调发展四理论模式。有的从城乡政策和城乡互动关系的变化，将城市化划分为城乡分割的城市化与城乡统筹的城市化。此外，还有研究提出了中国城市化发展新的理论模式——城乡网络化发展模式圆。不论如何划分，一个成功的发展模式，必须重视城乡之间的联系和关系的协调，摆脱城乡二元分割的发展状况，既非"城市偏向"，也非"乡村偏向"，而要在不同层面上统筹城乡之间的发展，实现两者之间的双向互动。

（三）发展建设模式的期待

随着工业化和城市化过程中资源环境的压力越来越大，城市化与资源环境的关系问题日益成为当前城市化研究的热点问题，与此相关的绿色城市、生态城市、宜居城市、低碳城市等可持续城市发展的概念也层出不穷。此类模式研究从城市化与资源环境的关系、城市化质量的角度分析，认为中国城市化过多地依赖于数量、规模的外延式扩张，重数量规模轻质量内涵，资源环境问题突出，城镇建设和经济发展总体上没有摆脱粗放型的发展模式，并提出了集约型或资源节约型城市化模式的转变方向及其策略。其中，有研究对中国粗放型城市化道路的原因进行了分析；有研究分析了国外城市化的教训和我国面临的资源环境问题，提出借鉴国外城市化经验走资源节约型城市化发展道路；有研究对我国走资源节约型的城镇化发展道路的必要性、基本原则和具体对策进行了阐述；有研究进一步对节约型城镇化模式的理论进行了建构；有研究则通过对美国生态经济学家莱斯特 .R. 布朗（Lester R Brown）所提出的城市化和经济发展的"A 模式"和"B 模式"的批判，提出我国的城镇化模式必须超越"A 模式"的诱惑和"B 模式"的泥淖，走自己特色的"C 模式"网；有研究通过分析城市化模式与资源环境的关系，提出不同的城市化模式所产生的资源环境效应是不同的，粗放型的城市化模式在经济发展中加大了资源环境消耗的强度和数量，而集约型的城市化模式则会降低资源环境消耗的强度和数量，有利于在经济发展中处理资源环境问题。

（四）多元发展模式的综合

近年来，一些学者在总结和借鉴国内外城市化发展经验的基础上，提出中国城市化的多元化模式。简新华、刘传江根据城市化的国际经验和中国的实践，提出中国的城市化道路应该是：与工业化和农业现代化同步发展的道路、多元化道路、市场推动的城市化道路和政府主导型的城市化道路。姚士谋等提出，在 21 世纪中国城市化应该采取多元化、集约型、协调发展的城市化模式。汪冬梅则提出，我国未来的城市化模式应是市场主导型、城乡综合发展的多元城市化模式。盛广耀在对以往城市化的发展模式及其问题进行反思的基础上，提出在新的发展阶段和发展条件下，应尽快实现城市化的推进模式由行政主导向市场主导、政府引导的方式转变，城市化的空间组织模式由小城镇为重点向大中小协调发展转变，城市化的城乡关系模式由城乡分割向城乡统筹转变，城市化的建设模式由粗放型向集约型转变。这种多元城市化模式的观点对城市化的理解更加全面，对过去一些不正确的认识起到纠偏的作用，具有一定的宏观指导意义，目前正成为中国城市化研究中的主流观点。

第四节　城市化进程中的深层次问题及隐患

一、城市化带来的问题

（一）失地农民返贫

为了在城市化的进程中城市扩展的目的，地方政府把向农民征得的农民宅基地等土地复垦后换取同等面积的城市建设用地指标。向农民征地用于城市化的建设，目的和初衷都没有错，但是牺牲农民的利益搞"土地财政"发展地方经济就是大错特错了。

在征地的过程中没有对农民采用合理的安置方式，现行的土地征用制度也没有充分尊重农民对土地的财产所有权及使用权，农民在城市化的大潮中还没有享受到城市化和现代化带来的便利，又一次地失去了赖以生存的土地资源。在当前整个社会就业压力增大，社会保障制度还不健全的情况下，土地被征占意味着农民失去了基本生活保障。部分失地农民种田无地、就业无岗、低保无份，生活在城市的边缘。刚刚解决温饱问题准备奔向小康的农民却由于城市化而返贫了。2010 年我国城市化率达到 45.7%，城乡收入比却为 3 : 31，考虑到可比性因素，城乡收入差距大约达到了 4 ~ 6 倍左右。城市化的目的和意义是加快社会的发展，使城市的文明成果城乡共享，逐步的缩小城市与乡村二元经济体制带来的城乡差距，但是 2010 年《城市蓝皮书》上的这组数据却直接反映出，城市化对中国社会经济的本义被一些地方政府忽略了。

另外，农民为了获得更多的补偿，运用愈加激烈的方式进行"反拆迁"。政府向农民争地成为农民返贫的元凶，也成为政府与农民之间利益矛盾的根源。

（二）农民工、农二代与留守儿童问题

城市化的进程当中，大量的人口涌入城市，使城市原有能够支撑人们生产生活的公共物品呈现出严重不足的态势。农民工在城市化过程中付出自己辛勤劳动和汗水，却不能享受城市生活的待遇，生活在城市的边缘。

农民工，指户籍仍在农村，进城务工和在当地或异地从事非农产业的劳动者。他们是我国城市化进程中产生的独特的社会现象。据统计，全国农民工总数超过 2 亿，其中进城务工的农民工达 1.2 亿，他们为农村增加了收入，为城市创造了财富，为城乡发展注入了活力，他们为我国经济社会发展做出了积极的贡献。但是由于城乡二元结构及相关法律的

不健全，使农民工不能得到应有的尊重和生活保障。这不免使农民工对城市的认同感降低，同时，进城务工的农民会产生自我怀疑和自卑心理，用不理智、不负责任的方式对待自己和周围的人，甚至成为城市社会治安不稳定的因素。

第一代农民工的子女多数是出生于 20 世纪 80 年代以后，被称为"农二代"。他们曾是"留守儿童"，他们曾是随"民一代"父母进城寻梦的"无根儿童"。身为独生子女的他们拥有更多的文化知识，怀有更远大的理想，对城市也更加的熟悉，但是他们的心理承受能力和抗压能力也更加脆弱。但是户籍制度、城市社保等相关制度的制约使他们"留不下，回不去"，成了游离在城市边缘的人。

另外，那些依然留守在农村的儿童，也同样存在很多的问题和困难。留守的少年儿童正处于成长发育的关键时期，他们无法享受到父母在思想认识及价值观念上的引导和帮助，成长中缺少了父母情感上的关注和呵护，极易产生认识、价值上的偏离和个性、心理发展的异常，一些人甚至会因此而走上犯罪道路。

（三）价值观的迷失

改革开放以来，我国的社会主义价值体系还没有完整的建构。受西方自由主义思潮的冲击，人民群众的价值观出现了混乱。"信仰逐渐陨灭，理性越来越清晰"，对金钱、地位的追逐远远超过了对"真、善、美"的追求。这种迷失在城市中表现得更加明显。没有精神层面的追求，物质上再丰富也不能给人带来满足，对于整个社会而言这是非常危险的。从自我的迷失、迷惘到对自己失望甚至对整个社会不满，这个过程是非常危险的，同时也对社会的稳定构成了威胁，对创建社会主义和谐社会非常不利。另外，在城市化进程的关键时期，没有强大的价值观的支撑也是很难攻克难关的。试想一下，整个社会都不择手段地追逐金钱和地位，或者碌碌无为、无所追求，不再提高自我修养，不再为组织内部着想，不再考虑帮助弱势群体提高整个民族的凝聚力和核心竞争力，怎么又有强大的战斗力去进行经济建设，去进行城市化的建设呢？

（四）自然环境和资源的破坏及浪费

城市化对自然环境和资源的破坏也是其进程中不容忽视的一个问题。由于在城市集中了很多的工厂和企业，形成了"城市热岛"，使本来就脆弱的城市环境更加的不堪一击；城市的很多自然景观被钢筋水泥代替，影响了生物的多样性造成资源的浪费；城市人口的急剧增加使生活垃圾的排放量增大，甚至超过了环境的承载能力而造成环境的失调；另外还有噪声污染、光污染等新型污染也是值得我们关注的。

二、对城市化的理性思考

（一）新农村建设与城市化统筹发展

城市化的进程中，政府扮演的角色应该是具有"大"胸怀的"小"政府。大胸怀，指的是政府要逐步建立和施行相应的政策使城市真正的接受农民，即逐步消除或者缩小城乡二元经济结构对农民在住房、子女上学、社会保障等方面的限制，使农民能够"想留下""留得下"。"小"政府，指的是政府应该是公共利益的代表，即政府在某种程度上是"社会人"。这主要表现在政府的工作重心和落脚点应该放在着力解决民生问题，而不是单纯的创造政绩上。撤县建区、镇改街道，这些用行政手段推进的城市化模式使城市变大了，城镇人口变多了，城市化率提高了，但是这种被曲解了的城市化造成了社会产业发展水平仍然较低，公共配套设施仍然缺位，不利于人民生活水平的提高。单纯的"空间城市化"、人为推进城市化被认为是一种浪费的城市化。

基于这种矛盾，可以考虑一种新的思路：新农村建设与城市化统筹发展。在努力提高城市化的速度、优化城市化的质量的同时，也不能忽视新农村的建设。让城市化促进新农村建设，令新农村建设成为城市化建设的坚强后盾和稳定的大后方，大力实施新型城市化新农村建设"包容性发展"的新战略。新农村建设中，倡导采取"多予少取放活"的原则，使农村实现生产发展，生活宽裕，乡风文明，村容整洁，管理民主的目标。马克思在思考社会发展的过程中曾预言过，人类社会的发展将经历从城乡分离到城乡融合的历史阶段。既然城乡融合已经成为政府工作的重点和大方向，那么新农村建设成为城市化的过渡阶段也是未尝不可的。在我国城市化的攻坚阶段，作为农民进入城市生活的过渡，新农村更容易使其安居、乐业，更有幸福感，也更能够发挥自己的优势。既保证了城市居民的生活质量也改善了农村落后的面貌，而且也在城市化速度增速与质量提高中找到平衡点。新农村建设与城市化建设统筹发展，再由新农村过渡到城市，无疑成为一种最佳的选择。

（二）大中小城市协调发展

"十二五"规划中明确指出，要实现"包容性增长"。包容性增长中要求的是公平合理地分享经济增长，无论在城市还是农村，也无论是教育、卫生、电力、水利、交通基础设施、住房、人身安全，都尽量满足社会上尽可能广泛的人群的共同愿望。那么在城市化建设的过程中就不能仅仅发展大城市而忽略中等城市特别是小城市的发展。而是应该由大城市带动中小城市发展，中小城市为大城市发展创造稳定的经济环境和社会环境，这样的发展模式才能最大限度地实现可持续和社会公平的目标。相反的，如果过分追求占地广、人口多的大城市建设，不仅将导致有限的土地资源被浪费，也不利于城市空间与产业空间的优化。同时，大城市得到越来越多的发展资源，中小城市的资源却在一定程度上被挤占，其结果是城市得不到长远的发展，也很难完成城市化发展的长远目标。

（三）完善相关机制的建设

1. 依法办事与监督

为保证在城市化进程中依法保障农民的利益，首先就是完善土地补偿机制。各地政府必须认真学习并严格遵守《土地管理法》的相关条款，对失地农民依法进行足额的补贴。不能让农民在城市化的过程中由于失地而再次返贫，保证农民在为城市化做出贡献的同时有相应的补偿。对失地农民补偿的过程中还应构建完善的监督，监督机制中不仅应包括司法监督、行政监督还应该进行补偿机制的政务公开，让农民充分的知晓相关的补偿方法和制度。保证切实的监督，确保在农民、大众传媒和公众的监督之下对失地农民进行补偿，保质保量地完成土地的征用工作。

2. 推进教育工作

保证对农民及留守儿童的帮扶教育。由各地的农技单位对农民进行科学育种、科学增产等方面的培训，充实农民原有的种田思想。这对我国的农业生产逐步向机械化、科学化发展有深远的意义。对失地农民进行再就业的培训，使农民可以掌握新的技能进入非农部门工作，从而成为城市化建设中的基础力量。而对于留守儿童要强化社会的关注度，由教育部门负责对留守儿童集中的地区进行定期的走访和大学生支教活动。帮助留守儿童提高心理素质、道德品质，使他们拥有更强大的内心去适应社会，让他们理解他们及父母都是城市化的奉献者，而不是被城市遗忘的人。

3. 构建农村医疗和社会保障制度

缩小城乡差别，最重要的是指缩小城乡在医疗和社会保障方面的差距。逐步完善农村的医疗和社会保障体系，在农村建立完善的医疗和福利制度，是农民取得"病有所依，老有所养"的保障。农民不会因为疾病和年老而无力支撑生活，甚至成为儿女和社会的负担。在农村建立与城市类似的医疗和社会保障制度，使农民也过上有保障的生活，是城市化成果惠及农村的重要表现形式。建立农村医疗和社会保障制度可以采取村民自愿，多方合作的模式。参保费用由农民、村政府和上级政府以及中央财政共同负担，以"专款专用、严格监督、惠及村民"的原则，按照一定的比例筹集资金、建立专用账户。可以在部分地区进行试点，在总结经验和教训的基础上，逐步在全国范围内建立起农村医疗和社会保障制度。

（四）认真学习社会主义核心价值体系

在经济转轨和城市化的过程中，经济的发展和城市的建设固然是重要的。但是，在全社会范围内建立和完善统一的价值体系也是必不可少的。在我国实现城市化的关键阶段，认真学习社会主义核心价值体系不仅能够为城市化的建设提供强大的精神力量而且也在全社会范围内形成一种民族精神的合力。让大家了解现阶段的实际困难和未来的美好前景、了解经济转型、了解城市化，坚定全社会攻坚城市化的信心。建设社会主义核心价值体系，是增强民族凝聚力、提高国家竞争力的迫切需要，也是战胜当前各种困难，最终实现城市化的关键因素。

社会核心价值体系的学习可以是从上而下的也可以是自下而上的。具体的，从上而下是指从中央到地方大力推行价值体系建设的学习，再向下级机构转达思想和要义。主要涉及党政机关领导干部、企事业领导层的学习。而自下而上是指以社区、高等教育机构作为基本单位的学者、群众等对社会价值体系形成认同的过程，再向上级机构汇报学习的成果。形式也可以是多样的，可以出版社区报、经验交流座谈会等。在这个过程中媒体充当媒介和两种学习方式的连接点，通过宣传报道使两种方式的学习过程有机的联系在一起，在全社会范围内形成对社会主义核心价值观的统一认识。

我国现阶段的城市化在纯粹的速度指标上是偏慢的（每年的平均速度在 1% 左右），但是在保障城乡居民的生活水平指标上又是超前的（没有保证全体人民生活水平的改善和提高）。在"十一五"计划和"十二五"计划交接之际，停下脚步反思城市化进程当中出现的问题、总结经验与不足是相当必要的。在成功举办世博会之际，希望我们的城市化也如世博会的口号一样——"城市让生活更美好"，在发展中不断反思错误，不断进步，让城市化脚步逐步深入的进行下去，让城市化的成果能够惠及城乡居民。

第二章 城市规划概述

第一节 城市规划简述

一、城市规划的含义

城市规划是研究城市的未来发展、城市的合理布局和管理各项资源、安排城市各项工程建设的综合部署。在中国，城市规划通常包括总体规划和详细规划两个阶段。规划将是一个城市未来发展的最早的模型。通过对城市空间发展的合理组织，满足社会经济发展的需求。

二、城市规划的作用及意义

城市规划是政府在市场经济条件下引导和控制整个城市建设和发展的基本依据和手段，是城市建设和发展的"龙头"，是社会、经济和生态环境在空间上协调、可持续发展的保证，是城市建设的指导，是地方政策和发展的基础。不管是现阶段哪个国家，还是从历史上来说城市规划都是一项重要的政府职能。从某种意义上说，城市规划体现了政府对城市发展的政策导向。改革开放以来，随着社会主义市场经济体制的日益建立和完善，城市规划在合理调整城市布局、协调各项建设、完善城市功能、优化城市土地和空间资源配置、整合不同利益主体的关系等多个领域发挥了重要作用。城市规划以其高度的战略性、综合性和政策性，为实现城市经济、社会的协调和可持续发展，维护城市整体和公共利益做出了不可磨灭的贡献。

1. 管理公共资源，保障公共利益

在市场经济条件下，城市建设是以社会综合效益为目的的公益性建设，也是以经营为目的开发。在城市土地、空间配置中居于主导地位的是地方政府，它通过城市规划确定土地的用途，进而保障城市的合理发展；从经济意义来讲，利用政策手段调控房地产价格，以及从源头上限制土地资源的浪费，是实现社会公平的重要条件；从社会意义的角度来讲，社会服务基本设施的规划，如科教文卫、保障性住房等，保障了城市内的每个人基本的生存条件。

2. 平衡各阶层的需求，协调各方矛盾

在市场经济条件下，商业开发行为的最终目的是追求利益的最大化，甚至以牺牲城市的整体利益作为代价，更不乏触碰其他权益主体的利益。如何在保障经济发展的同时，兼顾其他多方利益主体的权益平衡；按照土地开发的类型、特征和要求，以及外部社会和环境的约束条件，如何规范商业开发行为，城市规划都起到了积极的市场规则的作用。

3. 传承城市文化，兼顾开发与保护

一个城市，尤其是一些历史名城，土地效益最高的区域，往往也是历史古迹最为集中的区域。土地开发为达到最大的经济效益，往往以牺牲这些资源为代价。而这些资源的价值是任何现代资源无法取代的。在市场经济条件下的开发与保护是城市规划的一项重要课题。

4. 控制土地资源，为开发建立秩序

不论在何种条件下，任何事物的进行及发展都只有在有序竞争中，才能获得利益最大化。尤其是规模较大、结构较为复杂的城市，更是难以避免开发的无序性。这种现状只能依靠科学的规划手段来解决，这是社会发展的必然选择。

5. 合理引导，高效经营

在市场经济条件下，城市开发本质上也是一种经营行为。而城市的发展也是有一定周期性的。有效的市场引导，能够带来优异的目标质量和长久的发展动力。只有规划与市场科学的衔接，才能达到良好的经济和社会效益。

第二节　我国的城市规划

一、我国城市规划的现状及问题

改革开放以来，中国的经济有了突飞猛进的发展，社会财富的积累，综合国力的提升，都有力地促进了城市化的进程。21世纪以来，我国的经济发展依旧保持了强劲的势头，同时在世界范围内的影响力也达到了前所未有的高度。在这样一个大环境下，城市规划也必将迈上一个新台阶。然而，在取得巨大成就的同时，我们也正面临着大规模发展所带来的一系列新问题。这些问题能否妥善解决，会严重影响我国城市发展的质量，对社会、人文、生态环境等各方面资源造成难以挽回的浪费。

1. 规划的随意性

规划是城市建设的排头兵，是城市建设的依据所在，在建设中的地位极其重要。然而，在我国现在的城市建设过程中，原本很严肃的规划要求，却经常性地发生变更，具有很大的随意性。首要的原因是利益的驱使。地方政府为了追求高速度经济增长，盲目的进行土地开发，而规划却很难跟上开发的脚步，甚至有些人为了个人利益，利用不法手段诱使城市规划向某些利益主体倾斜。其次是地方领导的更替。不同的领导对于一个城市的发展有着不同的设想和蓝图，短时间内的领导更替，往往使刚刚建立的规划变成一纸空文。第三是社会环境客观的发展变化，任何事物都不可能一成不变。这些因素都使得规划出现了很大的随意性。

2. 对于历史文化遗产没有足够的保护意识

任何一个城市形成发展，都是一个长期的历史过程。每一个历史时期都会在城市留下时代烙印，产生大量的历史文化遗迹。在现代的城市建设中，利益最大的地方也往往积聚着大量的历史遗迹。于是，在利益的驱使下，大量的古迹名胜遭到了毁灭性的破坏，留下永远无法弥补的缺憾。

3. 严重的环境破坏

生态环境是一个城市存在和发展的自然基础。一个城市生活质量的高低不仅取决于经济的发展程度，设施的完善程度，更重要的是生态环境的良好程度。同时还要看城市的布局是否合理，建设是否人性化，是否具备可持续发展的潜力。而目前我国很多城市的建设都以严重的生态破坏来换取焕然一新的城市面貌。虽然政府出台了各类环境保护文件政策和法律法规，但在实际过程中，这些规范往往不被重视。

4. 以数量代质量

一些城市的领导为了出政绩，大力发展形象工程。片面追求大规模，高规格，而忽视了其本身的意义所在。

5. 没有预见性

例如交通，我国目前几乎所有的大中城市都存在严重的交通拥堵现象，甚至在有些小城市堵车现象也日趋严重。排除社会经济发展和人民生活水平提高的原因，很大程度上是由于规划的欠缺。尤其是在老城区，人口过于集中、公共设施落后，甚至缺失，都严重影响了城市的质量。这些问题在一定程度上都是由于规划的前瞻性不足，只顾眼前而没有留下发展的空间。

6. 不能因地制宜

每一个城市都是一个独特的历史进程的产物，都有其独特的历史文化气息。合理的城市规划应当突显出本地特有的文化和特征。然而在规划中照搬照抄的现象屡见不鲜，本来风格迥异的两个城市，却出现了相同的城市规划逻辑。雷同抄袭，不仅使一个城市失去了灵魂，也失去了发展的竞争力。

二、我国城市规划的发展趋势

城市规划的发展应该是理论与实践相辅相成的。实践的发展必然带动理论高度的提升，而理论的提升必然指导实践向更高处迈进。

规划的实施就是将蓝图变为现实的过程，不可逆转是这个过程最鲜明的特点。规划的实施过程决定城市的最终面貌。我国目前正处于转型发展的关键时期，各项制度都处于摸索阶段。社会环境的任何变化都会影响到规划的实施过程。

1. 城市规划要有严肃性

城市的建设是一个市场化的过程，而城市的规划是一个法制化的过程。一项完善的法律制度才能有效地指导社会的发展。因此，提高城市规划的严肃性是城市发展的重要保证。

2. 城市规划要有科学性

在城市的规划建设中，要坚持理论联系实际的原则，从我国现阶段的基本国情出发，从本地方的实际状况出发，从百姓最关注的问题入手，摸索出一套适合本城市的规划建设模式。而在规划的实施过程中，一定要充分了解本地方的经济实力，城市建设的各项指标都要在自身的能力范围以内。遇到百姓关心，影响深远的问题，更要综合考虑，严格把关，切忌盲目上马，避免不必要的损失。

第三章 城市总体布局

第一节 城市的构成要素与城市布局

一、城市的构成要素

主要有三个要素：产业构成、人口、职能。

（一）产业构成

产业结构是城市社会在生产过程中形成的各产业之间及其内部各行业之间的比例关系和结合状况。由于可以从不同的角度对城市产业进行分类，城市产业结构也就具有多重内涵。按照社会产品的最终用途，可把城市产业分为生产生产资料的第一部类和生产消费资料的第二部类，这样，城市产业结构是指两大部类之间的比例关系和结合状况。在实际经济生活中，两大部类划分法被具体化为农轻重划分法，这样，常识产业结构指的是农业、轻工业、重工业之间的比例关系和结合状况。根据不同的城市产业部门对某种生产要素的依赖程度，可把城市产业划分为劳动密集型产业、资本密集型产业和技术密集型产业，这样，城市产业结构指的是劳动密集型产业、资本密集型产业和技术密集型产业之间的比例关系和结合状况。

城市性质和经济技术发展水平对城市的产业构成有重大作用。不同性质的城市，如综合性经济中心城市和专业性城市，其产业结构、部门结构，以及与此相连的劳动就业结构、技术结构和组织管理结构等，都会有所不同。相同性质的城市，在不同的经济技术发展水平条件下，其产业构成也不相同。经济技术发达国家与发展中国家相比，城市服务部门所占比重，前者较后者要高得多。城市经济的发展，要求城市内的各种产业配置合理，比例协调，特别是保持城市基础经济部门和城市服务部门的合理比例，使城市生产、市政建设、居民生活相互协调和发展。

（二）人口

是指那些与城市的活动有密切关系的人口，他们常年居住生活在城市的范围内，构成该城市的社会主体，是城市经济发展的动力、建设的参与者，又都是城市服务的对象，他们赖城市以生存，又是城市的主人。影响城市人口数量和素质的因素包括自然因素、社会经济因素和政治因素。

1. 自然因素

这是最基础也是最重要的因素，一个地区自然环境的好坏对于城市的功能、规模和社会经济发展起决定作用，也就间接影响了城市人口的数量及素质。自然因素包括气候、水源（淡水）、地形、地理位置、土壤和资源等。

2. 社会经济因素

该因素是建立在自然因素上的，是影响城市人口的又一基础性因素。包括经济、交通、通信、文化教育、医疗卫生等。

3. 政治因素

包括国家政策（如深圳）、战争和政治变革。

现代城市人口的特征主要有：首先，城市人口的集中程度高，而且绝大多数人口从事非农产业；其次，城市人口中三教九流无所不有，人们从事不同的职业并分化为不同的阶层，呈现出多元化的特点；再次，城市家庭规模小型化、结构简单化，人们有更多的精力和时间投入家庭外的社会活动；最后，不同阶层、行业等背景的人为保护自身利益或为实现自己的兴趣和价值取向，往往以一定的方式组成一定的社团群体，表现出城市人口较强的社群性。

（三）功能

现代城市的主要功能。

1. 信息中心

现代城市是各类科研机构和各类人才的荟萃之地，是研究开发新技术、试制新产品的主要基地。在一些经济发达国家，一些新建的城市，如美国的硅谷和日本的筑波，规模不大但能量极大，不仅是国家的科技中心，甚至是世界性的科技中心。城市的这种科技中心作用是推动市场经济发展的主要力量。现代科技和市场经济的发展，使城市的信息源、信息量急剧膨胀，信息的开发、搜集、处理、存储、传输手段日益现代化，人们的活动对各类信息的要求和依赖性日益增多，信息产业化已开始成为现实，城市作为信息中心的功能也逐渐突出起来。

2. 网络中心

信息通信被认为是信息社会影响城市经济活动集聚的首要因素。城市信息中心化的直接原因就是城市的信息实现了网络化，使信息资源积聚于小小的方寸之地。21世纪的城市群空间关系正在由网络取代传统城镇体系的等级观念，城市特别是中心城市在群体空间中的等级与作用不仅取决于其规模和经济功能，而且也取决于其作为复合网络连接点的作用。

3. 组织中心

在 21 世纪的信息社会，对于中心城市而言，经济、文化、科技、教育等中心地位的作用，不再仅仅取决于自己在这些方面的雄厚实力，而是要看能否凭借自己雄厚的实力，特别是在信息资源方面的优势，实现对上述领域各类活动流程的有效调控和组织。

4. 创新中心

在历史上，城市一直是创新的来源，也是人类创造力的旺盛所在；历史上城市的创新主要有文化的＋智能的、技术的＋生产的、技术的＋组织的三种；工业革命以来，第二、三种类型的创新与日俱增，中心城市则使第三种愈发重要。在 20 世纪，第一类及第二类的创新已经有混合的趋势；在 21 世纪的信息社会，三种城市创新混合的情形也将出现，而其中信息技术的＋调控组织的城市创新将扮演最关键的角色。

二、城市结构

（一）城市结构演变

1. 以老城为主体的城市结构

（1）空间结构：隋唐时期为"一核一轴"；明清时期为"一核一轴两带"；1985 年以前城市形态以蔓延为主。

（2）街巷体系：韩城街巷空间基本分为，大街、巷里、马道、庙街四类。城内五条大街：金城大街、西大街、书院街、煌庙巷、文庙巷，七十二条小巷，其格局呈"井"字形和"丁"字形式。

（3）功能分区：韩城老城以东西大街为界，城北基本为公共建筑区，城南为居民生活区。

2. 以新城为主体的城市结构

（1）空间结构：韩城市中心城区由新城区、老城区、象山区、苏山区、竹园区五片组成。城市形成了"一主两副，一带三轴"的空间结构。

（2）道路网：韩城新城区形成了棋盘式道路网结构。道路网由 6 条主干道，11 条次干道并辅以支路组成。主干道红线宽度 40 ~ 60m，次干道与支路分别为 25 ~ 40m 和 20m。

（3）功能分区：

以太史大街为主轴的公共设施区；

以商业大厦为核心的金塔商业区；

以招商区为核心的商贸服务区；

以龙门大街为主轴的金融旅馆区；

公共设施区南北两侧的二类居住区；

老城、东营村、董村的三类居住区；

象山区、道北区的教育文化区；

以及铁路区以南的建材家具市场。

（二）城市结构存在的问题

1. 城市结构松散，片区增长不均

然而目前中心城区四大片区（新城区、象山区、道北区、老城区）各自为政，导致城市整体结构松散。

（1）空间形态方面：功能关联度较弱影响结构松散。城市交通影响结构松散。

（2）面积比方面：2006 年新城区：象山区：老城区面积比分别为 14：5：1。

2. 老城与城市结构分离

（1）新城西侧韩源下生活垃圾的堆砌，割裂了城市组团功能结构之间的关联，加速了老城结构的解体。

（2）在城市整体结构分散的影响下，以及各片区之间过长的交通联系，导致老城在城市形态中的孤立。

（3）城市三条交通线路在新城区交汇，加强了新城区的交通节点作用，导致老城区与其他两区分散作用更为明显。

（4）由于老城区机动车交通的限制，削弱了老城的交通便捷度。老城与城市结构关系屏弱。

（5）由于历史原因造成的相对于新城而显现出来的诸如地势低洼、交通不便、设施落后等因素成为阻碍老城发展的最明显、最直接的因素。

（6）由于规划建设导致的老城位于城市基本功能与空间结构之外，新、老城功能结构割裂，导致老城的经济结构、社会结构、文化结构与新城日益格格不入，更是从本质上加剧了城市结构的解体。

（7）由于新、老城无法形成城市整体功能结构之间的共享交织，城市居民普遍存在"老城比新城落后""城市的发展趋势在新城的心理"新、老城居民分质、分异明显，社会网络结构失衡，城市分化严重。

（8）由于新城与老城，象山区与老城、新城区与象山区之间缺乏轴线的连贯，导致老城区脱离城市主要发展轴线，在寂静的同时更加衰败。因此，城市结构之外的韩城老城逐渐丧失了生命活力。

老城中心化：老城中心化的城市空间结构即是形成以老城为中心的结构形态，采用包围或者半包围的方式将老城置于城市空间结构的核心区域，促进城市以老城为核心的集中。

作用：老城中心化的空间结构能促使政治稳固、经济繁荣、文化昌盛、社会安定。城市内部各要素之间应存在社会、经济、文化、空间结构的和谐秩序。

优点：有利于老城区形成集聚效应，增强其原有的功能；有利于城市用地的高效利用，避免重复建设；有利于社会、经济、文化结构的高度集中。

3. 城市中心区的衰落

（1）社会经济发展因素影响。

（2）自然高差影响。

（3）居住用地、商业用地等比例关系不恰当。

总结：历史文化名城往往具有新、老城商业核心共同作用的商业布局结构。而商业用地周边大量的传统住宅区、高密度的新型居住区、公共服务设施用地、旅游景点等共同促成了商业核心的集聚效应。

解决：首先，改善目前城市"轻生活"的思想意识、价值观念，提升城市商业用地的质量与数量，依托现有的商业用地布局结构，形成新、老城兵力的商业网络体系；

其次，通过调整居住用地、公共服务设施用地、旅游服务设施用地等比例，促成城市商业核心的活力；

再者，将老城作为城市现代、传统商业、旅游功能的载体，与新城商业核心共同作用，合理提升与改善现有的商业布局结构，增强城市中心区的活力。

（三）老城与城市结构的关系思考

在韩城城市发展过程中，老城从过去的商业核心区成为目前的"衰败区"最大的原因来自"新旧分离"的规划方式，即新城取代老城作为城市发展的核心。对历史城市而言，对老城采取"冻结式"保护的方式并不可取，"新旧分离"仅仅是个起点，其后的功能结构优化以及与城市总体布局的关系整合才是历史文化名城可持续发展的根源。

1. 形成紧凑集中、老城中心化的空间结构。

2. 延续城市发展轴线。

3. 协调商业用地与居住用地的关系。

4. 老城与城市结构有机结合。

三、城市总体规划

（一）总体规划

综合研究和确定城市性质、规模和发展方向，统筹安排城市各项建设用地，合理配置城市各项基础设施，处理好远期发展与近期建设的关系，指导城市建设和合理发展。

1. 总体规划的主要内容

（1）设市城市应当编制市域城镇体系规划，县（自治县、旗）人民政府所在地的镇应当编制县域城镇体系规划。

（2）提出城市性质和发展方向，划定城市规划区范围。

（3）提出规划期内城市人口及用地发展规模，确定城市建设与发展用地的空间布局、功能分区，以及市中心、区中心位置。

（4）确定城市对外交通系统的布局以及车站、铁路枢纽、港口、机场等主要交通设施的规模、位置，确定城市主、次干道系统的走向、断面、主要交叉口形式，确定主要广场、停车场的位置、容量。

（5）综合协调并确定城市供水、排水、防洪、供电、通信、燃气、供热、消防、环卫等设施的发展目标和总体布局。

（6）确定城市河湖水系的治理目标和总体布局，分配沿海、沿江岸线。

（7）确定城市园林绿地系统的发展目标及总体布局。

（8）确定城市环境保护目标，提出防治污染措施。

（9）根据城市防灾要求，提出人防、消防、防洪、抗震防灾规划总体布局。

（10）确定需要保护的风景名胜、文物古迹、历史文化保护区、划定保护和控制范围，提出保护措施，历史文化名城要编制专门的保护规划。

（11）确定旧区改建、用地调整的原则、方法和步骤，提出改善旧城区生产、生活环境的要求和措施。

（12）综合协调市区与近郊区村庄、集镇的各项建设，统筹安排近郊区村庄、集镇的居住用地、公共服务设施、乡镇企业、基础设施和菜地、园地、牧草地、副食品基地，划定需要保留和控制的绿色空间。

（13）进行综合技术经济论证，提出规划实施步骤、措施和方法的建议。

（14）编制近期建设规划，确定近期建设目标、内容和实施部署。

2. 总体规划的期限

总体规划的期限一般为 20 年，同时应当对城市远景发展做出轮廓性规划安排。

近期建设规划是总体规划的组成部分，应当对城市近期的发展布局和重要建设项目做出安排。期限一般为 5 年。

（二）分区规划

在城市总体规划完成后，大、中城市可根据需要编制分区规划。

分区规划的任务是在总体规划的基础上，对城市土地利用、人口分布和公共设施、基础设施的配置做出进一步的安排，为详细规划和规划管理提供依据。

分区规划编制的主要内容：

1. 原则确定分区内土地使用性质、居住人口分布、建筑用地的容量控制。

2. 确定市、区级公共设施的分布及其用地规模。

3. 确定城市主、次干道的红线位置、断面、控制点坐标和标高，以及主要交叉口、广场、停车场的位置和控制范围。

4. 确定绿化系统、河湖水面、供电高压线走廊。对外交通设施、风景名胜的用地界线和文物古迹、传统街区的保护范围，提出空间形态的保护要求。

5. 确定工程干管的位置、走向、管径、服务范围以及主要工程设施的位置和用地范围。

（三）城市详细规划

1. 控制性详细规划

以总体规划或分区规划为依据，细分地块并规定其使用性质、各项控制指标和其他规划管理要求，强化规划的控制功能，指导修建性详细规划的编制。

（1）控制性详细规划的内容

①确定规划范围内各类不同使用性质的用地面积和用地界线。

②确定各地块建筑容量、高度控制及建筑形态、交通、配套设施及其他控制要求。

③确定各级支路的红线位置、控制点坐标和标高。

④根据规划容量，确定工程管线的走向、管径和工程设施的用地界线。

⑤制定相应的土地使用及建筑管理规定。

（2）控制性详细规划指标体系

①用地性质　　②用地面积　　③建筑密度

④建筑限高　　⑤容积率　　⑥绿地率

⑦公建配套项目　⑧建筑后退红线

⑨建筑后退边界　⑩社会停车场

⑪配建停车场　　⑫地块出入口方位

⑬建筑形体、艺术风格、色调、标志物等城市设计内容

2. 修建性详细规划

修建性详细规划是在当前或近期拟开发建设地段，以满足修建需要为目的进行的规划设计，包括总平面布置、空间组织和环境设计、道路系统和工程管线规划设计等。

修建性详细规划的内容

①建设条件分析和综合技术经济论证

②建筑的空间组织、环境景观规划设计，布置总平面

③道路系统规划设计

④绿地系统规划设计

⑤工程管线规划设计

⑥竖向规划设计

⑦估算工程量、拆迁量和总造价，分析投资效益

（四）城市总规划的原则

1. 城市格局合理，结构合理

（1）集中紧凑型：城市各项主要用地较集中，便于集中设置较完善的生活服务设施和市政工程设施，又可节省建设投资，一般中、小城市大多采用这种布局形式。

（2）分散疏松型：受河流、山川等自然地形、矿藏资源或交通干道的分隔，形成若干分片、分组，就近生产组织生活的布局形式，彼此联系不太方便，市政工程设施的投资会高一些，通常是大城市和地形限制的城市。

（3）集中与分散型：主城区与外围具有不同功能的组团，主城与外围组团间布置绿化隔离带。

2. 功能分区明确

（1）工业用地

①工业区与居住区间有方便的联系，职工上下班有便捷的交通条件。

②避免工业区对居住区的干扰、污染。如风向的上、下及绿化防护隔离带、排放污水设在河流的下游，且在居住区的一端。

③工业区中对有大量劳动力的工业或妇女劳动力多的工业，应接近生活区。电子、缝纫、手工分散在居住的独立地段，机械、纺织在城市边缘独立地段。

④工业区与居住区具体布置中、应有利于职工步行上下班，同时考虑便于开辟公交路线，使交通负荷均衡，但工业与居住区若即若离，避免单间交通，防止工业区包围城市。

⑤工业区注重运输联系：

耗能：年运量10万t以上的，并直接来自铁路的货物，应敷设铁路专用线，或设置工业编组站。

注意进线方向，避免进入工业区的主干道垂直直交。

铁路货物接近工业区，并按需要分设几处。

减少中转运输、减少城市道路的交通压力。

⑥沿江靠河的工厂：

主要有造船厂、造纸厂、木材厂、化肥厂、印染厂等。

注意岸线的合理利用。

对以公路运输为主的工厂，可远些，以免占用岸线。

⑦沿对外交通的工厂：

通常在城市边缘地段，合理组织工厂出入口厂外道路的交叉，避免过多干扰对外交通。

⑧隔离工业

远离城市的独立地段。

化工、冶金业工厂与城市保持距离，设防护带 500 ～ 800 米以上。

⑨有协作的工厂

就近集中布置，可减少生产过程中的转运、降低生产成本。

减少对城市交通的压力，形成产业链。

⑩旧城区的工厂

分散几处的、要调整集中或创造条件迁址新建。

⑪盆地、峡谷地段

静风频率高，不宜摆放污染工业。

3. 居住区

（1）良好地段给居住。

（2）避开洪水、地震、滑坡、沼泽、风口等不利条件。

（3）少占农田。

（4）靠近就业地点。

（5）城市规模小时集中布置，规模大时，分散布局，并留有余地。

（6）指标。

4. 仓储区

（1）小城市可单独布置在城市边缘。大、中城市应集中与分散相结合，不宜过分集中。

（2）危险品仓库设在远郊独立地段，避免运输时穿越城市。

（3）冷藏库有异味，污水，设于郊区河流沿岸。

（4）蔬菜库：市区边缘通向市郊的干道入口处。

（5）燃料及易燃材料库：设在郊区独立地段，大风季节城市下风向或侧风向。

（6）油库：离开居住区、变电所、重要交通枢纽、机场、大型水库及水电站、重要桥梁、大、中型企业、矿区、军事设施，最好在地形低处，并有防护林带。

（7）用地比例不宜过大，过小。

（8）物流中心在城市外围环路与通往其他城市的高速公路。

5. 公共设施用地

（1）商业中心接近服务人口的分布重心，大城市不止一个中心，还有副中心。

（2）所处位置的道路性质不应为交通性干道。

（3）科技、高教区附近可就近安排高新产业区，便于功能衔接。

（4）直接服务于市民的公建设施（图书馆、科技馆），靠近居民区及科技、高教区。

（5）用地指标规范。

6. 艺术性

（1）利用好各自城市独特的自然景观。如高地、山丘、河湖、水域，将其作为总体布局的视线和活动焦点，创造出平原、山地和水乡等各种城市的特色。

（2）利用山川河湖、名胜古迹、园林绿地、历史文化区，充分体现城市美学，形成城市景观的整体骨架。

（3）道路、桥梁的布置能很好地与山势、水面、林木相结合，创造出城市的艺术风貌。

（4）注重城市中心和干道的城市景观定位，创造出具有特色的城市中心和城市干道的艺术面貌。

（5）组织有秩序，有韵律的城市轴线，集中反映出城市的性质和特色。

（6）注意反映地方文化特色，避免破坏水系和大拆大改的线型等，保护好历史遗产文化区等。

7. 绿化

（1）用地比例、指标：城市绿化覆盖率 >35%，绿地率 >30%，主干道绿带面积 >20%，次干道绿带面积 >15%，小区绿地 1ha.0.5 ㎡ / 人，小游园 0.4ha.1m² / 人，组团绿地 0.04ha.1.5m²// 人。

（2）风景区内不得安排污染工业，避免过度开发。

（3）绿化服务半径合理，布局均匀，绿化面积 >70%

（4）绿地形成点、线、面的整体特点，形成完善的绿地系统。

（5）河、海、湖、铁路的防护林带宽度 >30m，污染工厂 >50m 的防护林带。

8. 对外交通

（1）铁路应从城市边缘通过，不得分割城市过于零碎。

客运站在大城市可能有多个，设在中心区边缘，距市中心 2 ~ 3km，中、小城市设在城区边缘，通过式。客运站必须与城市主干道相连，协调好市区公交，长途汽车，商业服务，注重市内换乘，直接通达市中心及汽车站、码头、地铁可直接引入客运站。

货运站中、小城市只设一个综合性货运站、物，大城市按性质分别设于其服务的地段，设在市区外围。到发为主的综合性站物，接近货源或结合货物流通中心布置，不为本市服务的设在郊区。危险品设在市郊，并有安全隔离地带。

编组站留有发展余地，一般设在铁路干线汇合处，避免被专用线，货场，工业，仓储包围。保证主要车流方向有便捷的线路，折角车流最少。会让站、越行站、间距约 8 ~ 12km。

港口选址避开水上储木场、桥梁、闸坝、水源保护区。深水深用，浅水浅用，留出生活岸线。应有疏港大道。水深 10m 可停万吨船舶。石油作业区在城市、港区、锚地、重要桥梁的下游。造船厂应划定专门水域、陆域。

机场选址布置在城市的沿主导风向两侧，相切最小 5 ~ 7km，通过 15km，距市中心

10 ~ 30km。30min 以内，专用高速公路相连。与编组站保持适当的距离。机场宜适度集中，不应分散建设。

（2）公路高速公路的设计是 100 ~ 120km/h（山区 60km/h）。特大城市布置高速公路环线联系各条高速公路，并与城市快速路网衔接，不能穿越市中心。中、小城市应远离城市中心，采用立交，以专用的入城主干道接入城市。高速公路应与城市快速路相连，一般等级公路应与城市常速交通性干道相连。特大城市宜与城市交通密集地区相切而过，不宜深入区内。公路与城市道路各成系统，互不干扰，与城市不直接接触，而是在一定的入口处与城市道路连接。公路不能作城市干道。公路等级及横断面形式是否相符、合理。大城市设多个公路客运站，设在市中心区边缘，用城市交通性干道与公路相连。

中、小城市设 1 个公路客运站。客运交通枢纽必须与城市客运交通干道有方便联系，可采用立体交叉。

公路货运站日常生活用品的中心区边缘，工业产品、原料、工业区、集中。

9. 城市道路

道路功能同毗邻用地性质相符。

交通性道路两侧及两端，不应安排生活性用地（居住、商服中心、公建）。避免安排吸引大量人流的公共建筑，尽可能选线直捷，两旁布置为开敞绿地。

生活性道路两侧不应安排大、中型工业、仓库和运输枢纽。

城市各级道路应充分结合地形，与城市绿地、水面、城市主体建筑、城市的特征景点组成整体。城市各级道路应成为划分、联系城市各分区、组团、各类城市用地的分界线、通道。

城市道路的选线有利于组织城市的景观，并与城市绿地系统和主体建筑相配合，形成城市的"景观骨架"。

道路系统规划应系统完整，分级清晰，功能分工明确，不仅满足交通联系要求，也要满足发生自然灾害时的紧急运输。

交通在道路系统中的均衡分布。

避免单一通道，应提供两条以上的路线（通道）为使用者选择。

城市各部分之间（中心、工业区、居住区、车站、码头）应有便捷的交通联系。

城市各组团、分区间要有必要的干道数量联系。

商业中心、体育场、火车站、航空港、码头等集散点附近的道路网要有一定机动性，可为地震时提供绕行道路并留有发展余地。

内密外疏（中心区、外缘；商业、工业）；

支路在内的道路用地面积率 20% 以上；

满足不同功能交通的不同要求。

一个交叉口交汇的道路不超过 4 ~ 5 条，交叉在 60° ~ 120° 间，不组织多路交叉口，避免错口交叉。

城市出入口道路与区域公路网有顺畅联系。

与铁路站场、港区码头、机场有方便联系。

铁路与城市道路的立交应保证城市干道无阻通过。

避免过境交通直穿市区，避免交通性道路穿越生活区。

旧城路网规划，充分考虑旧城历史、城方特色和原有道路网形成发展的过程，切勿随意改变道路走向，对旧街道与名胜古迹要保护。

适当的路网密度8%～15%道路用地面积占建设用地面积8%～15%，200万以上的人口可占面积15～20%；

适当的道路面积率20%～30%；

道路间距快速路（≥80）1500～2500m，宽度60～100m；

主干道（40～60）700～1200m，宽度40～70m；

次干道（40）350～500m，宽度30～50m；

支路（≤30）150～250m，宽度20～30m；

立体交叉主要设置在快速干道的沿线上。

交叉口附近不设公交站点，转角半径。主干路车速为25～30，半径为15～25。次干路车速20～25，半径为8～10。支路车速15～20，半径0为5～8。单位出入口车速为5～15，半径为3～5。

道路横断面一块板适应"钟摆式"。

两块板：交通性干道（快速路、高速公路）；

三块板：生活性道路和交通性客运干道；

四块板：投资大，运行通力低，不经济。

道路间距快速路（≥80）1500～2500m；宽度60～100m；

主干道（40～60）700～1200m；宽度40～70m；

次干道（40）350～500m；宽度30～50m；

支路（≤30）150～250m；宽度20～30m；

立体交叉主要设置在快速干道的沿线上。

交叉口附近不设公交站点，转角半径。主干路车速为25～30，半径为15～25。次干路车速20～25，半径为8～10。支路车速15～20，半径0为5～8。单位出入口车速为5～15，半径为3～5。

道路横断面一块板适应"钟摆式"。

两块板：交通性干道（快速路、高速公路）；

三块板：生活性道路和交通性客运干道。

（四）城市总体规划的作用

城市总体规划是从城市整体的角度，研究城市的发展目标、性质、规模和总体布局形式，制定出战略性的、能指导与控制城市发展和建设的蓝图，在指导城市有序发展，提高建设和管理水平等方面发挥着重要的先导和统筹作用。

城市总体规划也是我国城乡规划立法和审批的重要内容，具有明确的法律地位，是城市规划的重要组成部分。它是编制城市近期建设规划、详细规划、专项规划和实施城市规划行政管理的法定依据。各类涉及城市发展和建设的行业发展规划，都应符合城市总体规划的要求。由于具有全局性和综合性，我国的城市总体规划不仅是专业技术，同时更重要的是引导和调控城市建设，保护和管理城市空间资源的重要依据和手段，因此也是城市规划参与城市综合性战略部署的工作平台。

（五）城市总体规划作为战略性规划

20世纪以来，城市人口与经济活动的空间范围迅速扩大，规划越来越认识到需要从更长远的角度和更大的范围对城市发展进行控制和引导。第二次世界大战之后，更加注重区域整体的空间规划和经济发展规划的结合，战略性规划扩大到了更大的范围和不同的空间层次。目前，我国也开始对战略性规划进行积极实践和广泛讨论，许多城市将战略研究的成果直接用于指导城市总体规划，这对于体现城市总体规划的战略性具有重要意义。

从本质上讲，城市的总体规划就是对城市发展的战略性安排，是战略性的发展规划。总体规划工作是以空间部署为核心制定城市发展战略的过程，是推动整个城市发展战略目标实现的重要组成部分。

（六）城市总体规划与相关规划的关系

1. 城市总体规划与区域规划

区域规划和城市总体规划都是在明确长远发展方向和目标的基础上，对特定地域的发展进行的综合部署，但在地域范围、规划内容的重点和深度方面有所不同。

区域规划是城市总体规划的重要依据。一个城市总是和他所对应的一定区域范围相联系，反之，一定的区域范围也必定有他所对应的地域中心城市。区域的总体发展水平决定着城市的发展，而城市的发展也将促进区域的发展。因此，城市的发展必须着眼于城市所在的区域范围，由孤立的点延伸到广度的面，否则，就城市论城市，很难准确把握城市的发展方向、性质、规模以及布局结构形态。因此，在对未进行区域规划的地区进行城市规划时，应首先进行城市发展的区域分析，为城市发展方向、性质、规模和空间结构形态的确定提供科学依据。

区域规划应与城市规划相互协调，配合进行。在区域规划中，从区域的角度出发，确定产业布局、人口布局和基础设施布局的总体结构框架，而在城市总体规划中进行各项布局时应注意与区域规划的衔接。在区域规划中，将会预测区域中人口的发展水平，确定人口的合理分布，并且大致确定各城镇的规模、性质以及他们之间的分工，通过城市总体规划应该使其进一步具体化，在具体的落实过程中，还有可能根据实际情况对原区域规划中的内容进行必要的修订和补充。

2. 城市总体规划与国民经济和社会发展规划

我国国民经济和社会发展规划包括短期的年度规划、中期的 5 ~ 10 年规划以及 20 年的长期规划，由发改委负责组织编制，是国家和地区从宏观层面对经济社会发展所做的指导和调控。国民经济和社会发展规划源自计划经济时期的发展计划，这意味着微观、具体、指标化的计划向宏观、综合的规划转变。

国民经济和社会发展规划是指导城市总体规划编制的依据和指导性文件。国民经济和社会发展规划强调城市短期和中长期的发展目标与政策的研究与制定，而城市总体规划注重城市总体发展的空间部署，两者相辅相成。特别是城市的近期建设规划原则上应与经济和社会发展规划时期相一致。在合理确定城市发展规模、发展速度以及重点发展项目等方面，应在国民经济和社会发展规划做出轮廓性安排的基础上，通过城市总体规划落实到具体的土地资源配置和空间布局上。

3. 城市总体规划与土地利用总体规划

土地利用总体规划属于宏观的土地利用规划，是各级人民政府依法对其辖区内的土地利用以及土地的开发、治理和保护所做的总体安排和综合部署，是在我国土地管理法颁布以后的一项由国土资源部主持的自上而下的规划工作，正在走向规范化，根据我国的行政区划，土地利用总体规划自上而下可分为全国、省（自治区、直辖市）、市（地）、县（市）、乡（镇）五个层次。上下级之间需要紧密衔接，上一级规划是指导下一级规划的依据，下一级规划是对于上一级规划的具体落实。

《中华人民共和国土地管理法》规定了土地利用总体规划编制的原则为：严格保护基本农田，控制非农建设占用农用地；提高土地利用率；统筹安排各类各区域用地；提高土地利用率；统筹安排各类各区域用地；保护和改善生态环境，保障土地的可持续利用；占用耕地与开发复垦用地相平衡。

城市总体规划和土地利用总体规划有着共同的规划对象，都是针对一定时期、一定范围内的土地使用或利用进行的规划，但是在内容和作用上存在着差异。土地利用总体规划是从土地的开发、利用和保护出发制定的土地用途的规划和部署；城市总体规划是从城市功能和结构完善的角度出发对城市土地使用所做的安排。二者在规划目标、规划内容以及土地使用类型的划分等方面都存在着差异。

城市总体规划应与土地利用总体规划相协调。土地利用总体规划通过对土地用途的控制保证了城市的发展空间，城市总体规划中建设用地的规模不得超过土地利用总体规划中确定的建设用地规模。

第二节　区域因素对城市布局的影响

一、影响城市区位的自然因素

1. 地形

地形因素是一个对城市影响较大的因素，大多数城市分布在平原地区。地势平坦，土壤肥沃，便于农耕，且有利于交通联系和节省建设投资。我国的城市多在第三级阶梯上，也就是东部沿海地区。热带地区城市多分布在高原上，热带地区低地闷热，高原地区凉爽。城市沿河谷地或开阔低地分布，地表相对平坦，可能有河流。如我国的汾河、渭河谷地。

2. 气候

世界的城市主要分布在气候适中的中低纬度临海边缘地带，那里降水和气温都适中，适合人类居住。在我国南方湿润区的城市比例高。至于荒漠干旱区、高纬度寒冷地区、湿热的热带雨林地区的城市很少，降水或气温条件不适宜，如我国青藏高寒区、西北干旱区。

3. 河流

河流对城市发展的必要因素，河流是城市发展和演变的开始。城市常沿河流分布，越向中下游，城市越密集。城市需大量的生活用水和生产用水。河运起点和终点处易形成城市，货物在此集散、转运。干支流汇合处易形成城市，大量人流、物流在此集聚、中转。河口处易形成大城市，河运、海运的转换处，人流、物流在此集散。如我国的上海和广州。河流还有军事防御的作用，在河流弯曲度较大处、河心岛处建城，利用天然河面进行防卫。如伯尔尼、巴黎、波士顿。

二、影响城市区位的社会经济因素

1. 资源

城市的发展离不开可利用资源，一个城市的发展程度与他拥有的资源有着密不可分的关系。在矿产资源丰富的地区易出现城市，有依靠煤矿发展起来的，如英国的伯明翰、曼彻斯特，美国的匹兹堡等；我国大同、鹤岗、抚顺、开滦、六盘水等；石油资源；金矿；铁矿等。但这些都是不可再生资源，即使资源再丰富的地区也要注重资源的利用和保护坚持可持续发展。

2. 交通

城市分布趋向交通方便的位置，沿海、沿江、沿铁路干线、沿高速公路可形成城市轴线。不同交通运输时代的城市区位不同，主要交通线发生变化，会对该区城的分布和发展带来很大影响。

3. 政治、军事、宗教

古今中外，城市多为政治中心；有些是由军事中心发展起来；历史上许多城市同时是一地区宗教活动的中心。

军事、宗教等对现代城市区位的影响已经减弱。交通、自然资源等一直对城市区位产生巨大的影响。在现代社会中，有些新的因素成为影响一些城市区位的主要因素，如科学城筑波、旅游城市桂林市、黄山市。

三、交通因素

（一）交通运输网中的线

1. 铁路区位因素的分析方法

铁路线建设对地区经济的发展起到怎样的促进作用；对于稳定社会、巩固国防、加强民族团结等方面有哪些积极的影响；要克服哪些自然障碍和技术难题；还要注意地形、地质、气候、水文等对选线的影响。

2. 公路线的选线原则

公路线应充分利用有利的自然条件，避开那些地形、地质、水文条件复杂的地段，如沼泽地、陡崖、断层、地质灾害多发区。山区公路受地形影响很大，一般沿等高线修筑，道路在陡坡上成"之"字形。平原地区的公路在选线时要处理好与耕地、村镇、水利设施的关系。尽量在交通量最大、线路最短、占用耕地最少之间寻求平衡。

3. 内河航道

内河航道的有利条件主要跟气候、水文、地形有关，河流水量大、水量稳定，水流平稳，无结冰期。社会经济条件为流域内经济发达，运输需求量大。

（二）交通运输网中的点

港口的区位因素分析。

水域条件有港阔、近岸水较深利于大型船只停泊、需要有个港湾，风浪小。陆域条件有地形平坦开阔，利于增大吞吐量；发达的经济腹地，大城市的依托。

其中，自然条件包括：航行条件、停泊条件、筑港条件，往往决定港口的选择，而社会经济条件有腹地条件、大城市的依托，则决定港口的兴衰。世界上出名的深水良港有荷兰鹿特丹、中国香港、日本神户等。

（三）长途汽车站的区位

长途车站一般建在市区边缘、城市交通干线附近或火车客运站附近。

（四）航空港的区位

航空港建设要求地形平坦开阔，利于跑道建设，以及对飞机起飞有净空保证；坡度适当的地形，以利于排水；良好的地质条件，保证地基平稳；跑道沿盛行风的方向修建，利于飞机逆风起降；雾和低云较少，大气能见度好；航空港噪音较大，与城市应有一定的距离，并有快速交通干线连接。

通过分析影响农业、工业、城市、交通等的自然区位因素和经济区位因素对城市发展的影响，我们可以发现城市发展离不开城市本身的区位因素分析。任何事物都是在不断发展变化之中，所以影响一地的区位因素也绝不是一成不变的。我们要用发展的眼光来分析问题。农业和工业基本上决定一个城市发展的初始状态，而科技进步和城市化发展正在主导区位因素分析的主流。只有对城市进行综合全面的分析，才能更好地规划一个城市未来的发展。

第四章　城市土地利用规划

第一节　城市土地利用规划基本原理

一、城市土地利用规划的地位、职能与内容

（一）城市规划与城市土地利用规划

城市土地利用规划是城市规划的重要组成部分。

广义土地利用：包括道路、市政基础设施用地等的所有城市建设用地。

狭义土地利用：除上述设施外的土地，按城市活动类型主要分为：工业（产业）、商务、商业、居住、以及公园绿地四大部分。

城市土地利用规划的特点：与以土地所有权为代表的社会制度、社会经济运行模式密切相关。

（二）城市土地利用规划的职能

城市外部：通过城市规划区、规划建成区的划定，确定城市的空间发展方向，促进、保障城市建设的有序发展。协调城市建设用地与非城市建设用地的关系。

城市内部：为各种城市活动安排必要的空间（工作、居住、游憩、交通）。

（三）城市土地利用规划的内容

各种城市功能，及其相互关系的空间安排——土地利用规划方案。

实施土地利用规划的手段——项目审批，城市重点地区开发。

二、影响城市土地利用规划的因素

土地利用规划通过规划师以及当权者的价值判断的确定，并通过对开发活动的限制和积极建设得以实施。其中影响土地利用决策的因素有：

1. 经济因素

市场经济环境下，最重要的因素。

土地利用的分布由土地市场中的供给——需求关系所决定（商务商业、工厂、居住）；

城市发展与具体项目布局预测的学说：土地经济学；

从计划经济（并非不考虑经济因素）走向市场经济（切实的压力）的过程。

2. 社会因素

经济因素并非决定城市土地利用的唯一因素。

城市生态学：社会学者将生态学的原理引入城市领域，集中与分散、向心与离心、入侵与迁移等（以多种族社会的美国为主）；

社会组织论：构成城市社会的个人以及团体的价值观、行动及其相互的影响——价值观对土地利用形成的影响（例：旧城改造）；

经济因素与社会因素的相互影响（例：居民不愿迁出旧成区的原因）；

规划中对社会集团价值观的关注。

3. 公共利益

城市规划制定者——政府的出发点；

公共利益的要素：安全、健康、便利、宜人、经济（对公共而言）。

三、城市土地利用的分类

1. 城市土地利用的一般分类

分类原则：现状调查中的分类较细，规划控制中的分类较粗。

（1）按城市活动的分类：工业、商务商业、居住、公园绿地等

日本：工业、商务商业、居住、公园绿地等；

美国：居住、商业服务、工业、交通、通信、基础设施、公共、文教。

（2）按土地利用控制（Zoning）的分类：三大类与内部的细分（日本、美国的实例）

土地利用分类的等级：大类、中类、小类；

同一名称但不同等级用的含义。如：城市干道与居住区内道路，全市性商业服务与日常生活性商业服务。

2. 我国的城市用地分类

国标《城市用地分类与规划建设标准》中的 10 大类，46 种类、73 小类；

国标中存在的问题：带有现状统计的分类色彩（例如：居住用地的分类，市属与非市属行政办公用地的分类）；带有计划经济的色彩（例如：商务用地的地位、影剧院的归类等）。

四、城市土地利用的规模与布局

根据各种城市活动的具体要求，提供规模适当、位置合理的土地。

（一）各种用地规模的确定

城市用地规划的计算方法：

1. 按照人均用地标准计算总用地规模后，进一步划分的方法；

2. 按照各种及活动的量和标准利用强度分项计算，然后累加的方法（通常按照：制造业、批发商业、零售业、商务、住宅、娱乐以及文教、政府机构、城市基础设施用地等）。

基础数据主要通过对现有城市土地利用状况的调查获得。

（二）各种用地位置及相互关系的确定

主要受经济因素影响的城市用地分布规律。

自然用地分布中容易出现的问题（用途混合地区与形态混合地区的出现，对居住环境的保护）。

各种用地的要求：

商业（零售业）、商务：便捷的交通、一定的服务范围（对商业而言）、对地价的承受力较高——城市中心、副中心；

工业（制造业）：交通运输条件、大面积地价较低的土地、与居住用地间的便捷交通、对城市其他种类用地的影响——下风向、下游的城市外围或郊外；

居住：交通条件、生活服务设施、居住环境。

交通设施的改进与城市利用形态的变化（铁路沿线、高速公路沿线的开发与混合区域的形成）。

第二节　主要城市用地的规划布局

一、工业仓储用地的规划布局

（一）工业用地的要求

1. 工业用地的综合要求

（1）用地的形状和大小（生产工艺流程的要求）

（2）地形要求（坡度 =0.5% ~ 2%）

（3）水源要求（水质、水量，工艺要求，用水量要求）

（4）能源要求（电、热力等）

（5）工程地质与水文地质要求（7级地震区以外；承载力 ≮ 1.5kg/cm²；危险地质构造；地下水；防洪）

（6）特殊要求（对气候环境、电磁波等要求；易燃、易爆工业对周围的影响）

（7）其他要求（避开战略目标、地下埋藏物等）

2. 工业用地对交通运输的要求

沿公路、铁路、河流布置工业用地，便于交通运输。

各种运输手段的特点：

（1）铁路：运量大、效率高、运费低，但投资大、占地面积大并要求平坦。铺设铁路专用线的条件 >10 万吨 / 年 or 5 万吨 / 件 or 不宜转运的物体。

（2）水路运输：运费低廉

（3）公路运输：机动灵活

（4）连续运输（传送带、管道、悬索等）：连续性好，但投资大、灵活性差。适于短距离转运。

3. 工业污染对其他用地的影响

三废及其重要工业种类（化工、纤维、冶金等）。

减少有害气体对城市污染的措施：

（1）避免有害气体过度集中和相互作用

（2）工业用地布局考虑风向、风速、季节、地形等因素（加高烟囱）

（3）设置必要的隔离防护带（防止防护带内临时建筑永久化；利用河流、高压走廊等作为防护带；防护带的断面形式）

防止废水污染：（防止废水对城市水源的污染、废水无害化、资源化）；

防止工业废渣污染：（主要源于燃料和冶金工业；综合利用；防止二次污染）；

防止噪声污染：（噪声源 = 金属制品、机械、化工等，设置隔离绿化带）。

4. 工业用地与居住用地的关系

防污染隔离与就近上班是布置工业与居住用地时的一对矛盾。

各种通勤方式的距离：（步行 <1.5km（15min）；自行车 =5 ~ 6km（26min）；公共汽车 >9km）。

（二）工业用地在城市中的布局

1. 工业分类与工业用地的比重

分类：

按工业性质（冶金、电力、燃料、机械、化工、建材、电子、纺织）；

按污染程度（隔离工业、严重干扰和污染、一定干扰和污染、一般工业）；

工地比重：15 ~ 25%，30% 以下；人均 10 ~ 25m²，30m² 以下（国标）。

2. 工业用地的布局原则

足够的用地面积，符合生产要求；

与生活服务区的关系；

伴随城市发展而发展，节约用地；

考虑到相关企业间的生产协作。

3. 工业用地在城市中的布局

工业区在城市内的位置：远离城市、城市边缘、市内；

远离城市：对城市有严重影响的工业；

城市边缘：形成一个或数个工业区；

市内：无污染、运量小的工业。

工业用地在城市中的布局：

工业用地布置在城市四周；

工业用地与其他用地交叉布置；

有机结合的组团布置；

群体组合式布置。

4. 工业用地的布局形式

工业用地与居住用地的位置关系（三种）：

平行布局；

垂直布局；

混合布局。

5. 工业用地对城市形态的影响

（区域规划、大城市区规划范畴）

工业地带：美国波士顿～华盛顿、纽约～芝加哥、日本东京周围、德国鲁尔工业地带等。

组合城市：上海母城及工业卫星城；多功能综合区和带形成市。

（三）仓储用地的规划布局

1. 仓储用地的分类

按对城市的影响及自身要求：1）一般综合性仓库；2）特种仓库（易燃易爆、冷藏等）。国标中分为三类：（普通、危险品、堆场）。

按使用性质：储备、转运（流通中心）、供应、收购。

2. 仓储用地的规模

影响规模的因素：

（1）城市性质与规模（交通枢纽城市）

（2）城市经济发展水平以及经济活动的特点

（3）仓储建筑的形式

3. 仓储用地在城市中的布局

仓储用地布局的原则：

（1）满足仓库用地的一般技术要求：（地势高、平有坡度；地下水位低、承载力强）

（2）有利于交通运输（接近货运量大、供应量大的地区）

（3）有利建设和经营使用（分门别类、集中分散）

4. 其他（足够用地；岸线分配、减少对城市的影响）

仓储用地在城市中的布局：

中小城市：集中布置在城市边缘地区，靠近铁路、公路或河流；

大中城市：集中与分散相结合；为本市服务仓库（综合性供应仓库）、中转、储备、收购、危险品（含易燃品）仓库区别对待。

二、城市公共设施用地的规划布局

（一）公共设施用地的分类

1. 按使用性质分类

按国标的分类：C1 ~ C9，8 种类

（1）行政办公（市属与非市属的本质区别）

（2）商业金融业（商业中的零售和批发、菜市场的地位；贸易公司、律师楼）

（3）文化娱乐（新闻出版；商务；影剧院；商业服务）

（4）体育（保龄球、台球）

（5）医疗卫生（私人诊所）

（6）教育科研设计（建筑设计事务所）

（7）文物古迹（具有使用功能的文物；常见的宗教建筑）

（8）其他

国外常见的分类法：商务、商业、公共设施（非盈利性）。

2. 按服务范围与对象分类

与市民生活直接相关的（市级、居住区（区）级、小区级）；非直接相关的。

（二）公共设施用地的指标

1. 公共设施指标及其影响因素

确定指标的两个阶段：总体规划与详细规划。

影响指标确定的因素：

（1）使用上的要求（项目的多少、使用功能上的要求）

（2）生活习惯的要求（南方北方）

（3）城市性质、规模及城市布局的特点

（4）经济条件和人民生活水平

（5）社会生活的组织方式（新项目的出现和旧有设施内容与服务方式的改变）

2. 公共设施指标的确定

确定指标的方法：

（1）按照人口增长情况，通过计算来确定（"千人指标"，典型各类托幼、学校）

（2）根据各专业系统和有关部门的规定来确定（银行系统、邮电、公安）

（3）根据实际需要，通过调查研究、统计分析，或参照其他城市的经验来确定（例：麦当劳开店）

（三）公共设施用地在城市中的布局

1. 公共设施用地规划布局的原则

公共设施用地布局的阶段：总体规划、详细规划。

公共设施用地的布局原则：

（1）项目成套布置（全市范围内配套齐全，局部配套成系统（交通中心与商业服务）

（2）项目分级布置（日常生活所需设施与非日常生活所需设施）

（3）采用合理的服务半径（利用频度与实施规模；原则＝方便市民生活，有利经营。影响服务半径的因素＝服务对象、使用频度、地形条件、交通条件、人口密度）

①结合城市交通组织（托幼、小学结合步行系统；车站与城市干道相连）

②兼顾设施本身特点和对环境的要求（例：球场、医院）

③考虑城市景观

④考虑城市建设顺序（与不同的城市发展阶段相适应）

⑤充分利用城市原有设施

2. 城市主要公共设施的规划布局

主要公共设施＝政治地位重要、具有纪念意义文物价值、人流集中、建筑形象突出；

主要公共设施的用地选择原则：设施本身的要求＋城市总体布局的考虑。

三、居住用地的规划布局

居住用地规划布局的任务：选择用地；处理好与其他用地的关系；确定组织结构；配置公共设施系统；创造良好居住生态环境。

（一）居住用地的组成与用地分类

1. 居住用地的组成

《国标》：住宅用地、公共服务设施用地、道路用地、绿地（后三类限小区级以下）。

2. 居住用地的分类

《国标》：4类（问题：公共设施布局完整性、环境、住宅类型等要素混在一起。对比：国外多以住宅形式分类，如：独立式住宅、连排式住宅、多层住宅、高层住宅等）。

（二）居住用地的规模与组织

1. 居住用地指标

居住用地占城市总用地比重：（影响因素＝城市规模、城市性质、地形、用地标准）；

《国标》：20% ～ 32%（18 ～ 28m²/人，≮ 16m²/人）。

2. 居住用地的组织原则

（1）复合城市整体功能结构，内部体现秩序

（2）结合城市干道系统，确定规模

（3）公共设施的服务半径与到达方式（步行等）

（4）居民行为规律与社区组织（保安等）

3. 居住用地的组织结构与规模

邻里单位、居住区、居住地域的三级构成；

我国的二级构成（组团＋小区、居住区），不同规模城市的特点；

非等级型组织；

方格网状城市的居住用地组织。

（三）居住用地的选择与布局

1. 居住用地的选择

原则：

（1）良好的自然条件

（2）与工业等就业区的关系

（3）用地形态与规模的组织

（4）依托现有城市，留有发展余地

2.居住用地的规划布局

影响因素：自然条件；交通条件；就业性质、规模、在城市中的位置。

居住用地的布局：

（1）集中布局（城市规模不大，用地足够并无障碍时）

（2）分散布局（用地受限制，或因工业、交通设施分布需要时）

居住区的密度分布：城市中心高，边缘低。

四、城市对外交通设施用地的规划布局

（一）铁路用地在城市中的布局

1.铁路站场用地位置的选择

中小城市客货合一中间站场的位置（三种形式）：

客运站场的位置：中小城市＝城市边缘；大城市＝中心区边缘。距中心区2～3公里；

客运站的数量：大城市、特大城市、受地形分割的城市可设两个以上。

客运站与市内交通：干道连接；

铁路本身的通畅，以及比面对城市的干扰；

反映城市大门的面貌。

货运站的位置：不同类型货站的位置，与城市道路的关系、与编组站的关系；

编组站的位置：必须安排在规划市郊；不同类型的编组站（原则：与城市相关的接近市区、反之应远离市区）。

2.铁路枢纽对城市的影响

铁路枢纽：几个协同作业的专业车站与线路组成的整体。

布置形式及对城市的影响：

（1）一站枢纽

（2）三角形、十字型枢纽

（3）顺列式枢纽

（4）环形布局的枢纽

（5）尽端式枢纽

（6）跨越江河城市铁路枢纽的布局

（二）港口用地在城市中的布局

1.港口用地位置的选择

照顾港口本身的技术要求（水深、冲淤等水域条件；岸上作业条件；避开桥梁闸坝、架空线、电缆等；较少工程量）；

考虑与城市主要功能区的关系（与工业、居住等）；

不同地区港址选择的特点：（海岸、河口、河流、河网、湖区港、水库、封冻河流）。

2. 港口用地对其他城市用地的影响

与工业用地紧密结合（原材料产品运输）；

合理进行岸线分配：处理生产与生活的矛盾；

合理布置港口各作业区：（客运、件货、煤及矿石、建材、木材、危险品等）；

加强水陆联运的组织：（流通中心＝转运、仓储）；

无线电收发区。

（三）机场用地在城市中的布局

1. 机场用地位置的选择

（1）用地平坦（纵坡、良好的工程、水文地质）

（2）足够的用地面积，符合净空要求

（3）气象体条件稳定（风向、风速、雾、暴雨等）

（4）减少对城市的噪音污染（起跑方向与城市平行或边缘相切）

（5）避免无线电波的相互干扰

（6）特大城市中多个机场的分工与相互联系

（7）留有发展余地

2. 机场与城市的距离和交通联系

机场与城市的距离：一般超过 10 公里，国外 60 个机场统计，10 ～ 20 公里 50%；20 ～ 30 公里 15%；30 ～ 40 公里 35%。

时间 =30 分钟以内

交通联系方式：高速有轨系统；高速公路（直升机、高速船舶等）。

（四）公路用地在城市中的布局

1. 公路与城市的连接

小城镇中公路与城市主要干道相连的弊病；

公路与城市连接的六种方式；

高速公路与城市的连接。

2. 公路站场用地位置的布局

公路车站（长途汽车站）的类型：客运、货运、技术、混合；终点、中间、区段；

位置布局：客站＝与铁路、水运客站结合或分别设置；

货站＝结合仓储、工业、铁路港口运输分别设置。

（五）城市对外交通综合布局的一般原则

1. 便于组织联运
2. 客运部分靠近市区，市内交通方便
3. 与城市干道布局相结合
4. 尽量减少对城市的干扰

第五章 城市道路交通规划

第一节 城市道路交通规划概述

一、城市道路交通规划的目的

城市道路交通管理规划以城市总体规划、城市道路交通规划和城市用地规划为基础，协调、平衡和满足人们（客、货）对道路交通的需要，为人和物的流动提供经济、安全、有效的服务，充分发挥城市道路交通潜力以促进城市经济发展。制定城市道路交通管理规划，要以下三个方面为目的：

（1）以城市总体规划、城市交通规划和城市用地规划为依托，科学、系统掌握城市交通各项基础信息，分析影响城市交通的各项要素，全面认识城市交通问题演变的内在规律，预测和把握未来可能出现的城市交通问题，通过充分挖掘道路交通基础设施容量潜力，合理引导和控制交通需求，缓解城市交通拥堵局面；

（2）明确今后城市交通管理的发展方向，决策当前，规划长远；

明确提出城市开发改造和道路规划建设的要求，合理组织和渠化交通，充分发挥各类道路的交通功能，综合协调道路—交通流—管理者三者之间的关系，建立城市道路交通的技术保障和社会保障体系，完善交通管理措施，提高交通管理的法制化和科学化水平，建立安全畅通、秩序良好和环境污染小的城市交通系统。

二、我国城市道路交通的现状

当前我国大部分城市的道路交通管理工作，基本上还处于"头痛医头，脚痛医脚"的经验型管理模式，交通管理部门疲于应付不断出现的各种交通问题，缺少前瞻性和整体性。因此缺乏对未来总体交通管理工作的把握，工作经常处于被动局面。所以公安交通管理部门面临的紧迫任务和重要课题是从战略高度超前研究交通管理对策，也就是制定相应的道路交通管理规划，实现长效管理。

进入 21 世纪，随着我国城市经济高速发展，城市化进程加快，城市（镇）人口的集聚，城市（建设）用地的扩大，以及小汽车进入家庭的客观事实，我国现有各类城市都面临着现状道路的容量不足，道路功能不分明，路网布局不合理，各类车辆与人流混行，城市公共停车场缺乏，高峰时段车辆拥堵等问题，已经严重影响到城市经济社会发展，引起社会各界人士的强烈反响，因此编制好城市道路系统规划已成为各城市（镇）人民政府的当务之急。

1. 道路交通规划的内容

城市道路交通管理规划应对道路交通和管理的发展做出系统总结，并对城市交通现状进行合理分析，运用多学科的理论、方法，科学预测规划年份道路交通发展趋势，研究城市道路交通管理发展的基本方略，提出今后交通管理工作的具体发展规划。主要内容有：

（1）城市道路交通现状分析。通过社会经济和相关交通调查，获得大量的城市交通基础资料和信息，并对道路系统、动态交通、静态交通和交通管理现状存在的问题进行分析。

（2）城市经济和交通发展预测包括对城市发展、社会经济发展、道路交通发展分别进行预测，道路交通发展预测应具有道路发展、公共交通发展，包括机动车、私人小汽车和非机动车内的车辆发展以及交通状况的预测。

（3）道路交通管理规划方案的评价。规划方案的评价是指通过对备选方案进行交通流分配预测、效益分析，阐明其达成预期规划目标的可行性。同时还可发现方案中存在的问题，从而有助于及时解决问题或重新选择方案。

（4）道路交通管理规划方案的实施。第1、2项工作主要由交通规划部门完成，交通管理部门协助进行并可采用相关资料用于交通管理规划。道路交通管理规划按阶段分年度安排，在实施过程中形成滚动发展机制，定期进行充实调整，不断推进。

2. 城市道路交通规划的层次

（1）参照城市社会经济发展计划、城市总体规划和城市交通规划，根据城市交通管理的特点，城市交通管理规划划分为以下三个层次，三个规划层次的效果是不一样的，层次越高，其规划越大：

①城市交通管理战略规划。城市交通管理战略规划的期限为10～20年，主要内容为确定城市的交通管理发展目标和水平；确定城市远期交通方式、结构、总量及控制策略；先进管理术的引进或应用；交通诱导、智能交通系统的建设等。

②城市交通综合管理规划。分两个阶段来考虑：一是近期实施计划，规划期限为1～3年；二是中长期规划，规划期限为3～10年。在制定城市交通管理规划方案时，应从城市交通需求管理T（DM）规划、城市交通系统管理（TSM）规划和城市道路交通秩序保障体系三个方面进行方案设计。

③城市交通专项管理规划。对某些特别重要（如社会影响大或资金投入大）的交通管理工程，应进行专项规划，规划期限为1～10年。如城市智能交通系统（IT），城市道路交通管理规划方法及应用研究发展规划和城市交通指挥系统建设规划等。

3. 道路交通管理规划的原则

道路交通管理规划应遵循/当前服从长远，局部服从整体，治标服从治本的原则：符合国家和地方颁布的有关交通管理政策、法规、标准和规范。

（1）立足当前、规划长远的原则。规划必须从城市需求发展和交通供给两方面着手，以现有道路网、道路条件为前提，从宏观和微观、定性和定量上分析当前存在的问题并预测与交通相关的条件的问题，处理好道路、交通流和交通管理的关系。同时，交通管理规划应予城市总体规划和交通规划相适应，明确交通管理的发展方向，满足他们对交通管理的要求。规划的具体目标要做到远期可行，近期可操作；

（2）坚持"以人为本"的原则。规划必须坚持贯彻"以人为本"的理念，提高城市人居环境、增强城市竞争力，加强交通需求管理，在管理上积极推动交通结构的调整，实现与城市社会经济发展水平相一致的、安全、畅通、有序、环境优良的城市交通环境，满足人们对城市交通环境更高的要求；

（3）综合治理、标本兼治的原则。规划应充分认识到交通管理是一种政府行政行为，交通管理要以软件为辅，硬件为主，向管理要效率，满足科学化、智能化交通管理的需求；

（4）交通管理设施和交通装备适度满足需要的原则。交通规划既要适度满足交通管理设施和交通管理装备的需要，又要考虑未来交通发展对城市交通管理的要求。必要的设施和设备，是提升交通管理水平的关键；

（5）滚动发展，不断完善的原则。由于交通管理面对的是非常复杂、变化迅猛的交通环境，交通管理规划必须滚动的实施，一般至少每两年要修编一次，近期计划可在年度计划中做出适当的调整。滚动的交通管理规划是指交通管理规划随着时间的变化调整不同的规划阶段，即实现了"近期"目标后，要将"中期、远期、更远期"适时调整为"近期、中期、远期"，同时，由于交通的不确定性，交通管理规划的目标也要做一定的修正。

4.道路交通组织规划

道路交通组织规划是从城市的需求发展和交通供给两方面着手，根据城市道路网现状和交通流实际情况，从宏观和微观、定性和定量上分析当前道路交通存在的问题并预测与交通相关的问题，在此基础上提出相应的交通管理措施、对策。其具体内容是运用交通工程技术和行政手段，对区域内道路进行系统、全面的交通分析，根据道路功能合理科学地实施交通管理措施和增加适当的工程手段，组织、协调、疏导交通流，平衡道路交通流量，挖掘通行能力，最终达到充分发挥城市道路网的综合效能、改善交通秩序、缓解交通拥挤堵塞的目的。

（1）道路交通组织规划的过程。道路交通组织规划的过程是：确定交通组织规划目标、设计初始管理方案、对初始管理方案进行分析评价、如果管理方案不能达到管理目标则需对管理方案进行调整和优化直到符合要求，最后是正式实施管理方案。道路交通组织规划的过程也是一个滚动的过程，即在实施管理规划方案的过程中应定期根据交通流的变化情况修订管理方案，以适应不断出现的新情况、新问题。

（2）道路交通组织规划的内容。道路交通组织规划实际上是近期交通规划与交通综合治理的结合。交通组织规划的主要内容有：

①交通基础资料调查以及交通分析评价。现状调查的内容主要有：城市社会经济及土地利用等基础资料调查；道路网结构及道路条件调查；车辆拥有量、车辆类型的调查；城市停车调查；交通流量流向、过境交通、车辆运行速度、信号交叉口延误调查；主要交通管理措施、交通管理设施调查；公交运营及线路客流调查；市区交通事故调查；市区警力分布调查；交通环境调查等。获取调查资料后应对其进相关分析和评价。

②制定规划目标。交通组织规划定量目标的制定主要包括：主要道路饱和度（交通量与通行能力的比值，用 V/C 表示）、交通秩序改善目标（如行程车速的提高、交叉口冲突点的减少等）和交通安全目标。特别是饱和度指标（V/C）必须合理，过高则难以形成可行方案，影响整个规划的实施；过低则不能达到预期目标。

③制定城市交通发展政策、宏观的交通组织及管理措施（交通需求管理 TDM）城市交通发展政策。城市交通发展政策是城市交通管理的基础，交通管理部门应参与城市交通发展政策的制定工作。

④制定微观的交通工程设计和交通管理措施（交通系统管理 TSM）。如主要交叉口的渠化设计、信号配时优化；主要路段上的标志、标线、隔离设施等设计；交通管理措施包括交叉口转弯限制、路段上禁止停车、禁止驶入、禁止超车等；局部地区的交通整治。详细确定设施地点位置的分布、设施类别、型式、数量和经费概算等。

⑤优化、评估规划方案。运用计算机及仿真技术，对宏观、微观交通管理措施一旦实施后，路网上可能变化了的交通流量进行重新分配，通过目标值评价重新分配后的道路服务水平。如果评估结果满足目标要求或比现状有明显改善，则规划调整的方案是可行的。否则应对宏观、微观措施再作调整和重新评价，直到满足要求为止。同时应对规划方案进行评估，包括方案比较、方案实施后交通状况可能发生的改善以及经济效益评估等。

⑥方案实施后的验证。方案经专家论证或上级领导批准后实施，实施后的一段时间里最好能组织相关的交通调查，比较分析方案实施效果，为今后管理工作及其他城市提供经验。

第二节　城市对外交通规划

城市对外交通是指以城市为基点，与城市外部空间（其他城市、乡村）进行联系的各种交通运输的总称。一个完整的交通运输体系由铁路、道路、航空、水路和管道等运输方式构成。

一、对外交通运输与城市布置规划的关系

城市对外交通是城市存在与发展的重要条件，也是构成城市的不可缺少的物质要素，它把城市与国内外各地区联系起来，促使它们之间的政治、经济、科技、文化交流。

1. 两者相辅相成：一方面，促使城市的形成与发展，历史上形成的城镇大多位于水陆交通的枢纽，如武汉、广州、鹰潭、连云港、南京等；另一方面，又给城市的发展规模以一定的制约；如果一个城市有很大发展，则又促使该城市对外交通运输的进一步发展。

2. 现代城市往往是现代交通运输的重要枢纽，以铁路、公路、航运、航空以及地下铁道、电车、汽车等各种在城市相互衔接，实现各交通方式的转换。

3. 对外交通运输设施的布置很大程度上影响到城市工业、仓库、居住区的位置；如有大量货运的工业、仓库往往需要接近对外交通运输设施布置，而居住区为了防止干扰则必须与它们保持一定距离。

4. 对外交通运输设施的布置也会影响到城市发展用地的选择，如港口城市的用地就受岸线位置的牵制；而在一定的经济发展水平下，有铁路干线经过的城市，其铁路干线走向与城市用地的发展方向有很大的关系。

5. 城市对外交通的旅客车站、客运码头、民航机场等设备是城市的大门。

二、城市对外交通布置的基本原则

1. 按照各种运输的技术运营特点、货流条件与地区条件，综合利用它们的设备，使之共同发展、互相协作、互相补充、各尽其长、各尽其用。

2. 为了发挥各种交通设备的效能，在布置时应在城市总体合理布局的前提下，尽量满足它们的技术经济要求。

3. 充分照顾城市整体利益，尽量减少对城市卫生、交通等方面的干扰，尽量为城市的生产与生活创造便利条件。

4. 促使城市与交通运输密切配合，促进二者共同发展。在布局上，使城市与各类交通均应具备发展的可能性，呈多元协调发展的趋势，互不影响，互为支持，各类对外交通运输的客运部分应与城市市区靠近，联系直接方便。

5. 各类对外交通运输设施之间，应按其联运要求，创造方便条件，以便于组织水、陆、空各种运输方式的综合运输。

6. 对外交通站场与城市交通性干道系统密切联系，由干道把城市大量货流的集散点（如工业区、仓库区、货站、码头等）串联起来，充分发挥市内交通与对外交通的运输效率。

三、对外交通运输布置与城市规划

1. 铁路布置与城市规划

铁路运输是我国的重要运输方式之一。虽然近年来航空与高速公路有了很大的发展，但是还不能取代铁路的地位。

铁路虽然运输投资大、建设周期长，但是其具有运输能力大，安全，速度较快，运输成本和能耗较低，通用性能好，受自然条件的影响比较小的特点，适用于承担中长距离客货运和大宗物资的运输。

在城市中进行铁路布置时，应遵循减少铁路对城市干扰的原则，而如何做到铁路的布置不干扰城市呢？在进行铁路布置时，应配合城市规划的功能分区，使得铁路能最大效应的发挥功能，与城市的需求相符合；铁路的两侧应该植树绿化，防止城市空气污染与噪音污染；减少城市道路与铁路的交叉，降低交通事故的发生概率；减少过境列车车流对城市的干扰；改造市区原有的铁路线路，防止资源与空间的浪费；将通过市中心的铁路线路（包括客运站）建于地下或与地下铁道网相结合，减少对城市中人们生活的影响，节约本来就紧张的地上空间。

铁路与城市之间的关系可以分为三类：一类，与城市工业生产和居民生活有直接关系的，如客运站、货运站及工厂仓储专线等，一般都设在市区或市中心的边缘；二类，与城市工业生产和居民生活没有直接关系的，如客车整备所、车站间的联络线及铁路交叉等，这些必要时可放在市区；三类，与城市设施没有联系的，如编组站、机务段、迂回线、环线、铁路仓库等，这些应尽可能不设在市区。

不仅铁路线路在城市中的布置十分重要，铁路站场在城市中的布置也是至关重要的。

铁路站场起着主导作用。铁路线路的走向是根据站场与站场、站场与服务地区的联系需要而确定的。铁路站场的数量和位置与城市的性质、规模、地形、总体布局、铁路的方向等因素有关。

大城市可布置数个站场，布置专业站场，均匀布置，组成枢纽站，小城市则可布置客货混合站。客运站应该方便旅客的出行，靠近居民区，与城市中心的距离大致在 2 ~ 3 公里。在中小城市，客运站可以位于市区边缘，而在大城市则必须深入城市位于市中心区边缘。货运站可分为综合性货站和专业性货站，且货运站的布置应靠近运输源。一个货站承担的货运量约为 200 ~ 400 万吨/年，在人口小于 50 万的城市设 1 ~ 2 个，50 ~ 100 万的城市设 2 ~ 3 个，100 ~ 150 万的城市设 3 ~ 5 个，大于 200 万的城市设 5 个以上。工业站也需靠近运输源。而编组站应远离城市。中间站在铁路网中分布普遍，它是一种客货合一的车站，多采用横列式布置，一般都设在小城镇。在城市中，它与货场的位置有很密切的关系，并将客站与货场均布置在城市一侧，使货场接近于工业、仓库区，而客站位于居住用地的一侧。这种布置虽然比较理想，但是由于客货同侧布置的方式对运输量有一定的限制，因此这种布置方式只适宜于一定规模的小城市及一定规模的工业区。

放眼铁路运输的发展趋势，可以发现，将来的铁路运输将趋于电气化、磁悬浮化与高速化，且直接对开，不设中间站。

2.公路布置与城市规划

公路运输承担其他运输方式和客货集散与联系，承担铁路、水运、空运固定线之外的延伸运输任务，机动灵活、装卸方便、短途速度较快，可以直接运输到用户门口，它在短途运输上，有着其他运输方式难以比及的优势。

公路又可分为高速公路、过境道路与入境道路。高速公路具有三大特点：一是行车速度快；二是通过能力大；三是交通事故少。高速公路是一种全封闭的道路，因此一般远离城市建成区。城镇规模较小，有一定过境和入城交通量的公路，可以从城镇的切线通过；公路等级高，而入城交通量少，公路可以离开城镇通过，并与入城道路相联系；城市规模大，又是公路车站的中点，公路可以从城市边缘通过，并在市中心区边缘设站；在有环路的大城市，过境公路可利用城市的环路从城市周边通过；组团式结构的城市，过境公路可以从组团间通过，城市内部道路自称系统，互不干扰。公路与城市快速道路、主干道、客运轨道交通线等交叉时，应采用立体交叉解决冲突点。在有大量人流跨越公路的冲突点，可用人行天桥或地道等方式来解决人车冲突的矛盾。

在城市规划中，关于车站的选择，应接近货源和供应区，与居住区有一定距离，既方便实用，又不影响城市的生产和生活；尽量与铁路、港口等对外交通又方便联系，可合并设置；大城市可以按不同的方向和流量设置数个汽车站，与城市道路又方便联系，又不造成干扰。

3. 港口在城市中的布置

水上运输具有速度慢、运价低、运量大的特点，而港口是水陆联运和水上运输的枢纽，它的活动由船舶航运、货物装卸、库场储存、后方集疏远四个环节共同完成。按使用性质分港口可分为商港、渔港、军港、专用港和综合港。

港口的组成包括水域和陆域，特点是占用水域和陆地都很大。

在城市规划中，港址应选在水深、风浪小、岸线稳定、不淤、不冻、流速适当、有足够水域面积的地方。且地质条件要好，工程量小，水源和能源供应方便，有发展余地，投资与运营费用的经济合理性好，近、远期效益好。

在进行港口布置时，应处理好港口与城市的位置关系，安排好港口与工业、仓库、服务设施的关系，依托利用城市的市政条件和居住、商业服务设施；合理解决与城市交通的衔接，考虑港口与出入航道的距离，编组站、内河港区、国道、铁路等各类运输设施的衔接，以及客货源的方向等。

关于现代港口建设的发展趋势可以总结为：（1）港口建设与工业区的发展紧密结合；（2）大量的建造深水专业化港口和码头；（3）码头和装卸设备向大型、高效率和专用化发展；（4）河口港大都向下游发展；（5）增加突堤码头宽度，以保证有足够的库场；顺岸式码头的后方也设置较大的备用地；（6）充分注意发展海、河联运。

第六章　城市绿地系统规划

第一节　城市绿地规划概述

一、城市绿地系统规划的概念

城市绿地系统规划是城市总体规划的专业规划，是对城市总体规划的深化和细化。

它的主要任务是在深入调查研究的基础上，根据城市总体规划中的城市性质、发展目标、用地布局等的规定，科学制定各类城市绿地的发展指标，合理安排城市各类园林绿地建设和市域大环境绿化的空间布局，达到保护和改善城市生态环境、优化城市人居环境、促进城市可持续发展的目的。

二、城市绿地系统规划的作用和现实意义

当今时代，生态问题已经成为全球关注的焦点。城市化地区的环境保护问题，显得越来越尖锐，日益严重的大气污染、酸雨、水资源枯竭等一系列生态失衡矛盾，都要求我们从城市与区域生态环境的协调发展方面去认真考虑解决问题的出路。其中很重要的途径之一，就是通过城市绿地系统规划手段，来保护和发展城市及其周边的自然环境。

三、城市绿地系统规划的理论发展

早期的园林绿地，没有统一的空间规划，主要依据设计者或所有者的审美观和喜好而定，从形式到内容都是感性的产物，城市绿地规划处于思想萌芽阶段。

英国人霍华德在 1898 年发表的《Garden Cities of Tomorrow》（《明日的田园城市》）中提出的"把积极的城市生活的一切优点同乡村的美丽和一切福利结合在一起"，致力于建设城乡结合，环境优美的新型城市的城市规划思想，对以后的城市园林绿地规划带来了深远的影响。

在 20 世纪初的城市化浪潮和城市功能的重新定位中，绿地由原来单个私人或公共庭院设计逐步发展为城市范围的绿地系统规划，后来随着大城市群的形成又出现了区域范围的绿地系统规划。

人类进入 20 世纪六七十年代，随着城市化进程的不断加速，生态环境问题的日益突出，

全球兴起了保护生态环境的高潮。

20世纪80年代，城市绿地建设进入了生态园林的理论探讨和实践摸索阶段。

进入20世纪90年代以来，城市绿地在城市实现可持续发展战略和城市生物多样性的保护中的地位和作用越来越受到人们的重视。

近年来，美国芒福德的"区域整体论"和《21世纪城市：城市未来柏林宣言》标志着现代城市绿地规划发展的新趋势。城市绿地系统规划要突出区域特征，强调改善生物多样性及生态环境，实现城市区域社会、经济、环境和空间发展的有机结合，建立城郊结合、城乡一体化的大园林、大绿地系统。

第二节　城市绿地发展的问题及对策

一、当前城市绿地系统规划工作中的常见问题

1. "绿地指标调控法"技术体系不健全

中国建设部对于绿地指标的规定目前包括人均绿地面积、人均公共绿地面积、绿地率、绿化覆盖率四项，而且千城一律、统一定额。然而，作为因地脉、史脉、人脉综合形成的一座座城市，其人口规模、经济社会发展情况、自然背景、地理地貌等相差悬殊，单以四项定额指标评定一座城市绿化的水准，缺乏科学理性、难以反映真实。

2. 生搬硬套、缺乏特色

城市绿地应与当时当地的城市建设特点、气候特征、植物种类分布特征、城市的文化特征及城市经济基础息息相关，具有鲜明的地域性与归属性。但由于我国的城市景观与绿地系统规划理论和实践一直发展比较缓慢，在具体的规划编制工作中长期照搬照抄苏联时代的城市游憩绿地的规划方法和一些构图的原则，特别是"点、线、面"相结合的行政指导方针，多年来一直作为城市绿地系统规划的主要布局原则。

3. "建筑优先、绿地填空"，城市绿地系统规划得不到应有的重视

城市绿地系统规划是城市规划中必不可少的内容，但是，在具体的规划编制中，由于工作阶段的前后划分、行政主管部门的分置等原因，往往造成城市绿地系统规划作为专业规划的"各自为政"之嫌，或因受制于空间上的分隔导致的"先天不足"。城市总体规划与城市绿地系统规划之间的"前与后""上与下"的单向服从关系，使城市绿地系统规划在与城市总体规划的协调中常常感到被动无力。

4. 城市绿地系统规划不是所谓的"生态规划"

城市绿地系统规划的实施载体是绿地，绿地的建设的确是改善城市生态环境的重要途

径。但是，不能因为绿地具有改善生态环境的作用，将城市绿地系统规划引申为城市生态规划。在城市生态系统中，植物只是一个因子。如果我们不讨论所谓"生态规划"本身的提法是否恰当，只是暂且承认它的话，它的工作内容要远远超出植物和绿地的范畴。

5. 城市绿地系统规划不是"生物多样性规划"也无法包含"生物多样性规划"

植物是城市绿地建设的主要因子，也是生物的一种类型，但它在城市绿地系统规划和生物多样性规划中都只是一因子，不能"以点代面"。城市绿地系统规划要将生物多样性保护作为工作内容之一，但绝对不可能取而代之。

6. 绿地现状水平差

规划指标要求高在绿地系统规划中，多数城市追求高指标，有些城市的绿地规划指标已远远超出《国家园林城市评比标准》的要求，而实际的绿化水平与标准要求却往往相差甚远。形成这种绿地指标虚高现象的原因，一是不少城市现状指标严重失真，规划指标存在将错就错、水涨船高的现象。尽管现代科学的辅助统计手段已具备得出准确数据的能力，但现状城市绿地指标由于统计口径不一，建成区范围不清、建成区人口数量统计口径模糊，使得城市绿地率、人均公园绿地面积现状指标失真。二是绿地规划指标提出比较盲目，依照相关规定和工作要求，采取简单类比的方法，对城市的现状、不同地区的差异考虑不够，一味追求规划的高指标。

7. 规划针对性不强

特色不明显。有特色的绿地系统能够塑造出一个有特色的城市风貌。目前不少城市千城一面，与城市绿地系统的现状和规划有十分密切的关系。要在规划中塑造城市的特色，很重要的规划思路就是以目标为导向的技术路线的确定。科学地有针对性地分析和认识所在城市的历史、自然山水，才能够梳理出相应的、有效的规划对策，为规划奠定坚实基础。

8. 规划强制性不够

指导性不强对绿地的规定性最直接的控制方法是划定绿线，城市绿线确定各类绿地、每处绿地的位置、性质、范围和面积，作为绿地控制、建设、管理的依据。由于不同类型绿地绿线的划定要在不同范围和深度的规划中实现。事实上，现阶段城市绿线的实际操作仍然处于控制乏力的尴尬局面。同时，绿地系统规划对提高绿地的品质，对下一层次的控制性规划、修建性规划、方案设计等给出的规划对策和设计条件相对较少，指导性不足，使绿地的建设又重新陷入各自为政、缺乏整体风格控制的局面。

9. 规划协调性不高、互动性不够

在总体规划的基础上被动的、填空式的城市绿地系统规划方法缺乏城市的全局观，往往会陷入就绿地论绿化的泥沼。只有将绿地系统规划与城市总体规划很好地沟通、融合，才能有效地协调不同专项之间的矛盾。但由于专项规划的进行往往在总体规划完成后才开始，这样的协调就变得难度非常大，若能尽早提出城市绿地的战略或构想，并形成专项规划和城市总体规划进行互动的机制，就可以增加总体规划的完整性和科学性，有效提升规划的科学性、合理性和可操作性。

二、提高城市绿地系统规划质量的环节

由于不同城市环境基础和城市特征的差异，面临的问题和机遇也各不相同，城市需要的是具有针对性和富有创造性的规划。通过《铜陵市绿地系统规划》的实践，对于提高绿地系统规划可操作性，主要从以下几方面进行：

1. 把握城市特征

把握城市的基本特征，通过绿地系统规划对城市的特色加以保护和彰显，只有这样，规划才具备可操作的基础。

2. 立足建设现状

立足于建设现状和水平，制定实事求是的可操作的规划目标，并在可能的情况下将规划指标分解、具体化。

3. 对关键问题提出规划对策

对城市的绿地结构、骨架、视廊、背景、出入口等关键性的问题提出实施性规划对策，提高对下一层次规划、设计的指导性。绿地系统规划的实施是一个不断延续的过程，只有规划策略在不同层次的规划设计中得以延续和贯彻，规划意图才能得以实施。

4. 增强规划之间的互动

在规划的操作方式上，增强城市绿地系统规划与城市总体规划以及各专项规划之间的互动，通过沟通和协调达到相互促进、减少矛盾、提高规划整体水平和贯彻实施的目的。

第七章　城市基础设施规划

第一节　城市规划中的基础设施规划

一、城市基础设施构成与城市建设的关系

城市基础设施系统由城市交通、给水、排水、供电、燃气、供热、通信、环境卫生、防灾等工程组成，是城市建设的主体部分，是城市经济、社会发展的支撑体系。

城市各项工程的完备程度直接影响城市生活、生产等各项活动的开展。滞后或配置不合理的城市基础设施将严重阻碍城市的发展。适度超前，配置合理的城市基础设施不仅能满足城市各项活动的要求，而且有利于带动城市建设和城市经济发展，保障城市健康持续发展。因此建设完备、健全的城市基础设施工程系统是城市建设最重要的任务。

二、城市基础设施工程规划的主要任务

1. 城市给水工程规划的主要任务

根据城市和区域水资源的状况，最大限度的保护和合理利用水资源，合理选择水源，进行城市水源规划和水资源利用平衡工作；确定城市自来水厂等给水设施的规模、容量；科学布局给水设施和各级给水管网系统，满足用户对水质、水量、水压等要求；制定水源和水资源的保护措施。

2. 城市排水工程规划的主要任务

根据城市自然环境和用水状况，合理确定规划期内污水处理量，污水处理设施的规模与容量；科学布局污水处理厂（站）等各种污水处理与收集设施、排涝泵站等雨水排放设施以及各级污水管网；制定水环境保护、污水利用等对策与措施。

3. 城市供电工程规划的主要任务

结合城市和区域电力资源状况，合理确定规划期内的城市用电量，用电负荷，进行城市电源工程规划；确定城市输、配电设施的规模、容量以及电压等级；科学布局变电所（站）等变配电设施和输配电网络；制定各类供电设施和电力线路的保护措施。

4. 城市燃气工程规划的主要任务

结合城市和区域燃料资源状况，选择确定城市燃气气源，合理确定规划期内各种燃气的用气量，进行城市燃气工程规划；确定各种供气设施的规模、容量；选择并确定城市燃气管网系统；科学布置气源厂、气化站等产、供气设施和输配气管网；制定燃气设施和管道的保护措施。

5. 城市供热工程规划的主要任务

根据当地气候、生活与生产需求，确定城市集中供热对象，供热标准，供热方式；合理确定城市供热量和负荷，选择城市热源工程规划，确定城市热电厂，热力站等供热设施的数量和容量；科学布局各种供热设施和供热管网；制定节能保温的对策与措施，以及供热设施的防护措施。

6. 城市通信工程规划的主要任务

结合城市通信实况和发展趋势，确定规划期内城市通信的发展目标，预测通信需求；合理处理邮政、电信、广播、电视等各种通信设施的规模、容量；科学布局各类通信设施和通信线路；制定通信设施综合利用对策与措施，以及通信设施的保护措施。

7. 城市工程管线综合规划的主要任务

根据城市规划合格城市工程设施规划，检验各专业工程管线分布的合理程度，提出对专业工程管线规划的修正建议，调整并确定各种工程管线在城市道路上水平排列位置和竖向标高，确认或调整道路断面，提出各种工程管线基本埋深和覆土要求。

8. 城市用地竖向规划的主要任务

分析城市规划范围的地形、地貌、水文与工程等条件，选择并确定城市规划建设用地，确定城市防洪堤顶和建设用地的控制标高，确定道路桥梁、港口、码头等控制标高，确定挡土墙、护坡等室外防护工程的类型、位置、规模、估算土（石）方及防护工程量。

第二节 城市基础设施工程规划的方法及内容

一、城市基础设施工程规划的方法

编制城市基础设施工程规划即可横向展开，又可纵向深入。横向展开即与不同层面上的各阶段城市规划（总体规划、分区规划、详细规划）同步进行，形成各项城市基础设施工程规划横向展开态势；纵向深入即根据城市发展总目标，从确定本专业工程系统的发展目标、主体设施与网络的总体布局，到具体的工程设施与管网的建设规划，形成纵向单系统的工程规划，也可视为将各阶段城市规划中的单向系统工程进行纵向串联而成。

编制单项专业城市基础设施工程规划即为纵向串联，并在某些方面进一步深化而成。

二、城市基础设施工程规划的内容和深度

1. 城市给水工程规划

（1）计算用水总量，确定规划区供水规模；

（2）确定供水水质目标，选定自来水厂大致位置；

（3）确定集中供水、分区供水方式，确定加压泵站、高位水池（水塔）位置、标高、容量；

（4）确定输配水管走向、管径，进行必要的管网平差；

（5）选择输水管网管材及敷设方法；

（6）对详细规划进行工程估算，预测投资效益；

（7）对近期规划部分进行规划设计、工程估算、效益分析。

主要图纸的表达内容为：输配管网的走向管径、埋深，给水泵站的位置，必要时标明阀门井的位置。

2. 城市排水工程规划

（1）确定排水体制；

（2）划分排水区域，对污水排放量和雨水量进行具体的统计计算，制定不同地区污水排放标准；

（3）进行排水管、渠系统规划布局，确定雨、污水主要泵站数量、位置，以及水闸位置；

（4）确定污水处理厂数量、分布、规模、处理等级以及用地范围，对污水处理工艺提出初步方案；

（5）对排水系统的布局、管线走向、管径进行计算复核，确定管线平面位置、主要控制点标高；

（6）提出污水综合利用措施，尽量提出基建投资估算。

主要图纸的表达内容为：污水、雨水管网的走向管径、埋深，绘制平面图和纵剖面图；泵站和污水处理厂工艺平面图、流程图。

3. 城市供电工程规划

（1）采用用电指标法进行负荷计算。如进行城市电网改造规划，应按负荷密度法预测各片区负荷分布，并绘出电力负荷分布图。

（2）选择供电电源来源。

（3）确定供电变电站容量、数量、占地面积、建筑面积、平面布置形式。

（4）进行中、低压配电网设计（含路灯网）。

（5）绘制中、低压配电网（含路灯网）平面布置图。

（6）进行投资概算。

4. 城市燃气工程规划

（1）计算燃气用量；

（2）选择城市气源种类；

（3）规划布局燃气输配设施，确定其位置、容量和用地；

（4）选择城市燃气输配管网的压力等级；

（5）布局城市输气干管，计算燃气管网管径；

（6）进行造价估算。

5. 城市供热工程规划

（1）计算规划范围内热负荷；

（2）选择城市热源和供热方式；

（3）确定热源的供热能力、数量和布局；

（4）布置供热设施和供热管网；

（5）计算供热管道管径；

（6）估算规划范围内供热管网造价。

6. 城市通信工程规划

（一）邮政系统工程规划

（1）邮政需求量预测

（2）邮政设施布置、邮政局所选址

（3）邮政通信枢纽选址

（二）城市通信工程规划

（1）预测电信业务量，确定发展目标

（2）城市电信枢纽所选址

（3）无线基站设置布局

（4）地下线路布置规划

（5）微波通信规划

（6）电视广播线路规划

第八章　城市设计规划

第一节　城市设计概述

一、城市设计简析

（一）城市设计与建筑设计

城市设计和建筑设计，就工作对象而言，二者有着共同的研究内容——关注建筑形态设计。两者的工作对象和范围在城市建设活动中呈一种整体连续性。

建筑设计其视域范围着重于基地内和建筑物内部的合理性以及空间形态的艺术性。对于城市设计而言，它所寻求的就是"在不设计建筑的情况下仍能设计城市"。

其次，就工作方式而言，城市设计其服务对象是城市中最具普遍意义的"人"。而建筑设计则强调建筑师个人的专业表现，与城市设计师更多的是扮演一种服务性角色不同，建筑师常常是以一种精英的姿态出现，他更多是以业主和自身的价值取向为目标，常不如城市设计师那样具有高度的城市整体自觉性。

（二）城市设计内涵的实证意义

1. 作为一种观念的城市设计

城市设计产生的意义在于首先它表明了一种环境态度，蕴含了特定时期社会的价值观念和城市理想，这种态度是引导控制城市空间、环境建设的潜在力量。

（1）保护环境资源的发展观

在城市设计中这一观念不仅意味着对自然资源和能源的保护，而且更重要的是对"文化资源"的保护：一种对城市形式意义、城市符号的保护以及对城市历史的保护。

城市是一个变迁的过程，是一种动态的环境现象。一个健康的城市成长需要有过去的表征、历史的痕迹，才能使人们在生活价值观中找到自己的定位，也更容易去认同城市的价值。尤其在当代信息高度发达的世界中，要保持一个地区，一个民族的特色将变得相当困难。因此，城市环境的文化意义就显得尤为珍贵。

（2）以人为本的城市观

城市设计所处理的对象是城市中一切与"人"相关的环境问题。

城市设计中空间、环境的塑造着重于人的尺度与感受，其最终目的在于反映、包容、支持人的活动。城市设计不是为了雕琢一个橱窗化的、迪斯尼一样的城市空间，其价值在于使平常性、公共性的市民活动能在此城市空间中产生、活跃，这也是城市空间建设的最终意义。

以人为本是城市环境建设、评价的基本标尺，是照顾公众利益的主要手段之一。

（3）整合环境的设计观

城市设计是一种整体的设计观，它超越了传统的建筑设计的内容：只考虑基地内或建筑物内的合理性。而扩大处理与基地临接的界面环境，诠释建筑开发在地区内乃至城市内的定位。

O.M.Ungers 在其《辩证的城市》一书中，提出"分层的城市"（the City as Layer）。他认为城市是由不同的层级要素叠合而成，每一层级要素都有其自身内在的理性与机制。城市设计就是要沟通不同专业的分野与隔阂，整合不同的专业内容，处理整体的不可分割的城市环境。

（4）一种公共政策

城市设计同建筑设计不同，它不是设计者灵感的表现，城市设计扮演一种服务的角色，提供专业技术来支持市民对城市空间、环境的想法，并通过专业协作，落实到可操作的内容。因此，城市设计是一项公共策略，是一个公共参与的设计过程，体现公众的基本权利与价值。

（5）经营城市的法制观

城市设计控制体系的本质，在于监控公共空间形成的过程，有效地对公共环境利益与公共环境品质作最关键的控制。

设计控制的意义，在于它无法保证最好的环境创作，却可以努力避免最坏的设计产生。

2. 作为一项管理策略的城市设计

今天的城市设计已经不再是街道、广场、空间、轴线等这些传统的城市设计问题，而是通过各种管理策略的制订来实现它所追求的目标和价值。

纽约著名的城市设计师 J.Barnett 在《城市设计——作为一项公共政策》（Urban Design as Public Policy）一书中曾言：城市设计是一种真实生活问题（City design as a real-life problem），现代城市设计应通过一个"连续决策"的过程来完成城市形体的塑造，城市设计应成为"公共政策"的一部分。美国《城市设计评论》（1976 年 1 月号）也表达了类似的观点：城市设计寻求一个形体塑造所凭借政策框架，并在设计层面上涉及城市组织构造各要素间的联系。

3. 作为一种技术手段的城市设计

就设计技术而言，城市设计不同于城市规划和建筑设计，它有自己的思维方法和操作内容，同时又兼具两者的特征。

城市设计一方面以提高城市环境质量和职能效率为动态目标；

另一方面，又强调以人为本的"人本主义"精神。

城市设计既强调城市规划中的系统的现象和整体的形式，又如同建筑设计一样，关注具体场所和情境的表达。

所以，一方面城市设计侧重各种关系的组合、连接和渗透，是一种整合状态的系统设计；另一方面，又具有艺术创作的特征，以视觉秩序为媒介，容纳历史与文化，表现时代精神与地方性，并结合人的感知经验，建立起具有整体结构性特征，易于识别的城市意象和氛围。

二、城市设计工作的本质内涵

城市设计工作的本质内涵即，从城市环境发展和维护公众利益的视点，研究维持"人"和"环境"和谐关系的可能途径与方法。

1. 功能定位

城市设计的引入恰恰可以弥补我国现有城市规划体系的不足，完善规划控制的内容和方法，它不是我国城市规划体系中新增加的一个独立的工作阶段，也不是城市规划和建筑设计之间的空白，而是城市规划的一个侧面和重要组成部分，它应当渗透到城市规划的各个层次。

2. 设计层次

城市设计就范围和作用而言，可分为两个层次：即，整体城市设计和区段城市设计。

此外，从国内外城市设计实践来看，有相当一部分工作是对城市中的道路环境景观、广场、绿地等开放空间和城市主要节点的环境设计，并有专门的环境设计指导纲要进行管制、引导。在设计层次上，可将其视为"城市设计的微观层次"。

3. 实施方式

只有把城市设计的内容、设计指导纲要和技术渗透到规划控制程序中，以之作为城市设计实施的法制基础才可能实施。

4. 工作类型

就设计对象、设计要求而言，又可分为开发设计（Development Design）、社区设计（Community Design）和保护设计（Conservation Design）。

开发设计是城市设计的主要类型之一，包括建筑综合体、交通设施和新城建设等工程设计和政策指导等，其主要目标在于促进城市经济的发展，并为公众创造良好的生活环境。

社区设计是城市设计中最易被忽视的，其主要目标是通过对社区意象的创造或调整，改善居住环境，提供高品质的居住质量，包括新社区建设和原有社区的改造。

保护设计则是针对高度的经济发展对城市环境适居性的破坏和威胁而产生的，其主要目标是保护自然风貌和城市传统，延续城市生态和文化意象。

在城市设计工作中，必须对设计类型加以区分，并采取有针对性的设计内容和方法。

5.城市设计的成果形式

现代城市设计成果则多种多样，常包括：

政策（Policies）：政策是城市设计的重要成果，它既包括设计实施或投资程序中的规章条例，也是为整个设计过程服务的一个行动框架和对社会经济背景的一种回应。是一种保证设计从图纸文本转向现实的设计策略，它主要体现在有关城市条例和法规中；

规划设计方案（Plans）：是城市设计的基本成果，是设计政策的三维表现。规划设计的重点在于是一项形体开发的计划，同时也对许多环境需要和限制做出反应。

设计指导纲要（Guidelines）：是城市设计技术文件的重要组成部分，是从规划管理的要求出发，对重要的城市景观系统和景观要素的设计意念所做的基本规范。现代城市设计已广泛运用设计指导纲要，实现设计与管理的有效衔接，保证城市设计的具体实施。

第二节 城市设计诸要素

一、道路

道路是观察者们或频繁，或偶然，或有潜在可能沿之运动的轨迹，可以是街道、步道、运输线、河道或铁路——就是大多数人意象中的主要道路元素。人们沿着道路运动，同时观察城市，并靠这些道路把其余的环境因素组织、联系起来。

二、边界

边界是一种线性元素。它并不像道路一样，被观察者们使用或关注。它们是两个片断之间的界线，是连续体上的线性裂纹：海滨、铁道断口、城市发展的边缘、墙体等。它们只是附加的脚注，而不是对等的轴线。这种边界可以是将一个地区与另一个地区相隔的，具有一定可渗透性的屏障，也可以是两个地区互相联系、互相结合的接缝线。这些边界元素也许不具备道路那样的主导地位，但对于许多人来说，它们却是组织过程中，尤其是在把缺乏个性的地区归拢到一起时，非常重要的特色元素，譬如城市轮廓线上的水体或墙体。

三、区域

区是城市中中等尺度或大尺度的组成单元。在人们的心目中，它们代表着两个不同尺度的范围。观察者们在精神上深入它们"内部"，它们由于具有一些个性鲜明的共有特征而易于被人们所感知。从内部看，它们总是易于辨认的；如果从外部可见的话，它们也常被用作外部空间的参照物。大多数人是以这种方式在一定范围内来构想他们心目中的城市的。对于他们而言，个体差异比道路与区域都更加重要——这不仅取决于个人，还要看具体给定的城市。

四、节点

节点就是标识点，是城市中观察者所能进入的重要战略点，是他旅途中抵达与出发的聚焦点。它们主要是一些联结枢纽、运输线上的停靠点、道路岔口或会合点，以及从一种结构向另一种结构转换的关键环节。节点也可以只是简单的汇聚点，只因为是某种功能或物质特性的中心而显得举足轻重，比如街角空间或是围合的广场。某些中心节点是一个地区辐射影响力的焦点，并作为整个地区的缩影，成为一种象征标志，我们可以把它们叫作"核心"。当然，有许多节点，既是交接点，也是汇聚点。节点的概念与道路有关，因为汇聚点通常就是道路枢纽，是旅途上各种故事集中发生的地方，类似地，节点也与区域的概念有关，因为核心点通常就是地区的焦点，是它们的磁力中心。无论何种情况，几乎任何一幅意象图中都会有节点标志，在某些特定条件下它们可以就是主宰全局的特征。

五、地标

地标是另一类型的参照点，只是观察者身处它们外部，而并不进入其中。它们通常是一些简单定义的实物：建筑、标识牌、商店或山峰。它们的作用是从一大堆可能对象中挑选，突显出一个单独的元素。有些地标离我们非常遥远，我们通常可以越过较小的元素，从不同的角度和距离处看见它们，这就是中心辐射的参照物。它们也许就在城市内部，也可能远得足以成为日常生活中任何一种活动恒久的指示符，譬如奇特的孤塔，金色的穹顶，或是巍峨的山峰。即便是运动的点，比如太阳，只要运动足够慢，并有一定的规律，也可以用来作为地标。其他种类的地标往往就是本地的，只能在有限的一些地点，从某些特定的方向看到，那就是不计其数的指示牌、商店招牌、树木、门锁手柄和城市中的其他细节，充斥了大多数观察者的意象图。这些线索被反反复复地用于识辨，甚至用来构建观察者的意象图。而随着人们对一段路途越来越熟悉，他们对这些标识物的依赖也与日俱增。

一个特定物质实体的意象类型，偶尔也会随着观察背景的不同而发生转变。于是，一条快速路对一位司机而言可能是条道路，但一位步行者却可能把它当作边界。又比如，当我们在中关尺度上组织城市时，一个中心地带可以看作区域，但在整个大都市区尺度上，它就成了一个节点。但是，对一位具体的观察者，给定一个明确的操作层面，意象归类的结果就应该是确定的。

以上逐个介绍的意象元素类型，没有一个在现实中是独立存在的。地区靠节点形成构架，靠边界限定空间，地区里纵横穿越的是道路，星罗棋布的是地标，各种元素有规则地重叠、互补。假如我们的分析从区分各种资料、对它们分门别类开始，那么我们就必须以各类元素重新整合而成的完整意象图作为结束。我们在研究中，意识到了关于这些元素类型视觉特性的许多信息。这将在后文中具体讨论。遗憾的是，这项工作只在较小的范围内揭示了元素之间的互相关联，或者说揭示的是意象图的层次、质量与发展前景。

1. 道路

我们的所有采访对象都认为，道路是城市最为突出的元素，集市道路的重要性随观察者对城市的熟悉程度而有所变化。最不了解波士顿的人倾向于从地形学的角度来想象它——他们能指出大的区域、一般性的特征和大致的方向性关联。对波士顿知道得比较多的人通常会记得部分道路结构，他们对某些特定道路及它们的相互联系考虑得较多。在最为熟悉波士顿的人群当中，也出现了一种倾向，他们更多地倚赖小的地标，却较少以地区或道路作为参照物。

某些特殊的道路将成为许多方向的重要特征物。日常生活中惯常的交通无疑是最强的影响力之一，因此主要的波士顿的大道，比如 Boylston 大街、Storrow 大道，或是 Tremont 大街、Jersey 市的 Hudson 林荫道、洛杉矶的高速公路，这些都是至关重要的意象特征物。道路的阻碍往往使整个构架复杂化，如果我们把交错繁杂的交通流集中成较少的几条通道，使之在概念上占主导地位，结构就会变得清晰。Beacon 像个大转盘，大大提升了剑桥和查理四大街的重要性，公共花园则强化了 Beacon 大街。查理斯河把交通线之在赫然可见、形态各异的几座桥上，这无疑使道路结构大大明晰化了。无独有偶，在 Jersey 市，是护栏成功地把人们的注意力集中到三条街道上，使它们成为全市的焦点。

街道在观察者的脑海中，往往因沿街聚集的特殊功能和活动而变得重要。在波士顿，华盛顿大街就是一个特出的例子：人们总是把它与商店和剧场联系在一起，有些人甚至把这些特征扩大到华盛顿大街相当不同的部分（比如 State 街附近）；有人似乎不知道华盛顿街还延伸出了娱乐区，他们还以为它在 Essex 或 Stuart 街附近就结束了呢。洛杉矶有许多例子——Brodway、Spring 街、Skid Row、第七大街——所有那些功能集中到足以形成线性区域的地方。人们似乎对他们所遭遇活动的数量较为敏感，有时基本上就追随交通主流而行。洛杉矶 Broadway 因它的拥挤和街上的电车而闻名；波士顿的华盛顿大街以步行者的洪流著称，还有地面上的其他活动，也能让人们对一个地方难以忘怀，比如南 Station 附近的施工，或是食品超市里的喧闹熙攘。

独特的立面特征也是很重要的道路标志。Beacon 街和 Commonwealth 大道之所以引人注目，其部分原因就是界定了他们的建筑立面。铺地图案的作用似乎没有那么重要，除了洛杉矶 Olvera 街这样的特殊案例。植物配植的细枝末节相对而言也不很重要，但类似 Commen wealth 大道上那样大规模的种植，却能非常有效地强调道路的意象。

越靠近城市的某些特殊元素，道路就越显得重要。这是因为道路也就附带扮演了边界的角色。在偶然情况下，有些道路的重要性主要出于结构的原因。

有些地方的主要道路没有什么个性，或是很容易与其他道路混淆，这时城市意象也就陷入了困境。一旦不易辨认，那么道路的连续性就非常重要——显然，从功能上这也是必要的——人们通常就靠这个了。实际的轨道、铺装道路的基础必须连贯，这是最基本的要求，其他特征的连续性倒在其次。在 Jersey 这样的城市，一条道路只要是简简单单地在连贯性上达到要求，就会被人们当作可靠的选择，就是陌生人也会把它们当作参照物，虽然这有一定的难度。人们常得出这样的结论，即沿一条连续道路分布的其他特征往往也是连贯的，即便有些实际的变化。

道路不仅是可识别而连贯的，它还具有指示方向的特性：人们很容易区分出道路沿线上两个相反的方向。一个坡道，或是在一个方向上的规则渐变，就能产生这种效果。人们最常感知到的是地形的起伏：对波士顿而言，最突出的就是剑桥街、贝肯街和贝肯山。

人们习惯于考虑道路的目的地和起始点——他们希望知道道路从何处来、向何处去。明确而著名的起点和目的地之间的道路具有很强的可识别性，它们能加强城市各部分间的联系，也能给经过这些道路的观察者以方向感。某些调查对象想到的是大概的道路目的地，比如城市的某个片区，其他人想象的是一些具体的地点。

这种"点到点"的分异性乃是拜终端所赐，然而其他一些元素，由于出现在道路端点或准端点的附近，也能产生同样的特征。位于查理斯街一个端点附近的 Common 就是这样，还有贝肯街的 State House 也是如此。

一旦一条道路具有指向性，人们就有可能进一步估计出它的远近。行路者可以感知道自己在全程中的位置，把握走过或将要走的行程。当然，有助于估算距离的标志通常也能给人以方向感，但数街区这种简单、无方向性的估测技巧除外——有许多人更喜欢这种方式，但并非所有人都是如此——不过在洛杉矶的规整模式中，最常用的也就是这个方法了。

有了道路的指向性，接下来我们也许要问，它是否在同一条直线上？也就是说，它的方向是否可以在某些更大的系统中作为参照？波士顿有许多不在同一条直线上的道路。其中一种常见的原因是具有误导性的微妙曲线——有非常多的人由于忽略了马萨诸塞大道 Falmouth 街的曲线，结果把他们关于波士顿的整个意象图都弄混了。

与此同时，较为突然的方向转变能够限定空间走廊，为特殊的结构提供明显的位置，从而在视觉上更加清晰可见。造成道路与城市其他部分偏离的第二种常见原因是与周边环境的截然分离，比如波士顿的 Common 就常常带来迷惑：人们不知道该走哪条步行道才能到达 Common 之外的某个特定地点，他们对这些外界目的地的视线被阻隔，而 Common 的道路并未能与外部道路相结合，在洛杉矶也是这样，高速公路看起来像是与城市的其他元素中毫无关联，人们离开一条现有的坡道，往往最容易严重地迷失方向感。

　　对新建高速公路设置方向标问题的研究表明，道路与环境的隔绝将导致人们不得不在压力之下、在未能充分准备的情况下做出每一个拐弯的决定。令人惊奇的是，就连熟练的司机也常常表现出高速公路系统及其交接点知识方面的欠缺。这些机动车驾驶员最需要的是对整个景观的总体方向感。铁路线与地铁是道路与环境分离的另一个例子。在波士顿地铁中，道路被深埋地下，除了跨越河道时上来透个气儿，它根本无法与环境的其他元素取得联系。地铁站路面以上的入口也许是城市具有重要意义的节点，但它们只是靠看不见的、概念上的联系串在一起。地铁是一个与世隔绝的地下世界，采取何种方式能将它纳入整体的结构中去呢？——这将是一个非常有趣的探索。

　　在地铁系统中，主线上接二连三的分支也同样成问题，因为人们很难在自己的意象图中把两条微微叉开的支线区分开来，也不容易记住分岔的位置。

　　人们也许会把少数几条重要道路想象到一起，形成简单的结构，而忽略所有次要的不规则变化，只要这些道路彼此之间有稳定的大体关联。当道路数目很多时，如果它们之间重要的关联足够规则、可以预测的话，人们可能会把它们总的看作一个网络，洛杉矶格网就是一个很好的例子。几乎每一位调研对象都能把某二十条重要道路按它们之间正确的相互关系排好；然而与此同时，正是这种规则性使他们难以区分这些道路。

　　2. 边界

　　边界是不被人们当作道路的线性元素：它们通常是——但其实并不总是——两种区域的分界线。它们扮演着侧面附注的角色。边界感在波士顿和泽西很强，在洛杉矶却被弱化。那些感觉最强烈的边界不仅在视觉上突出，它们还具有连续的形式，并且隔断穿越行交通，波士顿的查理斯河就是最好的例子，它具备所有这些性质。

　　在泽西，水前空间就是一种强烈的边界，然而它却是一条可怕的边界，是带刺铁丝网之外的无人地带。边界，无论是铁路的、地形的、高速公路的边界，还是地区间的分界线，对这个环境都是具有代表性的元素，似乎要将它割成碎片。一些最令人不快的边界似乎被人们从脑海中抹去了，譬如 Hackensack 河岸那些干燥如火的地区。

　　连续性与可见性起决定性作用时，强烈的边界也不一定就不可穿越。有许多边界是起结合作用的接缝，而不是用于隔绝的分界线——研究它们的不同影响是件有趣的事情。

　　边界往往也是道路。这时，如果我们不做出排除路面运动的限制，普通观察者所给出最多的便是交通车流的意象图。边界元素通常被表述为强调了界线性质的道路。

　　泽西市河波士顿的抬升而起的铁路是我们所谓空间边界的例子。不仅如此，高高在上的空中边界不会成为地面上的障碍物，将来却有可能成为城市中非常有效的方向指示元素。

　　像道路一样，边界也可以有指向性。譬如查理斯河，其两边明显地分为河流和城市，而两个端点的差异则在于贝肯山。然而，大多数边界很少有这种性质。

　　3. 区域

　　区域是尺度相对较大的城市地区，通常都有某些共同的特征，观察者可以在想象中进人它们内部，从内部识别它们。人们经过或是走向这些地区时，偶尔也把它们当作外部的参照物。在我们的调查中有许多人着意提到，虽然连熟悉波士顿的居民都常常对它的道路模式产生迷惑，这个城市却具有另一种补偿的性质。

当被问及哪个城市具有较好的方向感时，采访对象通常会列举几个城市，但他们都无一例外地提到纽约（指曼哈顿），这倒不是因为它的格网——那在洛杉矶也有——而是因为在它河道与街道的规整框架中嵌入了几个个性鲜明的地区。

地区中决定性的物质特征是一些连续的主题，这可以包括各种变化无穷的组成成分——铺地、空间形式、细节、标志、建筑类型、功能、活动、居民、养护的状况、地形，等等等等。在波士顿这样一个房屋紧密排列的城市，立面上的统一——包括材料、造型、装饰、色彩、天际线，特别是门窗洞口的比例，这些都是识别主要地区的基本线索，贝肯山与 CommonWealth 大道都是这方面的例子。不仅是视觉效果，声音也同样是很重要的。平心而论，就连混乱本身也往往可能成为一种线索，譬如，一位女士提到，她发现自己迷失了方向，就知道她是身处 North End 了。

通常，人们会在意象图中把典型的元素归纳成一个特征集合，这就是主题单元。以贝肯街意象为例，它包括了大坡度的狭窄街道、成行的尺度亲切的老砖房、精心保养的嵌入式白色门廊、黑色边饰、卵石或砖铺就的宁静步道和闲庭信步的上流阶层人士。所有这些组成了一个主题单元，它与周边的城市环境形成鲜明对比，很容易被人一眼认出来。波士顿中心区的其他部分却存在某些主题性的混乱。尽管 Back Bay 与 South End 有着很不相同的功能、雕塑和模式，把这二者相提并论的人却不在少数。这很有可能是某一个建筑上的均一特性外加一些相似的历史背景导致的。这种相似性具有使城市意象变得模糊的倾向。

要形成鲜明的意象，就应该突出线索。然而我们往往只拥有很少的一些显著标识，对于整个主题单元而言却远远不足。这样的地区只有相当熟悉城市的人才能识别，而不具有任何视觉上的影响或冲击力。

在建立区域意象图时，社会内涵也具有重大的意义。一系列街道调研表明，许多人赋予不同的区域以阶层的寓意。名称同样能帮助人们识别区域，即使主题单元未能与周边环境形成强烈的对比。另外，传统的社团也有类似的作用。

区域的界限多种多样。有些是明确、严格的硬边界，如 Back Bay、查理斯河和 Public 花园的边界，其具体位置得到大家的一致认同；有些是不确定的软边界，譬如闹市商业区与行政办公区之间的限定，大多数人提到了它的存在，并给出其大概位置；对许多调研对象而言，另有一些地区根本就没有边界，譬如 South End。

这些边界似乎还具有一个副作用——它们对区域的限制往往能强调其个性，但对于区域的组成显然没有什么贡献。边界如果杂乱无章的话，还有可能增强区域的割裂城市的倾向。

4. 节点

节点是观察者能够进入的意义重大的焦点，通常是道路枢纽或是某种特征的积聚点。虽然从概念上说，它们只是城市意象中的一些小点，现实中它们却可以是巨大的广场，或是以某种方式扩展了的线性形状，当我们从足够尺度上考察城市时，甚至整个中心区都可以被看作节点。毫不夸张地说，如果我们构想的环境在全国或是国际的层面，很可能城市本身就成了一个节点。

道路枢纽或运输中转站对观察者具有突出的重要性。这是因为人们必须在交界处做出选择，他们就会对这种地方格外留意，对周边元素的感知也更加清晰——以至于人们往往假定，枢纽处元素在空间上自然会比枢纽本身更加醒目。这类空间的重要性还常常显示在另一个方面。当我们问及日常行程中，抵达波士顿闹市区的第一感觉在何处获得时，相当多的采访对象把运输中转站单独挑出来作为关键的参考点。看起来，运输路线的转换意味着主要结构单元间的转换。

由可见的道路系统串在一起的地铁站是非常重要的枢纽性节点。这些站点本身具有许多个体特性：有些易于辨认，如查理斯街站；有些不易分辨，如 Mechanics 站。对地铁系统，或是对一般运输系统可形成意象的程度进行详细的分析，这将会是一项非常有用的迷人的工作。

铁道主站几乎总是城市中重要的节点，哪怕它们的重要性正逐渐衰退。假如我们的研究包括机场，这个结论也同样适用。理论上，即便是普通的街道交叉点也应该算节点，但它们大多不够醒目，因而只被人们当作次要的道路焦点——城市意象图中不能有过多的节点性中心。

另一种常见节点是主题积聚点。洛杉矶 Pershing 广场是一个具有代表性的例子，凭它极为典型的空间、植物配植和活动，它也许是整个城市意象图中最突出的一点。Jordan — Filene 角的附带角色是华盛顿街与 Summer 街的交接点，然而人们对它最主要的定位，却是城市"中心的中心"。它是"百分之百"的商业街，其浓缩积聚的程度在美国大型城市中实属罕见，然而从文化上说，这却是每一个美国人都感到亲切而熟悉的。它是核心——是一个重要地区的焦点和象征。

Louisburg 广场是另一类型的主题积聚点。这个著名开放式住区的宁静祥和，以及它引人注目的封闭式公园，每时每刻都在向人们暗示着贝肯山的上流社会的主旋律。相比于 Jordan — Filene 角而言，它是更纯粹的积聚点范例，因为它根本不是一个转换点，而只被人们当作贝肯山"内部的某个地方"。这个广场之所以成为一个重要节点，完全是出于它的功能。

强烈的物质形式对于节点的识别并不一定是必不可少的，Journal 广场和 Scollay 广场就是证据。但当空间具有某种形式时，其影响力也会随之增强——节点变得更加令人难忘了。

像 Copley 广场这样的节点却恰恰相反，它在功能上并不那么重要，却作为 Hunting 大道的转折点而突显与城市意象之中，清晰地反映出不同道路的相互联结。它之所以易于识别，主要是因为拥有独特的个体建筑：公共图书馆、Trinity 教堂、Coplay Plaza 旅馆和 John Hancock 大楼。与其说它是一个空间整体，毋宁说它是各种活动与个体建筑间强烈对比的集中地。

节点和地区也有，可分为内向型和外向型。Scollay 广场就是内向型的，人们身处其中或置身广场周边时，很难获得方向感。它的周边环境中主要的方向是朝向它或者背离它的；人们到达这里时，主要的场所感仅仅是"我到了"。

意大利著名的节点，威尼斯的圣马可广场是许多上述特性的集大成者。它丰富、精巧、独树一帜，与城市整体个性及广场直接入口处曲折狭窄的空间形成强烈对比，然而它又与城市主要景观大运河紧密联系在一起；它平面形状的有向性清晰地指出人们进入广场的方向。从广场内部看，它可以明确地分为两个空间（Piazza 与 Piazzetta）广场上有许多独特的地标（Duomo，Palazzo，Ducale、钟楼、Libreria）人们在广场上总能清楚地感受到自己和它的联系，并进行细微精确的空间定位。这个空间如此别具一格，甚至许多从未到过威尼斯的人都能一眼认出它的照片。

5. 地标

地标对于观察者而言，是一种外部的点状参照物，它可以是各种尺度的简单实物元素。随着人们对一个城市了解的深入，他们似乎越来越倾向于依靠地标作为自己的向导——他们喜欢用唯一性与特殊性来代替先前所依赖的连续性。

地标的作用之一是从大量的可能性中单独挑出一个元素。对于这类地标来说，最关键的物理特性就是唯一性，或是某些在周边环境中显得独特、令人难忘的属性。当地标具有明确的形式，或是与其背景形成鲜明对比，或是在空间中引人注目，它们就更加易于识别，也更容易被人们选为重要的参照物。前景与背景的对比是最主要的因素。衬托一个元素的背景环境并不一定局限于它的紧邻——Faneuil Hall 的草蟒风向标、State House 的金顶和洛杉矶 City Hall 的尖峰，这些地标都是从整个城市的大背景中脱颖而出的。

突出的空间可见性造就地标——一种情况是使元素在空间中多处可见（波士顿 John Hancock 大楼、洛杉矶 Richield 石油大楼）；另一种情况是利用周边元素就近与其形成对比，譬如在建筑立面后退与高度上的变化。

伴随着人们对路径的选择，道路交接点的地理位置也能突出地标。另外，历史的联想，或是其他方面的意义，也是对地标的有利强调，正如 Faneuil Hall 或是波士顿 State House。一旦一个物体集历史、标识或是其他重要意义于一身，它作为地标的价值就大大提升了。

远距离、多角度可见的地标一般都是广为人知的，但只有对波士顿不熟悉的人，才会不管什么尺度下都靠它们来组织城市意象和选择旅行路线。

　　很少有人能准确地指出这些远距离地标的位置，或是说出如何抵达其中一座建造的底部。事实上，波士顿大多数远距离地标都是"无根"的，它们有一种奇异的、飘浮的特性。乔治·汉考克大楼、Custom House 和 Court House 在总体天际线上都处于主宰地位，然而它们根基的位置和个性与顶部的重大意义相比，几乎就是天壤之别了。

　　波士顿 State House 的金顶似乎是这种奇异现象的少数例外之一。它的形态与功能独一无二，它高耸于山巅，从 Common 可以一览无余，人们可以越过遥远的距离，看到它的金色穹顶熠熠生辉——所有这些使它成为波士顿中心区的关键标志物。它作为多种层面的参照物，都具有良好的可识别性；作为重要的视觉象征符号，它还具有很好的一致性。

　　佛罗伦萨的大教堂是远距离地标的绝佳范例——无论远近、无论昼夜，它都清晰可见；它明确而绝无疑义；它的体量于形态压倒一切；它于钟楼巧妙配合，引导着远处人们的视线方向——不借助这座举足轻重的建筑，人们很难在脑海中构建成城市的意象图。

　　但在我们所研究的三座城市，一些仅在有限位置可见的当地地标，被人们使用的频率却高得多。这类地标包括了所有能借助的物品。本地元素被作为地标的数量，不仅取决于元素本身，还取决于观察者对自己环境的熟悉程度。在官方调查中，不熟悉环境的被访者通常只提及很少的几个地标，然而在野地中旅行时，他们总能找到更多的地标。有时声音与气味对视觉性的地标也有所助益，虽然它们似乎并不独立形成地标。

　　有些地标只是孤立无援的单独事物，除非它们是巨大或奇异的标志，否则它们的参照作用就相对较弱，因为它们很容易被忽略，要求观察者持久地搜寻。人们要全神贯注才能找着一个单独的红绿灯或街道名称。更常见的情况是，本地的标志点被人们成批地记忆，这样它们在重复中彼此增益，并部分地依靠环境来提高可识别性。

　　一连串地标，一个牵扯一个，其中关键的细节引发观察者的某种特定行动，这似乎是这类人群在旅行中穿越城市的标准方式。在这样的序列中，只要到了该做出拐弯决定的地方，总会有触发性的暗示出现，跟着就出现确证性的暗示，坚定了观察者对所做决定的信心。额外的细节常常让人们觉得自己离最终的目的地更近了。无论从功效还是心理上的安全感来说，这种序列的足够连续性都是很重要的，也就是说，即便某些细节能在节点处得到加强，这个序列中也不应出现过长的缺口。这种序列能帮助人们识别和记忆。熟悉环境的观察者能在自己熟悉的序列中积累起大量的点状意象，虽然他们的认知也可能在序列颠倒混乱时丧失。

　　元素间的相互关系。

　　这些元素仅仅是城市尺度环境意象的原始资料。它们还需要进一步编织到一起，才能形成令人满意的形式。前文的讨论已经涉及相似元素的分组（比如道路网、地标群、地区镶嵌体等等）。从逻辑上说，下一步我们应该考虑的就是一对不同元素的相互影响和作用。

　　一对这样的元素有可能相得益彰，在谐振中加强彼此的力量；它们也可能相互冲突，同归于尽。一个显赫的地标，若以一片狭小的地区为基底，很可能使这片地区越发显出不成比例的促狭；而另一个合理设置的地标却能与一个核心相辅相成。离开中心，地标只会起误导作用，譬如 John Hancock 大厦与波士顿 Copley 广场的关系。一条宽阔的大街，同时扮演着边界与道路的双重角色：作为道路，它可能穿透边界，使一个地区从外部可见；而作为边界，它同时也割裂了这个地区。地标物可能因为与地区性格难以兼容，而破坏了这个地区的整体性；但从另一方面来说，它也可能仅仅形成对比，从而增强了这种整体性。

区域往往比其他元素的尺度更大。我们在此讨论的区域限于它们自身的范围，并以此与各种各样的道路节点和地标相联系。这些其他元素不仅从内部组成地区，它们也补充、深化了它的特征，从而增强了地区的整体个性。波士顿贝肯山就是这种效用的一个例子。事实上，当观察者从一个层面切换到另一个层面时，结构与个性的组成成分（这是我们所关注的意象图的一部分）也随之跳跃式地变化。一扇窗户的特征可以被纳入多个窗户的模式中去，作为识别一座建筑的线索；而房屋本身也被组织起来，营造一个特色空间。

道路在许多人的个人意象图中占主导地位。作为都市范围城市意象的主要组织根据，道路与其他各类元素有着密不可分的关系。在道路的主要交叉点和终端，会有枢纽节点自然生成，它们的形式增强了沿途那些决定性的重要环节。而这些节点也不仅因地标的存在而得到增强（如 Copley 广场），它们同时也提供背景环境，几乎确保所有这样的标志都受到关注。再说到道路，它们的个性与节奏也不仅拜其本身形式或是节点型的枢纽所赐，它们所穿过的地区、所沿循的边界和沿道路分布的地标也都功不可没。

所有这些元素在一个共同的背景基质中相互作用。研究元素之间两两组合的特性将是一件非常有趣的工作——地标与区域，节点与道路，等等。最终，我们应该努力跳出这些二元组合，从全局出发，把握整体模式。

好像大多数观察者把他们意象图中的元素归纳为一些中间性的组织，我们姑且称之为复合体。观察者从整体上感知复合体，而复合体的各部分相互依赖，它们间的关系也是相对比较固定的。

意象分析法作为设计的基础

也许总结我们方法的最佳方式，就是建议把意象分析法作为任何一座城市未来视觉形式规划的基础。

整个意象分析过程从两个调研开始。首先，由 2～3 名经过训练的观察者做一般性的地域巡游，以步行和驾车的不同方式，在白天与夜晚，对城市进行一次系统全面的观察，并辅以几次前文述及的"问答之旅"。最后还应画出地域分析图，给出简短的报告，对长处与短处、总体模式与局部进行分析。

与此同时，对应于多数人群的总体特性，我们还应进行群众调研，采集大量的数据样本。可以同时采访一群人，也可以分别采访，主要请他们做以下四件事情：

1. 为所提问提取画一张简易的平面草图，标出自己认为最有趣、最重要的东西，传达足够的信息，以帮助一个陌生人比较轻松地在该地区活动。

2. 沿一至两条想象的旅途，近似地画出它们的路线和沿途发生的时间。当然，假想旅途的设定应能反映该地区的纵向、横向尺度。

3. 列表举出自认为城市中最具特色的部分。"最具特色"和"部分"的含义由提问者解释。

4. 以书面形式简短回答几个这样的问题，如"××在什么位置？"

对测试的分析可以从如下几个方面入手，如元素被提到的次数及它们彼此间的联系、画图时的先后顺序、意象中的亮点、对结构的感知以及合成的意象图。

然后我们把实地体验和群体采访的结果进行比较，研究公众意象与视觉形式之间的内在联系，初步分析整个地区在视觉上的强点与弱点，并标出值得继续关注的决定性的标志点、序列或模式。

接下来是对这些关键性问题的第二次调查。这次调查可以针对较少的对象，进行单独的访谈，请被访者为选定的重要元素定位，对它们进行简短的想象，描述它们，画出它们的草图，讨论关于它们的感觉和记忆。可以挑选几位被访者，做一次经过这些特殊地点的短途旅行，并在实地对它们进行描述和讨论。另外，还可以在街道上的不同地点随机选取采访对象，了解他们对同一个元素所在方向的感觉。

当我们把第三轮访问的结果分析透彻之后，就要对这些元素进行同样深度的实地体会调研，然后对多种不同的光效、距离、活动、交通等地域条件下个性与结构的研究。这些研究可能会用到采访的结论，但决不局限于此。

所有这些资料最终都将被综合成一系列示意地图和报告，产生地区的基本意象，包括整体视觉效果上的问题与长处，关键性元素与元素间的相互关联，以及它们的细节特性与改变的可能性。这个分析必须不断修正，随时更新——在它的基础上，我们便可以建立起对一个地区未来视觉形式的模型。

第三节　城市规划的地位作用

一、城市规划的任务和内容

城市规划的主要任务表现在以下几个方面：1）查明城市区域范围内的自然条件、自然资源、经济地理条件、城市建设条件、现有经济基础和历史发展的特点，确定本城市在区域中的地位和作用；2）确定城市性质、规模及长远发展方向，拟定城市发展的合理规模和各项技术经济指标；3）选择城市各项功能组成部分的建设用地，并进行合理组织和布局，确定城市规划空间结构；4）拟定旧城改建的原则、方式、步骤及有关政策；5）为保持城市特色，拟定城市布局和城市设计方案；6）确定各项城市基础设施的规划原则和工程规划方案；7）与城市国民经济计划部门相结合，安排近期城市的各项建设项目。

住宅及其环境问题是城市的基本问题。美国社会学家佩里通过研究邻里社区问题，在

20 世纪 20 年代提出居住区内要有绿地、小学、公共中心和商店，并应安排好区内的交通系统。他最先提出"邻里单位"概念，被称为社区规划理论的先驱者。邻里单位理论本是社会学和建筑学结合的产物。从 60 年代开始，一些社会学家认为它不尽符合现实社会生活的要求，因为城市生活是多样化的，人们的活动不限于邻里。邻里单位理论又逐渐发展成为社区规划理论。此后，学者们提出了树枝状道路系统、等级体系道路系统等多种城市交通网模式。发展公共交通的原则现已被广泛接受。城市交通规划同城市结构和城市其他规划问题息息相关，已成为城市规划中的一项基本内容。

二、城市规划的作用

1. 管理城市的公共资源，保障城市公共利益的实现

城市建设是对公共资源的占用过程。市场经济条件下，城市建设既有以经营为目的的开发行为，也有以社会环境效益为目的的公益性建设行为。政府在城市土地、空间配置中占有主导地位，并通过城市规划确定哪些用地用于公益性建设，哪些用地用于市场化开发，从而保障城市的合理发展；在社会层面，通过社会服务基本设施，如教育（特别是中小学）、卫生、文化（特别是社区级设施）、福利设施、低收入住宅等的规划，保障生活在城市里每个人的基本生存条件；在经济层面通过垄断一级市场来调控土地二级市场和房产价格，发挥政府对房地产市场的调控作用，管理好城市的公共资源是实现城市社会公平的首要条件。

2. 协调各种利益主体之间的矛盾，平衡社会各阶层的需求

随着投资多元化，计划体制下的使用权改变为财产权，使用者之间的功能性矛盾演变为所有者之间的财产矛盾。市场条件下的商业开发行为总是倾向于追求利益的最大化，并不惜牺牲城市的整体利益和其他利益主体的权益。这就要求城市政府在保障经济发展的同时，承担起对各个利益主体经济行为的规范和管制职能，以及各种利益的保护和协调职能；城市规划按照土地利用规律和开发项目的类型、特征、对外部环境的要求及对外部的不良影响等，确定各项控制指标和约束条件，从而使商业开发行为受到严格约束，也使商业开发主体的合法权益受到保障。因此，城市规划能够起到规范开发行为的市场规则作用。下面就从以下几个方面对市场机制下城市规划的作用进行探讨。

3. 处理开发与保护的矛盾，保障城市的文化传承

由于城市土地市场的建立，城市土地效益最高的地区往往也是大量历史遗存最集中的城市中心地区和展示城市风貌的特色地区，城市政府和开发商为追求经济利益，以牺牲人文资源为代价，进行商业开发，近几年，此类现象更为严重。因而，正确处理文化传承与开发建设的关系是市场经济条件下城市规划工作的重要组成部分。

4.调控土地市场，为市场的开发活动提供引导和秩序

世界上不存在纯粹自由的市场经济。正如体育比赛必须有规则才成为比赛，市场经济也因为有规则而使自由竞争能有序进行。当城镇规模较大、系统较复杂时，规划在确定城市空间结构和总体布局方面就需要起框架及引导作用，因为即使有局部的秩序和资源优化配置，也不能避免整体的无序。例如，我国一些特大城市目前面临的交通困境，通过微观层面的管理已不可能解决，而只能依靠城市总体规划布局、交通政策及交通结构等规划手段来获得解决。这不是由自由市场产生的，而是社会共同的理性选择。

5.有效经营城市资产，协调资源、环境等目标市场

经济条件下，城市政府有责任使城市的整体效益得到提升。这也是衡量城市规划工作成功与否的标志之一。但是，经济全球化带来了资本的自由流动，城市之间的竞争更为激烈，地方政府为了获取更多的投资，使经济效益最大化，往往将城市经营作为唯一的目标，城市的环境保护被忽视，影响了城市的长远利益。城市规划作为一项政府综合协调各类资源的主要手段，通过土地和城市各类公共设施的配置，在促进经济发展的同时，在有效保护资源等方面也具有不可替代的作用。

6.城市规划引导市场达到规划目标

经济发展周期性是市场经济的基本特征之一，城市的发展也具有一定的周期性，了解城市发展的周期性可增强对城市开发的认识。建立城市规划的市场观念有助于深化对规划客体的认识，从而改善规划主体的质量。市场由供需关系及随之而来的价格体系决定，城市规划作为对土地市场的制约可以影响和引导市场。有效的市场引导取决于市场的状况和针对市场状况的规划引导能力，牵涉到规划与市场合作的形式。市场经济下，巨大的土地利益使得城市开发控制成为一个极其重要的环节。开发控制如果没有法制基础，就没有权威。

三、城市规划的地位

城市规划是经济、社会和环境在城市空间上协调、可持续发展的保障，是政府在市场经济条件下引导和控制整个城市建设和发展的基本依据和手段，是城市建设和发展的"龙头"，是城市政府制定城市发展、建设和管理相关政策的基础，是城市政府引导和管理城市建设的重要依据。无论从世界各国，还是从我国新中国成立以来各个历史时期的情况来看，城市规划均被作为重要的政府职能。从一定意义上说，城市规划体现了政府指导和管理城市建设和发展的政策导向。改革开放以来，随着社会主义市场经济体制的逐步建立和完善，城市规划以其高度的综合性、战略性、政策性和实施管理手段，在优化城市土地和空间资源配置、合理调整城市布局、协调各项建设、完善城市功能、有效提供公共服务、整合不同利益主体的关系，从而实现城市经济、社会的协调和可持续发展，维护城市整体和公共利益等方面，发挥着日益突出的作用。

四、城市规划的发展趋势

基于城市是综合的动态体系，城市规划研究不仅着眼于平面土地的利用划分，也不仅局限于三维空间的布局，而是引入了时间、经济、社会多种要求的"融贯的综合研究"。在城市规划工作中，将考虑最大范围内可以预见和难以预见的情况，提供尽可能多的自由选择，并给未来的发展留有充分的余地和多种可能性。由于城市问题包罗万象，有人提出在有关学科群的基础上建立以研究城市性质、城市模型、城市系统和发展战略为目的的城市学；也有人提出建立以系统地研究乡村、集镇、城市的各种人类聚居地为目的的人类聚居学等。这类新学科的建立，或许有助于加深对城市的宏观认识，但它的进展需要建立在完成大量城市问题研究工作的基础上。

下篇　环境保护

第一章　环境概述

第一节　环境及环境的分类

一、环境的基本内涵

1. 环境的基本概念

环境既包括以大气、水、土壤、植物、动物、微生物等为内容的物质因素，也包括以观念、制度、行为准则等为内容的非物质因素；既包括自然因素，也包括社会因素；既包括非生命体形式，也包括生命体形式。环境是相对于某个主体而言的，主体不同，环境的大小、内容等也就不同。

狭义的环境，指如环境问题中的"环境"一词，大部分的环境往往指相对于人类这个主体而言的一切自然环境要素的总和数。

环境是相对于某一事物来说的，是指围绕着某一事物（通常称其为主体）并对该事物会产生某些影响的所有外界事物（通常称其为客体），即环境是指相对并相关于某项中心事物的周围事物。环境的好坏也是用来形容我们生活的品质，环境也是影响着健康的因素。

环境（environment）是指周围所在的条件，对不同的对象和科学学科来说，环境的内容也不同。

（1）对生物学来说，环境是指生物生活周围的气候、生态系统、周围群体和其他种群。

（2）对文学、历史和社会科学来说，环境指具体的人生活周围的情况和条件。

（3）对建筑学来说，是指室内条件和建筑物周围的景观条件。

（4）对企业和管理学来说，环境指社会和心理的条件，如工作环境等。

（5）对热力学来说，是指向所研究的系统提供热或吸收热的周围所有物体。

（6）对化学或生物化学来说，是指发生化学反应的溶液。

（7）对计算机科学来说，环境多指操作环境，例如编辑环境，即编辑程序、代码等时由任务窗口（界面，窗口，工具栏，标题栏），文档等构成的系统。例如：ACCESS 中 Visual Basic 编辑环境是由 Visual Basic 编辑器，工程窗口，标准工具栏，属性窗口和代码窗口和一些程序文档构成的。

从环境保护的宏观角度来说，就是这个人类的家园地球。人类生活的自然环境，主要包括：岩石圈；土圈（即：土壤圈）；水圈；大气圈；生物圈。和人类生活关系最密切的是生物圈，从有人类以来，原始人类依靠生物圈获取食物来源，在狩猎和采集事物阶段，人类和其他动物基本一样，在整个生态系统中占有一席位置。但人类会使用工具，会节约食物，因此人类占有优越的地位，会用有限的食物维持日益壮大的种群。

在人类发展到畜牧业和农业阶段，人类已经改造了生物圈，创造围绕人类自己的人工生态系统，从而破坏了自然生态系统，随着人类不断发展，数量增加，不断地扩大人工生态系统的范围，地球的范围是固定的，因此自然生态系统不断地缩小，许多野生生物不断地灭绝。

从人类开始开采矿石，使用化石燃料以来，人类的活动范围开始侵入岩石圈。人类开垦荒地，平整梯田，尤其是自工业革命以来，大规模地开采矿石，破坏了自然界的元素平衡。

自 20 世纪后半叶，由于人类工农业蓬勃发展，大量开采水资源，过量使用化石燃料，向水体和大气中排放大量的废水废气，造成大气圈和水圈的质量恶化，从而引起全世界的关注，使得环境保护事业开始出现。

现在随着科技能力的发展，人类活动已经延伸到地球之外的外层空间，甚至私人都有能力发射火箭。造成目前有几千件垃圾废物在外层空间围绕地球的轨道上运转，大至火箭残骸，小至空间站宇航员的排泄物，严重影响对外空的观察和卫星的发射。人类的环境已经超出了地球的范围。

环境（environment）总是相对于某一中心事物而言的。环境因中心事物的不同而不同，随中心事物的变化而变化。围绕中心事物的外部空间、条件和状况，构成中心事物的环境。

我们通常所称的环境就是指人类的环境。

2. 属性

通常按环境的属性，将环境分为自然环境、人工环境和社会环境。

（1）自然环境，通俗地说，是指未经过人的加工改造而天然存在的环境；自然环境按环境要素，又可分为大气环境、水环境、土壤环境、地质环境和生物环境等，主要就是指地球的五大圈——大气圈、水圈、土圈、岩石圈和生物圈。

（2）人工环境，通俗地说，是指在自然环境的基础上经过人的加工改造所形成的环境，或人为创造的环境。人工环境与自然环境的区别，主要在于人工环境对自然物质的形态做了较大的改变，使其失去了原有的面貌。

（3）社会环境是指由人与人之间的各种社会关系所形成的环境，包括政治制度、经济体制、文化传统、邻里关系等。

二、环境的功能

环境描写是指对人物所处的具体的社会环境和自然环境的描写。其中，社会环境是指能反映社会、时代特征的建筑、场所、陈设等景物以及民俗民风等。自然环境是指自然界的景物，如季节变化、风霜雨雪、山川湖海、森林原野等。

1. 交代事情发生的地点或背景，增加事情的真实性

例如："车窗外是茫茫的大戈壁，没有山，没有水，也没有人烟……"《白杨》首段便交代了地点：使人初步感受到大戈壁的荒凉与贫瘠，为下文爸爸的沉思做了铺垫。另外如《孔乙己》中开头对鲁镇酒店的格局的描写也是如此。

2. 渲染气氛，烘托人物的心情

例如"天灰蒙蒙的，又阴又冷，长安街两旁的人行道上挤满了男女老少。"《十里长街送总理》一文中的环境描写，渲染了悲哀的气氛，衬托出人们悼念周总理的极其沉痛的心情。另外如《故乡》中对故乡景象的描写，渲染了一种悲凉的气氛。而鲁迅《药》一文结尾一段：时令虽已是清明，然而天气仍"分外寒冷""歪歪斜斜"的路旁是"层层叠叠"的丛冢；这里没有生机，只有"支支直立"的枯草发出"一丝发抖的声音"；这里没有啼鸣的黄莺，只有预兆不祥的乌鸦，而且"缩着头，铁铸一般站着"。这里借助环境描写渲染出了坟场阴冷、悲凉的气氛。

3. 寄托人物的思想感情

例如《心愿》一文，在点明"我"在一个假日去巴黎的一座街道公园看书之后，交代了"我"周围的环境以及"我"由花丛联想到北京一事，表达了作者思念祖国的思想感情。

4. 反映人物的性格或品质

例如《一夜的工作》一文写周总理工作的环境："这是高大的宫殿式的房子，室内陈设极其简单……"可以看出，总理生活多么简朴。又如《穷人》一文中写道"屋外寒风呼啸，汹涌澎湃的海浪……这间渔家的小屋却温暖而舒适。"由此可知，桑娜是个十分勤劳的人。另外如《驿路梨花》中对小茅屋的描写，则写出了人们的热心与善良。

5. 推动情节的发展

例如：《曹操煮酒论英雄》中"酒至半酣，忽阴云漠漠，聚雨将至。从人遥指天外龙挂"一句，因为天气的变化，引出了对"龙"的评论，从而推动了情节的发展。

另外如《边城》中写道："天已快夜，别的雀子似乎都休息了，只杜鹃叫个不息。石头泥土为白日晒了一整天，草木为白日晒了一整天，到这时节各放散出一种热气。空气中有泥土气味，有草木气味还有各种甲虫类气味。翠翠看着天上的红云，听着渡口飘来生意人的杂乱声音，心中有些儿薄薄的凄凉。"情窦初开的翠翠"在成熟中的生命，觉得好像缺少了什么""好像眼见到这个日子过去了，想要在一件新的人事上攀住它，但不成"。翠翠渴望爱情而还没有着落，有孤单失落之感。这时祖父在渡船上忙个不息，顾不上她，杜鹃叫个不息，泥土、草木、各种甲虫类气味，生意人的杂乱声音，更增添了翠翠内心的纷乱和孤独之感，因此她"心中有些薄薄的凄凉"。这里的环境描写成为人物心理活动的

契机并映衬着人物的心情，还有推动故事情节发展的作用。

6. 深化作品主题

分析小说的主题，离不开对人物和情节的细致分析，也离不开对环境的认真考察。如老舍的《骆驼祥子》中，为了刻画人力车夫祥子的辛苦，揭示旧社会劳动人民的悲惨，作者极力刻画了日烈雨暴的情景。当日烈到人不能忍受的程度，祥子还不得不拉车挣钱；当雨暴到人不能行走的程度，祥子还不得不在雨中挣命。通过这样的环境描写，展现了祥子吃苦耐劳、勤劳的本性，从而揭示了旧社会劳动人民生活的疾苦和悲惨的主题。

当然，一段具体的环境描写，它的作用往往是多方面的，这需要根据具体的语言环境去综合分析，切忌生硬地把它归结为某一种作用。

环境是形成人物性格、并限制其活动的特定场所，它决定和影响着人物的性格。同时，人物性格有时也反作用于环境。写故事性较强的记叙文，除情节外，也要写好自然环境和社会环境。写好这两种环境，可较好地烘托人物，进而充分、明确地表达中心。

运用环境描写要做到：目的明确——为表达中心思想服务；具体生动——给人身临其境之感；抓住特征——写出独具特色的景物。

客观描写是比较真切地再现景物原形的描写，通过写景来写情，即我们所说的“借景抒情”。

主观描写是指作者带着主观情感去写客观景物，自觉或不自觉地把主观感情融入景物之中，这在写作中称作“寄情于景”。

自然环境是文中常见的描写对象。社会环境，可以是居室陈设、布局、人物活动场所及当地风土人情，等等。场面则是特定的时间与场合内人物活动的总面貌。写故事性较强的记叙文，要写好环境。有人说要画好两幅画，即围绕人物活动的一幅“风景画”和另一幅“风俗画”。

三、环境的分类

人类活动对整个环境的影响是综合性的，而环境系统也是从各个方面反作用于人类，其效应也是综合性的。人类与其他的生物不同，不仅仅以自己的生存为目的来影响环境、使自己的身体适应环境，而是为了提高生存质量，通过自己的劳动来改造环境，把自然环境转变为新的生存环境。这种新的生存环境有可能更适合人类生存，但也有可能恶化了人类的生存环境。在这一反复曲折的过程中，人类的生存环境已形成一个庞大的、结构复杂的、多层次、多组元相互交融的动态环境体系（Hierarchical System）。

环境分类一般按照空间范围的大小、环境要素的差异、环境的性质等为依据。

1. 人类环境习惯上分为自然环境和社会环境

自然环境亦称地理环境。是指环绕于人类周围的自然界。它包括大气、水、土壤、生物和各种矿物资源等。自然环境是人类赖以生存和发展的物质基础。在自然地理学上，通常把这些构成自然环境总体的因素，分别划分为大气圈、水圈、生物圈、土圈和岩石圈等五个自然圈。

社会环境是指人类在自然环境的基础上，为不断提高物质和精神生活水平，通过长期有计划、有目的的发展，逐步创造和建立起来的人工环境，如城市、农村、工矿区等。社会环境的发展和演替，受自然规律、经济规律以及社会规律的支配和制约，其质量是人类物质文明建设和精神文明建设的标志之一。

2. 如从性质来考虑的话，可分为物理环境、化学环境和生物环境等。

3. 如果按照环境要素来分类，可以分为大气环境、水环境、地质环境、土壤环境及生物环境。

4. 按照人类生存环境的空间范围，可由近及远，由小到大地分为聚落环境、地理环境、地质环境和星际环境等层次结构，而每一层次均包含各种不同的环境性质和要素，并由自然环境和社会环境共同组成。

（1）聚落环境

聚落是指人类聚居的中心，活动的场所。聚落环境是人类有目的、有计划地利用和改造自然环境而创造出来的生存环境，是与人类的生产和生活关系最密切、最直接的工作和生活环境。聚落环境中的人工环境因素占主导地位，也是社会环境的一种类型。人类的聚落环境，从自然界中的穴居和散居，直到形成密集栖息地乡村和城市。显然，随着聚居环境的变迁和发展，为人类提供了安全清洁和舒适方便的生存环境。但是，聚落环境乃至周围的生态环境由于人口的过度集中、人类缺乏节制的频繁活动，以及对自然界的资源和能源超负荷索取同时受到巨大的压力，造成局部、区域以致全球性的环境污染。因此，聚落环境历来都引起人们的重视和关注，也是环境科学的重要和优先研究领域。

（2）地理环境

地理学上所指的地理环境位于地球表层，处于岩石圈、水圈、大气圈、土壤圈和生物圈相互制约、相互渗透、相互转化的交融带上。它下起岩石圈的表层，上至大气圈下部的对流层顶，厚约 10 ~ 20 km，包括了全部的土壤圈，其范围大致与水圈和生物圈相当。概括地说，地理环境是由于人类生存与发展密切相关的，直接影响到人类衣、食、住、行的非生物和生物等因子构成的复杂的对立统一体，是具有一定结构的多级自然系统，水、土、气、生物圈都是它的子系统。每个子系统在整个系统中有着各自特定的地位和作用，非生物环境都是生物（植物、动物和微生物）赖以生存的主要环境要素，它们与生物种群共同组成生物的生存环境。这里是来自地球内部的内能和来自太阳辐射的外能的交融地带，有着适合人类生存的物理条件、化学条件和生物条件，因而构成了人类活动的基础。

（3）地质环境

地质环境主要指地表以下的坚硬地壳层，也就是岩石圈部分。它是由岩石及其风化产物—浮土两个部分组成。岩石是地球表面的固体部分，平均厚度 30km 左右；浮土是包括土壤和岩石碎屑组成的松散覆盖层，厚度范围一般为几十米至几公里。实质上，地理环境是在地质环境的基础上，在星际环境的影响下发生和发展起来的，在地理环境、地质环境和星际环境之间，经常不断地进行着物质和能量的交换和循环。例如，岩石在太阳辐射的作用下，在风化过程中使固结在岩石中的物质释放出来，参加到地理环境中去，再经过复杂的转化过程又回到地质环境或星际环境中。如果说地理环境为人类提供了大量的生活资料，即可再生的资源，那么地质环境则为人类提供了大量的生产资料，特别是丰富的矿产资源，即难以再生的资源，它对人类社会发展的影响将与日俱增。

（4）宇宙环境

宇宙环境，又称为星际环境，是指地球大气圈以外的宇宙空间环境，由广漠的空间、各种天体、弥漫物质，以及各类飞行器组成。它是人类活动进入地球邻近的天体和大气层以外的空间的过程中提出的概念，是人类生存环境的最外层部分。太阳辐射能为地球的人类生存提供主要的能量。太阳的辐射能量变化和对地球的引力作用会影响地球的地理环境，与地球的降水量、潮汐现象、风暴和海啸等自然灾害有明显的相关性。随着科学技术的发展，人类活动越来越多地延伸到大气层以外的空间，发射的人造卫星、运载火箭、空间探测工具等飞行器本身失效和遗弃的废物，将给宇宙环境以及相邻的地球环境带来新的环境问题。

（5）区域环境

指一定地域范围内的自然和社会因素的总和。是一种结构复杂，功能多样的环境。分自然区域环境（如森林、草原、冰川、海洋）、社会区域环境（如各级行政区、城市、工业区）、农业区域环境（如作物区、牧区、农牧交错区）、旅游区域环境（如西湖、桂林、庐山、黄山）等。

（6）生态环境

围绕生物有机体的生态条件的总体。由许多生态因子综合而成。生态因子包括生物性因子（如植物、微生物、动物等）和非生物性因子（如水、大气、土壤等），在综合条件下表现出各自的作用。生态环境的破坏往往与环境污染密切相关。

（7）海洋环境

地球上广大连续的海和洋的总水域。包括海水、溶解和悬浮于海水中的物质、海底沉积物和海洋生物。是生命的摇篮和人类的资源宝库。随着人类开发海洋资源的规模日益扩大，已受到人类活动的影响和污染。

（8）投资环境

指影响投资效益的各种条件。内容主要包括：（1）投资所在地的政治经济制度和经济立法状况；（2）市场规模和容量；（3）基础设施和协作条件；（4）劳动力状况如人员素质以及工资水平；（5）政策上的优惠条件，等等。

（9）特殊环境

人们极少遇到的环境。如南北极超低温、高山缺氧、沙漠干旱、风沙、赤道丛林、高温高湿、地方病高发区、水下环境、外层空间环境，以及冲击、爆炸、辐射、强磁场、高频噪声等环境。

（10）地理环境

地球岩石圈表层与大气圈对流层顶部之间的地表环境。是岩石、土壤、水、大气、生物等自然因素和人类活动形成的社会因素的总体。它包括自然环境、经济环境和社会文化环境。同人类的生活和生产活动密切相关。

（11）创造环境

能够激发人们去进行创造的社会环境。包括社会的组织结构、思想气氛、激励方式，如善用创造性的人才、适于和鼓励人才流动的机制、尊重创造性人才生活习惯和个性特点以及精神和物质激励等。

（12）城市环境

泛指影响城市人类活动的各种外部条件。包括自然环境、人工环境、社会环境和经济环境等。是人类创造的高度人工化的生存环境。为居民的物质和文化生活创造了优越的条件，但往往遭到严重的污染和破坏，故需采取有效措施，防止不良影响。

（13）原生环境

自然环境中未受人类活动干扰的地域。如人迹罕到的高山荒漠、原始森林、冻原地区及大洋中心区等。在原生环境中按自然界原有的过程进行物质转化、物种演化、能量和信息的传递。随着人类活动范围的不断扩大，原生环境日趋缩小。

（14）次生环境

自然环境中受人类活动影响较多的地域。如耕地、种植园、鱼塘、人工湖、牧场、工业区、城市、集镇等。是原生环境演变成的一种人工生态环境。其发展和演变仍受自然规律的制约。

（15）典型环境

指文艺作品中典型人物所生活的、形成其性格并驱使其行动的特定社会环境，即主人公和周围人物所形成和辐射出来的具体关系。

（16）市场环境

对处于市场经济下的企业生产经营活动产生直接或间接影响的各种客观条件和因素。主要包括：国家的法律法规和经济政策的健全完善程度；宏观经济形势；企业生产经营所需生产要素的供给和对企业产品的市场需求情况；同行企业的竞争力；大众媒体的舆论导向；自然条件和科学技术进步状况等。

（17）硬件环境

即硬件设施，是指由传播活动所需要的那些物质条件、有形条件之和构筑而成的环境。例如高速公路、电网、电信网络，等等。

（18）软件环境

即人文环境，是指由传播活动所需要的那些非物质条件、无形条件之和构筑而成的环境。例如公民素质、政治制度、社会舆论，等等。

（19）陆地环境

①地球的内部圈层：地壳（地表到莫霍界面）、地幔（莫霍面—古登堡面）、地核（古登堡面以下）

②岩石圈范围包括地壳和上地幔顶部（软流层之上）

③岩石成因分类：岩浆岩（喷出岩和侵入岩）、沉积岩（层理构造、有化石）、变质岩。

④地壳物质回圈：岩浆冷却凝固→岩浆岩—外力→沉积岩—变质→变质岩—熔化→岩浆

⑤地质作用：内力作用（地壳运动、岩浆活动、地震、变质作用）；外力作用（风化、侵蚀、搬运、沉积、固结成岩）

⑥地质构造的类型：褶皱（背斜、向斜），断层（上升岩块 - 地垒、下沉岩块 - 地堑）

⑦背斜成谷向斜成山的原因：外力侵蚀（在外力侵蚀作用之前背斜成山、向斜成谷）背斜顶部受张力，容易被侵蚀成谷地；向斜槽部受到挤压，岩性坚硬不易被侵蚀反而成为山岭。

⑧地垒——庐山、泰山；地堑——东非大裂谷、河平原和汾河谷地。

⑨地质构造对人类生产活动的影响：背斜（储油）、向斜（储水）、大型工程选址，应避开断层

⑩外力作用与常见地貌：

流水侵蚀——沟谷、峡谷、瀑布、黄土高原的千沟万壑的地表、溶洞（喀斯特地貌）

弯曲的河道——凹岸侵蚀，凸岸沉积（港口宜建在凹岸）

流水沉积——山麓冲积扇、河口三角洲、河流中下游冲积平原

风力侵蚀——风蚀沟谷、风蚀洼地、蘑菇石、风蚀柱、风蚀城堡等

风力沉积——沙丘、沙垄、沙漠边缘的黄土堆、黄土高原；

⑪陆地环境的整体性：陆地环境各要素（大气、水、岩石、生物、土壤、地貌）的相互联系、相互制约和相互渗透，构成陆地环境的整体性。例如我国西北地方各环境要素都体现出干旱特征。

⑫陆地环境的地域差异有：①由赤道到两极的地域分异（热量）——纬度地带性；②从沿海到内陆的地域分异（水分）——经度地带性；③山地的垂直地域分异（水分和热量）——垂直地带性。

⑬影响山地垂直带谱的因素：①山地所处的纬度；②山地的海拔；③阳坡、阴坡；④迎风、背风坡。

⑭影响雪线高低的因素（雪线是指冰雪存在的下限的海拔高度）主要影响因素有两个：一是 0℃等温线的海拔（阳坡、阴坡）；二是降水量的大小（迎风、背风坡）。

⑮非地带性因素：海陆分布、地形起伏、洋流影响等。例如我国西北地方的绿洲。

⑯主要地质灾害：地震、火山、滑坡和泥石流。两大地震带是：环太平洋带、地中海——喜马拉雅带。我国多地震的原因是：我国位于两大地震带中。地质灾害的防御：提高建筑

物抗震强度；实施护坡工程，防止滑坡和崩塌；保护植被，改善生态环境。

四、人类与环境的关系

（一）人类社会发展与自然环境的关系

1. 自然环境对农业发展的影响

自然环境对农业的影响是不容置疑的，尤其是地形、气候更是对农业起决定作用。非洲由于气候干旱，土地中只有很少一部分可用作耕地，牧地比重也不高。亚洲耕地在土地总面积中占很大部分。欧洲由于地势相对低平，气候温暖湿润，适合农业生产的耕地占很大部分。

世界主要产粮大国法国、美国、加拿大、印度均得益于得天独厚的自然条件。法国是一个以平原为主的国家，且平原土层肥厚，大部分地区属温带海洋性气候，气候温和，雨量适中，便于推行农业生产，总之，广阔的平原、温润的气候、稠密的水系，为农业生产创造了十分有利的条件，从而使法国成为世界重要的农产品生产国和出口国。美国中部平原面积广大，地势低平，土壤肥沃，大部分地区属温带和亚热带，非常宜于农耕。因而美国是世界上主要的粮食出口国。同样作为第二大粮食出口国的加拿大也是如此。这些主要粮食生产国除了气候、土壤条件优厚外，平原面积辽阔也是重要因素。

广阔的平原有利于农业专业化、机械化发展，有利于形成规模效益，小块分散零星的土地则难以做到这一点。一些国家粮食匮乏和自然条件恶劣有关，非洲大部分地区位于南北回归线之间，是一块炎热、干旱的大陆。非洲很大部分是沙漠。其中包括世界第一大沙漠撒哈拉沙漠，沙漠周边是十分珍贵的可耕地，上边骄阳似火，下边大地干裂，经常颗粒无收，极大制约了其粮食的生产。虽然还有其他诸多因素的作用，但自然环境显然是在一定程度上对农业生产起了决定性作用。

2. 人的发展对自然环境影响

自然环境是人类创造活动的舞台，是人类创造活动重要的对象。经济活动作用于自然环境，自然环境又对经济活动产生影响。遵循自然规律对经济活动发展起促进作用，否则将对经济活动产生毁灭性的冲击。当代日益严重的生态危机、资源危机给人类上了一堂又一堂地理环境决定论的课。

中国作为世界上最大的发展中国家，也品尝着由于偏重经济效益而环境遭到破坏所结出的苦果。中国东部发展迅速，西部内陆仍较落后，政府倡导东部支援西部，而在历史上，东西部的关系并非如此。历数各个朝代的东西部关系发现，一直到唐朝安史之乱前，东西部之间的差距都不大，从秦到唐前期，西部甚至是中国的政治、经济、文化中心。那时的西部，地肥水美，草木茂盛，物产丰富，人口众多。由于过度开发，森林减少，草场退化，土地荒漠化，地力下降，灾害增多，渐渐沦为生态性贫困，丧失了经济中心的地位。

3. 自然界对人类社会的发展有反作用力

马克思说过，人类的每一次进步与发展都是以牺牲自然环境为代价，必然遭到自然界的报复。在人类社会不断发展的过程中，自然界一直以各种人类已认知和现在还无法认知的方式处处对人们做着相应的报复活动，人类社会的发展与自然界的报复活动是一个自动启动和运转的系统工程。这种报复以各种自然现象而出现，自然灾害算是人们已经知道的一种，人们已经认识到自然对人类的惩罚将是非常严厉的。人类的每一个小的进步都有自然界给予相应的反作用力，而且报复力度与发展程度相当，渠道多样。

（二）正确处理人类社会发展与自然界的关系的方法与途径

1. 科学的看待自然和尊重自然

自然环境是有生命的，把它现在的状态形象地比喻为一位在重症监护下的病人，饱受伤害的它需要有精心呵护的医护人员来看守，这个系统的某个组成部分的功能已经开始衰竭，微弱的生命体征，只能维持现状，再也经受不起任何摧残。我们要时刻保持清醒的头脑，要知道人类是自然界的产物，也是自然界里的很小的组成部分，人类只不过是宇宙中的一粒粒灰尘。人类可以改变自然，但自然更可以改变人类的命运和前景，人定胜天的思想在科学上讲是不正确的。人类一定要把自己的思想行动置于科学自然的指导之下。

2. 重视自然环境作用，走可持续发展道路

无论是远古时代，还是知识信息时代，人类都在自然环境的怀抱里生存，自然环境的重要作用是不容置疑的。因此，我们每走一步都要记住，我们统治自然界，决不像站在自然界之外的人似的。相反地，我们连同我们的肉、血和头脑都是属于自然界和存在于自然之中的，我们对自然界的全部统治力量，就在于我们比其他一切生物强，能够认识和正确运用自然规律。所以我们必须重视地理环境的作用，走可持续发展的道路，顺应自然之道的发展才是人类社会发展的大道，才能为人类发展保留充满诗意的栖居空间。

（三）科学理性对待人类社会发展与自然环境的关系

人类社会的发展与进步是人类的共同追求，人类对自然的破坏在所难免，人们只能通过对自然的补偿来达到与自然的和谐相处，人们应当不断的投资于对自然界的修补活动，减少自然界对人类的惩罚，如增加绿色植被，加强天然林保护、动植物多样性保护力度等，并加强这方面的研究工作。麻木只能使我们遭受更多的灾难，自然是要报复和惩罚人类的行为，人类也必将为此付出不可逆转的代价。为此，我们要拓展一种人与自然融合在一起的视野，转变传统的经济价值观，提倡和引导正确的可持续发展的科学道路，建立生态文明的价值观，用系统的生态观念取代只注重经济效益的观念，实现立足点的转变，追求人类和自然共同协调发展的进化原则，实现人与自然的和谐发展。

第二节　环境科学

一、环境科学的产生及发展

1. 环境问题的由来和发展

人类是环境的产物，又是环境的改造者。人类在同自然界的斗争中，运用自己的智慧，通过劳动，不断地改造自然，创造新的生存条件。然而，由于人类认识能力和科学技术水平的限制，在改造环境的过程中，往往会产生意料不到的后果，造成对环境的污染和破坏。

人类活动造成的环境问题，最早可追溯到远古时期。那时，由于用火不慎，大片草地、森林发生火灾，生物资源遭到破坏，他们不得不迁往他地以谋生存。

早期的农业生产中，刀耕火种，砍伐森林，造成了地区性的环境破坏。古代经济比较发达的美索不达米亚、希腊、小亚细亚以及其他许多地方，由于不合理的开垦和灌溉，后来成了荒芜不毛之地。中国的黄河流域是中国古代文明的发源地，那时森林茂密，土地肥沃。西汉末年和东汉时期进行大规模的开垦，促进了当时农业生产的发展，可是由于滥伐了森林，水源不能涵养，水土严重流失，造成沟壑纵横，水旱灾害频仍，土地日益贫瘠。

随着社会分工和商品交换的发展，城市成为手工业和商业的中心。城市里人口密集，房屋毗连。炼铁、冶铜、锻造、纺织、制革等各种手工业作坊与居民住房混在一起。这些作坊排出的废水、废气、废渣，以及城镇居民排放的生活垃圾，造成了环境污染。13 世纪英国爱德华一世时期，曾经有对排放煤炭的"有害的气味"提出抗议的记载。1661 年英国人 J. 伊夫林写了《驱逐烟气》一书献给英王查理二世，指出空气污染的危害，提出一些防治对策。

产业革命后，蒸汽机的发明和广泛使用，使生产力得到了很大发展。一些工业发达的城市和工矿区，工矿企业排出的废弃物污染环境，使污染事件不断发生。恩格斯在《英国工人阶级状况》一书中详细地记述了当时英国工业城市曼彻斯特的污染状况。1873 年 12 月，1880 年 1 月，1882 年 2 月，1891 年 12 月，1892 年 2 月英国伦敦多次发生可怕的有毒烟雾事件。19 世纪后期日本足尾铜矿区排出的废水毁坏了大片农田。1930 年 12 月比利时马斯河谷工业区由于工厂排出有害气体，在逆温条件下造成严重的大气污染事件。农业生产活动也曾造成自然环境的破坏。1934 年 5 月美国发生一次席卷半个国家的特大尘暴，从西部的加拿大边境和西部草原地区几个州的干旱土地上卷起大量尘土，以每小时 96 ～ 160 公里的速度向东推进，最后消失在大西洋的几百公里海面上。这次风暴刮走西部草原 3 亿多吨土壤。芝加哥在 5 月 11 日这一天，降下尘土 1200 万吨。这是美国历史上的一次重大灾难。尘暴过后，美国各地开展了大规模的农业环境保护运动。

第二次世界大战以后，社会生产力突飞猛进。许多工业发达国家普遍发生现代工业发展带来的范围更大、情况更加严重的环境污染问题，威胁着人类的生存。美国洛杉矶市随着汽车数量的日益增多，自20世纪40年代后经常在夏季出现光化学烟雾，对人体健康造成了危害。1952年12月英国伦敦出现另一种类型严重的烟雾事件，短短四天内比常年同期死亡人数多4000人。

1962年出版了美国生物学家R.卡逊写的科普作品《寂静的春天》，详细描述了滥用化学农药造成的生态破坏。这本书引起了西方国家的强烈反响。日本接连查明水俣病、痛痛病、四日市哮喘等震惊世界的公害事件，都起源于工业污染。在荒无人烟的南、北极冰层中，监测到有害物质含量不断增加；北欧、北美地区许多地方下降酸雨，大气中二氧化碳含量不断增加。环境问题发展成为全球性的问题。20世纪60年代在工业发达国家兴起了"环境运动"，要求政府采取有效措施解决环境问题。到了70年代，人们又进一步认识到除了环境污染问题外，地球上人类生存环境所必需的生态条件正在日趋恶化。人口的大幅度增长，森林的过度采伐，沙漠化面积的扩大，水土流失的加剧，加上许多不可更新资源的过度消耗，都向当代社会和世界经济提出了严重的挑战。在此期间，联合国及其有关机构召开了一系列会议，探讨人类面临的环境问题。1972年联合国召开了人类环境会议，通过了《联合国人类环境会议宣言》，呼吁世界各国政府和人民共同努力来维护和改善人类环境，为子孙后代造福。1974年在布加勒斯特召开了世界人口会议，同年在罗马召开世界粮食大会。1977年在马德普拉塔召开世界气候会议，在斯德哥尔摩召开资源、环境、人口和发展相互关系学术讨论会。1980年3月5日国际自然及自然资源保护联合会在许多国家的首都同时公布了《世界自然资源保护大纲》，呼吁各国保护生物资源。这些频繁的会议和活动说明70年代以来环境问题已成为当代世界上一个重大的社会、经济、技术问题。

2. 环境科学的形成和发展

环境科学是在环境问题日益严重后产生和发展起来的一门综合性科学。到目前为止，这门学科的理论和方法还处在发展之中。

环境科学的形成和发展，大体可分为两个阶段。

早在公元前5000年，中国在烧制陶瓷的柴窑中已按照热烟上升原理用烟囱排烟。公元前2300年开始使用陶质排水管道。古代罗马大约在公元前6世纪修建地下排水道。公元前3世纪中国的荀子在《王制》一文中阐述了保护自然的思想："草木荣华滋硕之时，则斧斤不入山林，不夭其生，不绝其长也。鼋、鱼、鳖孕别之时，罔罟毒药不入泽，不夭其生，不绝其长也。"人类在同自然界斗争中，也逐渐积累了防治污染、保护自然的技术和知识。

19世纪下半叶，随着经济社会的发展，环境问题已开始受到社会的重视，地学、生物学、物理学、医学和一些工程技术等学科的学者分别从本学科角度开始对环境问题进行探索和研究。德国植物学家 C. N. 弗拉斯在 1847 年出版的《各个时代的气候和植物界》一书中论述了人类活动影响到植物界和气候的变化。美国学者 G. P. 马什在 1864 年出版的《人和自然》一书中从全球观点出发论述人类活动对地理环境的影响，特别是对森林、水、土壤和野生动植物的影响，呼吁开展保护运动。德国地理学家 K. 里特尔和 F. 拉策尔探讨了地理环境对种族和民族分布、人口分布、密度和迁移，以及人类聚落形式和分布等方面的影响。但是他们过分强调地理环境的控制作用，陷入地理环境决定论的错误。马克思和恩格斯批判了这种理论的错误，并且根据许多科学家包括弗拉斯的调查材料，指出地球表面、气候、植物界、动物界以及人类本身都在不断地变化，这一切都是人类活动的结果。

地球上生命的历史，是生物同它的周围环境相互作用的历史。英国生物学家 C. R. 达尔文在 1859 年出版的《物种起源》一书中，以无可辩驳的材料论证了生物是进化而来的，生物的进化同环境的变化有很大关系，生物只有适应环境，才能生存。达尔文把生物和环境的各种复杂关系叫作生存斗争或者叫适者生存。1869 年德国生物学家 E.H. 海克尔提出了物种变异是适应和遗传两个因素相互作用的结果，创立了生态学的概念。1935 年英国植物生态学家 A. G. 坦斯利提出了生态系统的概念，目前生态学的研究大多是围绕着生态系统进行的。

声、光、热、电等对人类生活和工作的影响从 20 世纪初开始研究，并逐渐形成了在建筑物内部为人类创造适宜的物理环境的学科——建筑物理学。

公共卫生学从 20 世纪 20 年代以来逐渐由注意传染病进而注意环境污染对人群健康的危害。早在 1775 年英国著名外科医生 P. 波特发现扫烟囱工人患阴囊癌的较多，就认为这种疾病同接触煤烟有关。1915 年日本学者山极胜三郎用试验证明煤焦油可诱发皮肤癌。从此，环境因素的致癌作用成为引人注目的研究课题。

在工程技术方面，给水排水工程是一个历史悠久的技术部门。1897 年英国建立了污水处理厂。1850 年人们开始用化学消毒法杀灭饮水中的病菌，防止以水为媒介的传染病流行。消烟除尘技术在 19 世纪后期已有所发展，20 世纪初开始采用布袋除尘器和旋风除尘器。

这些基础科学和应用技术的进展，为解决环境问题提供了原理和方法。

3. 环境科学的出现

第二阶段是从 20 世纪 50 年代环境问题成为全球性重大问题后开始的。当时许多科学家，包括生物学家、化学家、地理学家、医学家、工程学家、物理学家和社会科学家等对环境问题共同进行调查和研究。他们在各个原有学科的基础上，运用原有学科的理论和方法，研究环境问题。通过这种研究，逐渐出现了一些新的分支学科，例如环境地学、环境生物学、环境化学、环境物理学、环境医学、环境工程学、环境经济学、环境法学、环境管理学等等，在这些分支学科的基础上孕育产生了环境科学。最早提出"环境科学"这一名词的是美国学者。当时指的是研究宇宙飞船中人工环境问题。1964 年国际科学联合会理事会议设立了国际生物方案，研究生产力和人类福利的生物基础，对于唤醒科学家注意生物圈所面临的威胁和危险产生了重大影响。国际水文 10 年和全球大气研究方案，也促使人们重视水的问题和气候变化问题。1968 年国际科学联合会理事会设立了环境问题科学委员会。70 年代出现了以环境科学为书名的综合性专门著作。1972 年英国经济学家 B. 沃德和美国微生物学家 R. 杜博斯受联合国人类环境会议秘书长的委托，主编出版《只有一个地球》一书，副标题是"对一个小小行星的关怀和维护"。主编者试图不仅从整个地球的前途出发，而且也从社会、经济和政治的角度来探讨环境问题，要求人类明智地管理地球。这可以被认为是环境科学的一部绪论性质的著作。不过这个时期有关环境问题的著作，大部分是研究污染或公害问题的。70 年代下半期，人们认识到环境问题不再仅仅是排放污染物所引起的人类健康问题，而且包括自然保护和生态平衡，以及维持人类生存发展的资源问题。

在控制环境污染技术方面，大体上经历了三个时期。60 年代中期，当时面临着严重的环境污染，许多国家的政府颁布一系列政策、法令，采取政治的和经济的手段，主要搞污染治理。60 年代末期开始进入防治结合、以防为主的综合防治阶段。美国于 1970 年开始实行环境影响评价制度。70 年代中期，强调环境管理，强调全面规划、合理布局和资源的综合利用。随着人们对环境和环境问题的研究和探讨，以及利用和控制技术的发展，环境科学迅速发展起来。

二、环境科学的现状和展望

环境科学从提出到现在，只不过二、三十年的历史。然而，这门新兴科学发展异常迅速。许多学者认为，环境科学的出现，是 20 世纪 60 年代以来自然科学迅猛发展的一个重要标志。这表现在两个方面：

推动了自然科学各个学科的发展。自然科学是研究自然现象及其变化规律的，各个学科从不同的角度，比如从物理学的、化学的、生物学的各个方面去探索自然界的发展规律，认识自然。各种自然现象的变化，除了自然界本身的因素外，人类活动对自然界的影响也越来越大。20 世纪以来科学技术日新月异，人类改造自然的能力大大增强，自然界对人类的反作用也日益显示出来。环境问题的出现，使自然科学的许多学科把人类活动产生的影响作为一个重要研究内容，从而给这些学科开拓出新的研究领域，推动了它们的发展，同时也促进了学科之间的相互渗透。

推动了科学整体化研究。环境是一个完整的有机的系统，是一个整体。过去，各门自然科学，比如物理学、化学、生物学、地理学等都是从本学科角度探讨自然环境中各种现象的。然而自然界的各种变化，都不是孤立的，而是物理、生物、化学等多种因素综合的变化。各个环境要素，如大气、水、生物、土壤和岩石同光、热、声等因素也互相依存，互相影响，又是互相联系的。比如臭氧层的破坏，大气中二氧化碳含量增高引起气候异常，土壤中含氮量不足等，这些问题表面看来原因各异，但都是互相关联的。因为全球性的碳、氧、氮、硫等物质的生物地球化学循环之间有着许多联系。人类的活动，诸如资源开发等都会对环境发生影响。因此，在研究和解决环境问题时，必须全面考虑，实行跨部门、跨学科的合作。环境科学就是在科学整体化过程中，以生态学和地球化学的理论和方法作为主要依据，充分运用化学、生物学、地学、物理学、数学、医学、工程学以及社会学、经济学、法学、管理学等各种学科的知识，对人类活动引起的环境变化、对人类的影响，及其控制途径进行系统的综合研究。

目前，在环境问题研究上主要趋势是：以整体观念剖析环境问题；更加注意研究生命维持系统；扩大生态学原理的应用范围；提高环境监测的效率；注意全球性问题。这些趋势改变了以大气、水、土壤、生物等自然介质来划分环境的做法，要求环境科学从环境整体出发，实行跨学科合作，进行系统分析，以宏观和微观相结合的方法进行研究。这些都将促进环境科学的进一步发展。

面临全球性的环境问题，许多国家政府和学术团体都在组织力量研究和预测环境发展趋势，筹商对策。60 年代末，意大利、瑞士、日本、美国、德意志联邦共和国等 10 个国家的 30 位科学家、经济学家和工业家在意大利开会讨论人类当前和未来的环境问题，并成立了罗马俱乐部。受这个组织委托，美国麻省理工学院利用数学模型和系统分析方法，研究了人口、农业生产、自然资源、工业生产和环境污染五个因素的内在联系，于 1972 年发表了由 D. H. 米多斯等人撰写的《增长的限度》一书，提出了"零增长论"。1974 年罗马俱乐部又发表了由英国生态学家 E. 戈德史密斯为首编著的《生存的战略》一书。此后，一些国家也开展了全球性预测研究。1979 年欧洲经济合作发展组织发表了《不久的将来》一书，1980 年美国政府发表了《全球 2000 年》。这些出版物对未来的预测虽然各有特点，但都指出大致相同的趋势：①几乎在所有地区人口继续增加；②大部分地区经济继续增长；③全球范围内粮食和农产品供应变得不那么充裕，价格更为昂贵；④能源消耗的增长率下降，对能源更加注意节省；⑤水的问题愈来愈大，在供应和污染方面均是如此；⑥环境压力增大。

苏联科学院院士 Э. К. 费多罗夫认为，罗马俱乐部的科学家对世界形势的分析是新马尔萨斯的观点；自然环境的污染不应当认为是生产增长和技术进步不可避免的后果，进步本身还提供了消除污染的可能性；自然资源储量减少是事实，但技术进步也在不断发现新的资源来满足人的基本需要。在美国以未来研究所为代表，对世界前景持乐观论点，发表了《世界经济发展——令人兴奋的 1978 ~ 2000 年》一文，认为人类总会有办法来对付未来出现的问题。

环境是人类生存和发展的条件。我们要科学地预测 2000 年或更长时期环境变化趋势，但更重要的是制定正确的决策，调整发展和生活方式的类型，控制人口增长，合理利用资源，以保证资源的永续利用，创造更好的生存环境。

三、中国的环境科学研究

20 世纪 70 年代以前，中国在基础科学、医学、工程技术等方面已进行了一些有关环境科学的研究工作，但当时都是从各自的学科和系统出发，零星地进行研究的。1972 年在总结过去经验的基础上，提出了"全面规划，合理布局，综合利用，化害为利，依靠群众，大家动手，保护环境，造福人民"的环境保护方针。同年，中国科学院联合全国许多部门对官厅水系的污染和水源保护进行多学科的、大规模的调查研究，推动了环境科学的发展。1973 年中国第一次环境保护会议制定了 1974 ~ 1975 年环境保护科学研究任务。以后，又制定环境保护科学技术长远发展规划，并纳入全国科学技术发展规划。十多年来，中国的环境科学研究已形成了一定的力量，取得了一定的成果，环境科学的各门分支学科也得到了蓬勃发展。在环境质量研究方面，已进行了部分城市、河流、湖泊、海域、地下水的环境质量评价。在环境监测方面，研制了大气污染自动监测车和水质污染监测船，建立了标准分析方法，开展了中子活化、激光、遥感遥测等分析技术和生物监测的应用。在工业污染治理技术方面，高浓度二氧化硫回收、无氰电镀和电镀废水治理、酶法脱毛、汞害治理、炼油废水净化、气流噪声防治等技术已在生产上应用。在大自然保护方面，对沙漠综合防治、草原改良、黄土高原大面积造林、农村沼气的利用，中国综合农业区划的制定、野生濒危动物的驯化和濒危植物的引种栽培等，积累了一定经验。在污染和人体健康关系的研究方面，进行了大气和水污染对人体健康的危害、农药的毒性毒理、噪声危害等研究。此外，还在环境化学、环境生物学、环境地学等方面进行一些基础研究。当前中国环境科学研究的重点是：无污染或少污染工艺技术，环境规划和区域环境污染综合防治，污染物在环境中的迁移、转化和归宿的规律，污染物的毒理及其对生物和人体健康的影响，环境政策、环境经济效果和环境立法等。

人类是环境的主人，人类在同自然界的斗争中总是不断总结经验，有所发现，有所前进。环境问题是随着人类社会发展而发展，同时也是随着社会进步和科学技术发展而必然要被认识和解决的。

第二章　城市生态系统和城市生态环境基础

第一节　生态系统及其层次

一、种群

种群（population）指在一定时间内占据一定空间的同种生物的所有个体。种群中的个体并不是机械地集合在一起，而是彼此可以交配，并通过繁殖将各自的基因传给后代。种群是进化的基本单位，同一种群的所有生物共用一个基因库。对种群的研究主要是其数量变化与种内关系，种间关系的内容已属于生物群落的研究范畴。

（一）特征描述

1. 种群密度

种群密度是指在单位面积或体积中的个体数，"种群密度"与"密度"不同，前者是个体的"数目"，后者是比例，种群密度是种群最基本的数量特征。农林害虫的预报、渔业上捕捞强度的确定等，都需要对种群密度进行调查。自然状态下一个种群的种群密度往往有着很大的起伏，但不是无限制的变化。出生率、死亡率、迁入与迁出率对种群密度都有影响。种群的大小有上限和下限。种群密度的上限由种群所处生态系统的能量流动决定，下限不好确定，生态系统的稳态调节可以使优势生物的种群密度保持在一个有限的范围内。

（1）种群密度的统计与估算方法

种群密度在生产生活中有重要作用，以下介绍两种常用的统计与估算方法，估算时"等可能"最为关键，不能掺入人为因素。

①样方法

样方法适合调查植物，以及活动能力不强的动物，例如，跳蝻、蜗牛，蒲公英等。其操作过程是：在被调查范围内，随机选取若干个完全相等的样方，统计每个样方的个体数，并求出每个样方的种群密度，再求出所有样方种群密度的均值，以此值作为被调查种群之种群密度的估算值。

常见的取样方法有"等距取样法""五点取样法""Z字取样法"等。

②标志重捕法

标志重捕法适用于活动能力较强的动物，例如，田鼠、鸟类、鱼类等。其操作过程是：在被调查种群的活动范围内，捕获部分个体，做上标记，再放回原来的环境中，经过一段时间后在同一地点进行重捕，估算公式：

$$种群总数 / 标记个体数 = 重捕个数 / 重捕中标记个体数$$

此估算方法得出的估算值倾向于偏大，因为很多动物在被捕获一次后会更加难以捕获，导致"重捕中标记个体数"偏小。标记时也需要注意，所用标志要小而轻，不能影响生物行动；也不能用过于醒目的颜色（比如红色），否则会使生物更加容易被天敌捕食，影响估算精确度。

2. 出生率与死亡率

出生率指在一特定时间内，一种群新诞生个体占种群现存个体总数的比例；死亡率则是在一特定时间内，一种群死亡个体数占现存个体总数的比例。自然状态下，出生率与死亡率决定种群密度的变化。出生率大于死亡率，种群密度增长，其他情况同理。

3. 迁入率与迁出率

许多生物种群存在着迁入、迁出的现象，大量个体的迁入或迁出会对种群密度产生显著影响。对于一个确定的种群，单位时间内迁入或迁出种群的个体数占种群个体总数的比例，分别成为种群的迁入率和（immigration rate）迁出率（emigration rate）。迁入与迁出率在现代生态学对城市人口的研究中占有重要地位。

4. 性别比例

性别比例是指种群中雌雄个体的数目比，自然界中，不同种群的正常性别比例有很大差异，性别比例对种群数量有一定影响，例如用性诱剂大量诱杀害虫的雄性个体，会使许多雌性害虫无法完成交配，导致种群密度下降。

5. 年龄结构

种群的年龄结构是指一个种群幼年个体（生殖前期）、成年个体（生殖时期）、老年个体(生殖后期)的个体数目，分析一个种群的年龄结构可以间接判定出该种群的发展趋势。

（1）增长型

在增长型种群中，老年个体数目少，年幼个体数目多，在图像上呈金字塔型，今后种群密度将不断增长，种内个体越来越多。

（2）稳定型

现阶段大部分种群是稳定型种群，稳定型种群中各年龄结构适中，在一定时间内新出生个体与死亡个体数量相当，种群密度保持相对稳定。

（3）衰退型

衰退型种群多见于濒危物种，此类种群幼年个体数目少，老年个体数目多，死亡率大于出生率，这种情况往往导致恶性循环，种群最终灭绝，但也不排除生存环境突然好转、大量新个体迁入或人工繁殖等一些根本扭转发展趋势的情况。

6. 空间格局

组成种群的个体在其空间中的位置状态或布局，称为种群空间格局。种群的空间格局大致可分为 3 类：

（1）均匀分布 uniform）

均匀型分布，指种群在空间按一定间距均匀分布产生的空间格局。根本原因是在种内斗争与最大限度利用资源间的平衡。很多种群的均匀型分布是人为所致，例如，在农田生态系统中，水稻的均匀分布。自然界中亦有均匀型分布，例如，森林中某些乔木的均匀分布。

（2）随机分布（random）

随机型分布，是指每一个体在种群领域中各个点上出现的机会是相等的，并且某一个体的存在不影响其他个体的分布。随机分布比较少见，因为在环境资源分布均匀，种群内个体间没有彼此吸引或排斥的情况下，才易产生随机分布。例如，森林地被层中的一些蜘蛛，面粉中的黄粉虫等。

（3）集 / 成群分布 clumped

成群分布是最常见的内分布型。成群分布形成的原因是：

①环境资源分布不均匀富饶与贫乏相嵌；

②植物传播种子方式使其以母株为扩散中心；

③动物的社会行为使其结合成群。

成群分布又可进一步按群本身的分布状况划分为均匀群、随机群和成群群，后者具有两级的成群分布。

（二）动态变化

1. 数学模型

种群中一些简单的、具有典型性的动态变化可以用数学模型衡量，常见的有两种：

（1）指数增长（"J"型增长）

指数增长模型的提出者是著名人口学家托马斯·马尔萨斯（T. Maithus），他认为种群数量的增长不是简单的相加关系，而是成倍地增长；后来，生物学家查尔斯·罗伯特·达尔文（C. R. Darwin）通过对大象种群的研究再次确认了这一增长模式。这种客观存在的增长模式表明，所有种群都有爆炸式增长的能力。

指数增长的函数式是指数方程，变量为时间 t，常数为种群密度增长的倍数。这一增长模式没有上限，完全的指数增长只存在于没有天敌、食物与空间绝对充足（以至于没有种内斗争）的理想情况，实际生活中，培养皿中刚接种的细菌、入侵生物（例如凤眼莲）、蓝藻爆发时，种群会在相当一段时间内进行指数增长，随后则趋于稳定或大量死亡。

（2）逻辑斯蒂增长（"S"型增长）

指数增长是一种过于理想的情况，许多生物在指数增长一段时间后，数量会维持稳定，这可以用另一个数学模型进行描述。

实例：俄罗斯生态学家 G．W．高斯（G.W.Gaose）曾进行试验，在 0.5ml 培养液中放入 5 个大草履虫，每 24h 统计一次该种群的种群密度，大草履虫在进行了快速的增长后，稳定在 75 只（K 值）这个数量上。

逻辑斯蒂增长模型能更好地指导人为的种群调节。

环境容纳量（carrying capacity）

进行逻辑斯蒂增长的种群在数量上，存在一个上限，这个上限就被称为环境容纳量，简记"K 值"，代表在环境不受到破坏的情况下对该种群最大承载量，或该种群在该环境的最大数量。一个种群在种群密度为 K/2 时，增长率最快，这可以指导经济生物的采集，让种群密度始终控制在 K/2 的范围内，"多余"的进行采集，可以让经济生物保持最快的增长。

2. 自然增长与下降

自然界中，一个种群的数量变化并不是只增不减，也未必完全符合上述数学模型，其数量变化有一些基本特性

（1）周期性变化

①季节性变化

一般具有季节性生殖的种类，种群密度的最大值常落在一年中最后一次繁殖之后，以后繁殖停止，种群因只有死亡而无生殖，故种群密度下降，这种下降一直持续到下一年繁殖季节的开始，这时是种群数量最低的时期，由此出现季节性的变化。

实例：在欧亚大陆寒带地区，许多小型鸟兽，通常由于冬季停止繁殖，到春季开始繁殖前，其种群数量最低。到春季开始繁殖后数量一直上升，到秋季因寒冷而停止繁殖以前，其种群数量达到一年的最高峰。体型较大，一年只繁殖一次的动物，如狗獾、旱獭等，其繁殖期在春季，产仔后数量达到高峰，以后由于死亡，数量逐渐降低。

对种群密度有季节性变化的种群做调查时，通常要进行两次。

②年变化

在环境相对稳定的条件下，种子植物及大型脊椎动物的种群密度在较长的时间跨度内呈现周期性变化。例如：常见的乔木如杨、柳每年开花结果一次，其种子数量相对稳定；又如大型有蹄类动物，一般每年产仔 1 ~ 2 个，其种群数量相对稳定。加拿大盘羊 36 年的种群数量变动，其最高与最低量的比率仅为 4.5 倍。而美洲赤鹿在 20 余年冬季数量统计中，其最高量与最低量之比只有 1.8 倍。

（2）不规则波动

动物中还有一些数量波动很剧烈，但不呈周期性的种类，人们最熟知的是小家鼠。

它生活在住宅、农田和打谷场中，据中国科学院的 16 年统计资料，其年均捕获率波动于 0.10 ~ 17.57 之间，即最高—最低比率为几百倍。又如布氏田鼠也具有不规律的数量变动。其数量最低的年代，平均每公顷只有 1.3 只鼠，而在数量最高的年份，每公顷可达 786 只鼠，两者竟差 600 多倍种群中有出生和死亡，其成员在不断更新之中，但是这种变动都往往围绕着一个平均密度。即种群受某种干扰而发生数量的上升或下降，有重新回到原水平的倾向。这种情况就是动态平衡。

（3）种群的暴发

具不规则或周期性波动的生物都可能出现种群的暴发，赤潮便是此类情况的实例

3. 种群调节

（1）种群自然调节

在自然界中，绝大部分种群处于一个相对稳定状态。由于各种因素的作用，种群在生物群落中，与其他生物成比例地维持在某一特定密度水平上，这被称为种群的自然平衡，而这个密度水平则叫作平衡密度。

由于各种因素对自然种群的制约，种群不可能无限制的增长，最终趋向于相对平衡，而密度因素是调节其平衡的重要因素。种群离开其平衡密度后又返回到这一平衡密度的过程称为种群调节。能使种群回到原来平衡密度的因素称为调节因素。

世界上的生物种群大多已达到平衡的稳定期。这种平衡是动态的平衡。一方面，许多物理的和生物的因素都能影响种群的出生率和死亡率，另一方面，种群有自我调节的能力，通过调节而使种群保持平衡。

（2）密度制约因素

影响种群个体数量的因素很多。有些因素的作用是随种群密度而变化的，这种因素称为密度制约因素。

例如，传染病在密度大的种群中更容易传播，因而对种群数量的影响就大，反之，在密度小的种群中影响就小；又如，在密度大的种群中竞争强度比较大，对种群数量的影响也较大，反之就较小。

密度制约因素的反馈调节：生物种群的相对稳定和有规则的波动和密度制约因素的作用有关。当种群数量的增长超过环境的负载能力时，密度制约因素对种群的作用增强，使死亡率增加，而把种群数量压到满载量以下。当种群数量在负载能力以下时，密度制约因素作用减弱，而使种群数量增长。现举几例说明这种反馈调节。

①食物

以生活在加拿大的猞猁为例进行说明，研究人员在 90 年的时间里，对猞猁和雪兔的数量进行了研究，发现，猞猁种群密度的变化近似随雪兔种群密度的变化而变化，雪兔数量多时，猞猁的食物增多，种群密度上升，其他情况同理，这就是食物对种群调节的影响。

②生殖力

生殖力也受密度的影响，池塘内的椎实螺在低密度时产卵多，高密度时产卵就少。英国林区的大山雀，每窝产卵数随种群密度的大小而减少或增多。但这个效果也可能是由于密度高时食物缺少或某些其他因素的作用所引起的。

③抑制物的分泌

多种生物有分泌抑制物来调节种群密度的能力。在植物中，桉树有自毒现象，密度高时能自行减少其数量。细菌也有类似的情况：繁殖过多时它们的代谢物就将限制数量的再增加；密度降低时，这些代谢产物少，就不足以起抑制作用，因而数量又能上升。

④疾病、寄生物

种群密度越高，流行性传染病、寄生虫病越容易蔓延，结果个体死亡多，种群密度降低。种群密度低了，疾病反而不容易传染了，结果种群密度逐渐恢复。

（3）非密度制约因素

有些因素虽对种群数量起限制作用，但作用强度和种群密度无关。气候因素就是这样，刮风、下雨、降雪、气温都会对种群的数量产生影响，但这种因素起多大作用与种群密度也是无关的，这类因素称为非密度制约因素。

作用：生物种群数量的不规则的变动往往同非密度制约因素有关。非密度制约因素对种群数量的作用一般总是很猛烈的，灾难性的。例如，我国历史上屡有记载的蝗灾是由东亚飞蝗（Locusta migra-toria manilensis）引起的。引起蝗虫大发生的一个物理因素是干旱。东亚飞蝗在禾本科植物的荒草地中产卵，如果雨水多，虫卵或因水淹或因霉菌感染而大量死亡，因而不能成灾，只有气候干旱蝗虫才能大发生，所以我国历史上连年干旱常同时伴随虫灾。

4. 二者的关系

密度制约因素与非密度制约因素何者对种群密度的影响更大需要具体问题具体分析，物理因素等非密度制约因素虽然没有反馈作用，但它们的作用可以为密度制约因素所调节，即可以通过密度制约因素的反馈机制来调节的。当某些物理因素发生巨大变化（如大旱、大寒）或因人的活动（如使用杀虫剂）而使种群死亡率增加，种群数量大幅度下降时，密度制约因素如食物因素就不再起控制作用，因而出生率就得以上升，而种群数量很快就可恢复到原来的水平。

研究生物种群数量变动的规律和影响数量变动的因素，特别是种群数量的自我调节能力，就有可能制定控制种群数量的措施，对种群数量变动进行预测预报，为生产服务（如制定防治害虫的规划，对害虫、害兽发生的测报，以及决定狩猎与采伐的合理度等）。

二、群落

群落（community）亦称生物群落（biological community）。生物群落是指在一定时间内一定空间内上的分布各物种的种群集合，包括动物、植物、微生物等各个物种的种群，共同组成生态系统中有生命的部分。组成群落的各种生物种群不是任意地拼凑在一起的，而有规律组合在一起才能形成一个稳定的群落。如在农田生态系统中的各种生物种群是根据人们的需要组合在一起的，而不是由于他们的复杂的营养关系组合在一起，所以农田生态系统极不稳定，离开了人的因素就很容易被草原生态系统所替代。

（一）组成

组成生物群落的种类成分是形成群落结构的基础。群落中种类组成，是一个群落的重要特征。营养物质的丰富程度不同，种类数目可以相差很大。

陆地生物群落中植物种类的多样性和结构的复杂性能直接影响动物种类和数量。微生物和土壤动物是生物群落中的重要成员，促进能量的多级利用和物质的循环过程。

（三）结构

任何群落都有一定的空间结构。构成群落的每个生物种群都需要一个较为特定的生态条件；在不同的结构层次上，有不同的生态条件，如光照强度、温度、湿度、食物和种类等。所以群落中的每个种群都选择生活在群落中的具有适宜生态条件的结构层次上，就构成了群落的空间结构。群落的结构有水平结构和垂直结构之分。群落的结构越复杂，对生态系统中的资源的利用就越充分，如森林生态系统对光能的利用率就比农田生态系统和草原生态系统高得多。群落的结构越复杂，群落内部的生态位就越多，群落内部各种生物之间的竞争就相对不那么激烈，群落的结构也就相对稳定一些。

群落有其结构。大多数群落中，由一两种占优势的植物生长型决定整个群落的外貌，群落也常以此得名，如阔叶落叶林、针叶常绿林、草原等。植物还可以按更新芽的位置而分为不同生活型，如地上芽、地下芽植物等。一个群落的生活型组成可以反映环境特征。群落还常表现垂直分层现象，如地面上高树、矮树、灌木、草本的分层与光照有密切关系。地下和水中生物亦如是。除光照外，氧气、压力等亦有关。以植物为栖息地和食物的动物亦有相应的分层。在水平方向，不同生物可因要求类似环境条件或互相依赖而聚集在一起。群落中各物种常随时间而变化，如植物的开花闭花和动物的穴外行动具有昼夜节律，而整个温寒带群落呈现明显季节节律。群落中生物总处在不断的交互作用中。按生物吸取营养的方式，有营光合作用的植物、靠摄食为生的动物和经体表吸收的微生物。它们之间形成复杂的食物关系。两物种可以是互相竞争，也可是共生，视相互间利害关系而有寄生、偏利共生和互利之分。一个群落的进化时间越长、环境越有利且稳定，则所含物种越多。如两物种利用相同资源（生态位重叠）则必然竞争而导致一方被排除。但如一方改变资源需求（生态位分化）则可能共存。生物群落的发展趋势是生态位趋向分化和物种趋向增多。

植物通过光合作用制造的有机物质总量称为总初级生产力，这是整个群落一切生命活动的能量基础。除去植物呼吸消耗之后的剩余称为净初级生产力，这是群落中全部异营生物（亦称异养生物）赖以生存的能源。群落中现存的有机物质量称为生物量，各种类型的群落的生物量和生物量积累比率很不相同。群落中生物组成包括植物、食植动物到食肉动物各营养级的食物连锁关系。由于能量的种种消耗，生产力逐级递减。初级生产力只占阳光能中的 0.1 ~ 1%，而动物所代表的各次级生产力只占前一级生产力的 10%。土壤上下的细菌、真菌在群落中亦占重要地位。森林中被动物摄食者，不到枝干量的 1% 和树叶量的 10%，绝大部分朽木落叶被微生物分解。有机物质被分解为简单成分后，可再为根系所利用从而完成营养物循环。森林中这种循环可以很紧密，丢失很少。但海洋中浮游生物沉积海底，却使一部分营养物（如磷）难以再重复利用。

　　一片山坡上的丛林可因山崩全部毁坏，暴露出岩石面。但又可经地衣、苔藓、草类、灌木和乔木等阶段逐步再发育出一片森林，包括重新孕育出土壤。当一个群落的总初级生产力大于总群落呼吸量，而净初级生产力大于动物摄食、微生物分解以及人类采伐量时，有机物质便要积累。于是，群落便要增长直达到一个成熟阶段而积累停止、生产与呼吸消耗平衡为止。这整个过程称为演替（succession），而其最后的成熟阶段称为顶极（climax）。顶极群落生产力并不最大，但生物量达到极值而净生态系生产量很低或甚至达到零；物种多样性可能最后又有降低，但群落结构最复杂而稳定性趋于最大。不同于个体发育，群落没有个体那样的基因调节和神经体液的整合作用，演替道路完全决定于物种间的交互作用以及物流、能流的平衡。因此顶极群落的特征一方面取决于环境条件的限制，一方面依赖于所含物种。

1. 水平

　　水平结构是指在群落生境的水平方向上，常成镶嵌分布。由于在水平方向上存在的地形的起伏、光照和湿度等诸多环境因素的影响，导致各个地段生物种群的分布和密度的不相同。

　　同样以森林为例。在乔木的基部和被其他树冠遮盖的位置，光线往往较暗，这适于苔藓植物等喜阴植物的生存；在树冠下的间隙等光照较为充足的地段，则有较多的灌木与草丛。

2. 垂直

　　形成原因：群落中，各个生物种群分别占据了不同的空间。

　　概念：垂直结构是指在群落生境的垂直方向上，群落具有的明显分层现象。

　　以森林的群落结构为例。在植物的分层上，由上至下依次是乔木层、灌木层和草本植物层。动物的分层亦呈这种垂直结构：鸟类分为林冠层，中层和林下层。林冠层包括鹰，伯劳，杜鹃，黄鹂等。中层包括山雀，莺，啄木鸟等。林下层包括画眉，八色鸫等。水体分层也是如此。水体分为上层，中层和底层。上层主要是藻类。中层主要为浮游动物。底层主要为软体动物，环节动物和蟹类。

（四）环境

环境条件（如温度、湿度、土壤、高度）常呈现缓渐的梯度变化，只偶因悬崖等突变地形而有间断。虽说每种生境会发育出不同的特征群落，但它们彼此间常连续过渡而很少截然分界。根据顶极模式假说，每个物种都根据自身的遗传、生理、发育等特性单独地适应环境条件，因此各物种不会有完全相同的分布。另一方面，沿着连续的环境梯度，自然群落也逐渐过渡而很少突然间断。不过这有例外，例如共生种可以分布相同，而互相排斥的物种可以形成明确分界，森林草原边界可因草原火而更加明显。由于竞争种间互相排斥现象，各物种倾向于集中于环境梯度特定部位，随着生物进化而物种增多及生态位分化乃逐渐形成相应的群落梯度。生态学家常藉梯度分析法研究环境、物种种群及群落特征三者间的交互关系。

（五）分类

生态学研究中常将群落分类并加以排序，但因物种单独适应环境而群落间是逐渐过渡，故分类缺乏明确界线。选择不同分类标准得出不同结果。一般生物群落分类借用植物群落分类系统。详细研究特定地区内的植物群落，常以群丛为基本单位，根据特征种定出群丛，再顺次组成群属、群目、群纲等。在大陆范围上，则主要按优势顶极划分成不同生物群系，它们反映不同的气候地质条件。常见群系类型如海洋、淡水、沼泽、森林、荒漠、冻原等。

1. 热带雨林

分布在高温多雨的热带地区。物种丰富，层次多，最复杂。热带雨林主要分布于赤道南北纬 5 ~ 10 度以内的热带气候地区。这里全年高温多雨，无明显的季节区别，年平均温度 25 ~ 30℃，最冷月的平均温度也在 18℃以上，极端最高温度多数在 36℃以下。年降水量通常超过 2 000mm，有的竟达 6 000mm，全年雨量分配均匀，常年湿润，空气相对湿度 90 % 以上。热带雨林为热带雨林气候及热带海洋性气候的典型植被。大多数热带雨林（Tropical zone rain forest）都位于北纬 23.5 度和南纬 23.5 度之间。在热带雨林中，通常有 3 ~ 5 层的植被，上面还有高达 150 ~ 180 米的树木像帐篷一样支盖着。下面几层植被的密度取决于阳光穿透上层树木的程度。照进来的阳光越多，密度就越大。热带雨林主要分布在南美、亚洲和非洲的丛林地区，如亚马逊平原和云南的西双版纳。每月平均温度在华氏 64.5 度以上（摄氏温度约为 18 度），平均降水量每年 80 英寸（1 英寸 =2.54 厘米）以上，超过每年的蒸发量。

2. 常绿阔叶林

分布在温暖多湿的亚热带地区。常绿阔叶林是亚热带海洋性气候条件下的森林，大致分布在南、北纬度 22° ~ 34° （40°）之间。主要见于亚洲的中国长江流域南部、朝鲜和日本列岛的南部，非洲的东南沿海和西北部，大西洋的加那利群岛，北美洲的东端和墨西哥，南美洲的智利、阿根廷、玻利维亚和巴西的部分地区，大洋洲东部以及新西兰等地。

其中以中国长江流域南部的常绿阔叶林最为典型，面积也最大。由常绿阔叶树种组成的地带性森林类型。

3. 针叶林

分布：寒温带及中、低纬度亚高山地区植物：冷杉，云杉，红松。

4. 荒漠

分布：南北纬15° ~ 50° 之间的地带。特点：终年少雨或无雨，年降水量一般少于250mm，降水为阵性，愈向荒漠中心愈少。气温、地温的日较差和年较差大，多晴天，日照时间长。风沙活动频繁，地表干燥，裸露，沙砾易被吹扬，常形成沙暴，冬季更多。荒漠中在水源较充足地区会出现绿洲，具有独特的生态环境。

5. 冻原

分布：欧亚大陆和北美北部边缘地区，包括寒温带和温带的山地与高原。特点：冬季漫长而严寒，夏季温凉短暂，最暖月平均气温不超过14℃。年降水200 ~ 300mm。

6. 热带草原

分布：干旱地区。特点：年降水量少，群落结构简单，受降雨影响大；不同季节或年份种群密度和群落结构常发生剧烈变化，景观差异大。

7. 沼泽

分布于低洼地和排水不良地段，可分为草本沼泽和森林沼泽。

第二节 生态系统的概念和生态系统的功能

一、生态系统的组成和类型

（一）生态系统的组成成分

生态系统的组成成分：非生物的物质和能量、生产者、消费者、分解者。其中生产者为主要成分。不同的生态系统有：森林生态系统、草原生态系统、海洋生态系统、淡水生态系统（分为湖泊生态系统、池塘生态系统、河流生态系统等）、农田生态系统、冻原生态系统、湿地生态系统、城市生态系统。其中，无机环境是一个生态系统的基础，其条件的好坏直接决定生态系统的复杂程度和其中生物群落的丰富度；生物群落反作用于无机环境，生物群落在生态系统中既在适应环境，也在改变着周边环境的面貌，各种基础物质将生物群落与无机环境紧密联系在一起，而生物群落的初生演替甚至可以把一片荒凉的裸地变为水草丰美的绿洲。生态系统各个成分的紧密联系，这使生态系统成为具有一定功能的有机整体。

生物与环境是一个不可分割的整体，我们把这个整体叫生态系统。

1. 无机环境

无机环境是生态系统的非生物组成部分，包含阳光以及其他所有构成生态系统的基础物质：水、无机盐、空气、有机质、岩石等。阳光是绝大多数生态系统直接的能量来源，水、空气、无机盐与有机质都是生物不可或缺的物质基础。

2. 生物群落

（1）生产者（producer）

生产者在生物学分类上主要是各种绿色植物，也包括化能合成细菌与光合细菌，它们都是自养生物，植物与光合细菌利用太阳能进行光合作用合成有机物，化能合成细菌利用某些物质氧化还原反应释放的能量合成有机物，比如，硝化细菌通过将氨氧化为硝酸盐的方式利用化学能合成有机物。

生产者在生物群落中起基础性作用，它们将无机环境中的能量同化，同化量就是输入生态系统的总能量，维系着整个生态系统的稳定，其中，各种绿色植物还能为各种生物提供栖息、繁殖的场所。生产者是生态系统的主要成分。

生产者是连接无机环境和生物群落的桥梁。

（2）分解者（decomposer）

分解者又称"还原者"它们是一类异养生物，以各种细菌（寄生的细菌属于消费者，腐生的细菌是分解者）和真菌为主，也包含屎壳郎、蚯蚓等腐生动物。

分解者可以将生态系统中的各种无生命的复杂有机质（尸体、粪便等）分解成水、二氧化碳、铵盐等可以被生产者重新利用的物质，完成物质的循环，因此分解者、生产者与无机环境就可以构成一个简单的生态系统。分解者是生态系统的必要成分。

分解者是连接生物群落和无机环境的桥梁。

（3）消费者（consumer）

消费者指以动植物为食的异养生物，消费者的范围非常广，包括了几乎所有动物和部分微生物（主要有真细菌），它们通过捕食和寄生关系在生态系统中传递能量。其中，以生产者为食的消费者被称为初级消费者，以初级消费者为食的被称为次级消费者，其后还有三级消费者与四级消费者，同一种消费者在一个复杂的生态系统中可能充当多个级别，杂食性动物尤为如此。它们可能既吃植物（充当初级消费者）又吃各种食草动物（充当次级消费者），有的生物所充当的消费者级别还会随季节而变化。

一个生态系统只需生产者和分解者就可以维持运作，数量众多的消费者在生态系统中起加快能量流动和物质循环的作用，可以看成是一种"催化剂"。

（二）生态系统各成分之间的联系

尽管生态系统中的生产者、消费者和分解者之间有所区别，但它们彼此之间以及与非生物成分之间存在着相互依赖和相互制约的关系。无机环境为生物提供物质和能量，绿色植物同化 CO_2 和固定光能，是消费者和分解者获得能量的源泉，也是生态系统存在和发展的基础。因此，生产者是生态系统的最主要成分；生态系统内生产者同化的 CO_2 等物质，大约90%需经分解者作用归还无机环境，被生产者重新利用，因此，从物质循环角度看，分解者在生态系统中占有重要地位，缺少了分解者，生态系统就不可能长期生存下去。

从理论上讲，无机循环、生产者和分解者是任何一个自我调节的生态系统必要的基本成分，而消费者的功能活动不会影响生态系统的根本性质，是生态系统的非基本成分。然而，在生态系统完成能量流动和物质循环这两项基本功能的过程中，消费者起着重要的推动作用，因此，在实际中，生产者、消费者和分解者是紧密联系，缺一不可的。

（三）类型

生态系统的范围有大有小，多种多样，大至整个生物圈，小至一个池塘或一堆朽木及其生物组成的局部空间，生态系统类型的划分，实际上是概念的外延，其依据是多方面的，一般依据非生物因素把生物圈划分为陆地生态系统和水域生态系统。陆地生态系统包括森林、草原、农田生态系统；水域生态系统包括海洋生态系统和淡水生态系统。城市生态系统是城市居民与其环境相互作用而形成的统一整体，也是人类对自然环境的适应、加工、改造而建设起来的特殊的人工生态系统。城市生态系统不仅有生物组成要素和非生物组成要素，还包括人类和社会要素，这些要素通过能量流动、生物地球化学循环以及物质供应与废物处理系统，形成一个具有内在联系的统一整体。

二、食物链与食物网

食物链生态系统中贮存于有机物中的化学能在生态系统中层层传导，通俗地讲，是各种生物通过一系列吃与被吃的关系，把这种生物与那种生物紧密地联系起来，这种生物之间以食物营养关系彼此联系起来的序列，在生态学上被称为食物链。按照生物与生物之间的关系可将食物链分为捕食食物链、腐食食物链（碎食食物链）、和寄生食物链。

（一）食物链

食物链一词是英国动物学家埃尔顿（C. S. Eiton）于1927年首次提出的。如果一种有毒物质被食物链的低级部分吸收，如被草吸收，虽然浓度很低，不影响草的生长，但兔子吃草后有毒物质很难排泄，当它经常吃草，有毒物质会逐渐在它体内积累，鹰吃大量的兔子，有毒物质会在鹰体内进一步积累。因此食物链有累积和放大的效应。美国国鸟白头鹰之所以面临灭绝，并不是被人捕杀，而是因为有害化学物质DDT逐步在其体内积累，导致生下的蛋皆是软壳，无法孵化。一个物种灭绝，就会破坏生态系统的平衡，导致其物种数量的变化，因此食物链对环境有非常重要的影响，并且，如果食物链有一环缺失，会导致生态系统失衡。

食物链是一种食物路径，食物链以生物种群为单位，联系着群落中的不同物种。食物链中的能量和营养素在不同生物间传递着，能量在食物链的传递表现为单向传导、逐级递减的特点。食物链很少包括六个以上的物种，因为传递的能量每经过一阶段或食性层次就会减少一些，所谓"一山不能有二虎"便是这个道理。

生态系统中的生物虽然种类繁多，并且在生态系统分别扮演着不同的角色，根据它们在能量和物质运动中所起的作用，可以归纳为生产者、消费者和分解者三类。

生产者主要是绿色植物，能用无机物制造营养物质的自养生物，这种功能就是光合作用，也包括一些化能细菌（如硝化细菌），它们同样也能够以无机物合成有机物，生产者在生态系统中的作用是进行初级生产或称为第一性生产，因此它们就是初级生产者或第一性生产者，其产生的生物量称为初级生产量或第一性生产量。生产者的活动是从环境中得到二氧化碳和水，在太阳光能或化学能的作用下合成碳水化合物（以葡萄糖为主）。因此太阳辐射能只有通过生产者，才能不断地输入到生态系统中转化为化学能力即生物能，成为消费者和分解者生命活动中唯一的能源。

消费者属于异养生物，指那些以其他生物或有机物为食的动物，它们直接或间接以植物为食。根据食性不同，可以区分为食草动物和食肉动物两大类。食草动物称为第一级消费者，它们吞食植物而得到自己需要的食物和能量，这一类动物如一些昆虫、鼠类、野猪一直到象。食草动物又可被食肉动物所捕食，这些食肉动物称为第二级消费者，如瓢虫以蚜虫为食，黄鼠狼吃鼠类等，这样，瓢虫和黄鼠狼等又可称为第一级食肉者。又有一些捕食小型食肉动物的大型食肉动物如狐狸、狼、蛇等，称为第三级消费者或第二级食肉者。又有以第二级食肉动物为食物的如狮、虎、豹、鹰、鹫等猛兽猛禽，就是第四级消费者或第三级食肉者。此外，寄生物是特殊的消费者，根据食性可看作是草食动物或食肉动物。但某些寄生植物如桑寄生、槲寄生等，由于能自己制造食物，所以属于生产者。而杂食类消费者是介于食草性动物和食肉性动物之间的类型，既吃植物，又吃动物，如鲤鱼、熊等。人的食物也属于杂食性。这些不同等级的消费者从不同的生物中得到食物，就形成了"营养级"。

由于很多动物不只是从一个营养级的生物中得到食物，如第三级食肉者不仅捕食第二级食肉者，同样也捕食第一级食肉者和食草者，所以它属于几个营养级。而最后达到人类是最高级的消费者，他不仅是各级的食肉者，而且又以植物作为食物。所以各个营养级之间的界限是不明显的。

实际在自然界中，每种动物并不是只吃一种食物，因此形成一个复杂的食物链网。

分解者也是异养生物，主要是各种细菌和真菌，也包括某些原生动物及腐食性动物如食枯木的甲虫、白蚁，以及蚯蚓和一些软体动物等。它们把复杂的动植物残体分解为简单的化合物，最后分解成无机物归还到环境中去，被生产者再利用。分解者在物质循环和能量流动中具有重要的意义，因为大约有90%的陆地初级生产量都必须经过分解者的作用而归还给大地，再经过传递作用输送给绿色植物进行光合作用。所以分解者又可称为还原者。

生物链是不能根据自己的愿望来改变的，如果改变不当，则会对生物产生极大的影响。

食物链又称为"营养链"。指生态系统中各种生物以食物联系起来的链锁关系。例如池塘中的藻类是水蚤的食物，水蚤又是鱼类的食物，鱼类又是人类和水鸟的食物。于是，藻类—水蚤—鱼类—人或水鸟之间便形成了一种食物链。根据生物间的食物关系，将食物链分为四类；

（1）捕食性食物链。它是以植物为基础，后者捕食前者。如青草—野兔—狐狸—狼。

（2）碎食性食物链。指以碎食物为基础形成的食物链。如树叶碎片及小藻类—虾（蟹）—鱼—食鱼的鸟类。

（3）寄生性食物链。以大动物为基础，小动物寄生到大动物上形成的食物链。如哺乳类—跳蚤—原生动物—原生动物—细菌—过滤性病毒。

1 水稻→稻螟虫→青蛙→蛇

水稻→稻螟虫→麻雀

水稻→麻雀（麻雀是杂食性的，既吃水稻种子又吃昆虫）

2. 植物→秧鸡→鹰

浮游植物→浮游动物→小鱼→白鹭

（二）食物网

食物网（food web）又称食物链网或食物循环。在生态系统中生物间错综复杂的网状食物关系。实际上多数动物的食物不是单一的，因此食物链之间又可以相互交错相联，构成复杂网状关系。在生态系统中生物之间实际的取食和被取食关系并不像食物链所表达的那么简单，食虫鸟不仅捕食瓢虫，还捕食蝶蛾等多种无脊椎动物，而且食虫鸟本身也不仅被鹰隼捕食，而且也是猫头鹰的捕食对象，甚至鸟卵也常常成为鼠类或其他动物的食物。可见，在生态系统中的生物成分之间通过能量传递关系存在着一种错综复杂的普遍联系，这种联系像是一个无形的网把所有生物都包括在内，使它们彼此之间都有着某种直接或间接的关系，这就是食物网的概念。一般来说，食物网可以分为两大类：草食性食物网（grazing web）和腐食性食物网（detrital web）。

前者始于绿色植物、藻类，或有光合作用的浮游生物，并传递向植食性动物、肉食性动物；后者始于有机物碎屑（来自动植物），传递向细菌、真菌等分解者，也可以传向腐食者及其肉食动物捕食者。

一个复杂的食物网是使生态系统保持稳定的重要条件，一般认为，食物网越复杂，生态系统抵抗外力干扰的能力就越强，食物网越简单，生态系统就越容易发生波动和毁灭。

假如在一个岛屿上只生活着草、鹿和狼。在这种情况下，鹿一旦消失，狼就会饿死。如果除了鹿以外还有其他的食草动物（如牛或羚羊），那么鹿一旦消失，对狼的影响就不会那么大。反过来说，如果狼首先绝灭，鹿的数量就会因失去控制而急剧增加，草就会遭到过度啃食，结果鹿和草的数量都会大大下降，甚至会同归于尽。如果除了狼以外还有另一种肉食动物存在，那么狼一旦绝灭，这种肉食动物就会增加对鹿的捕食压力而不致使鹿群发展得太大，从而就有可能防止生态系统的崩溃。

在一个具有复杂食物网的生态系统中，一般也不会由于一种生物的消失而引起整个生态系统的失调，但是任何一种生物的绝灭都会在不同程度上使生态系统的稳定性有所下降。当一个生态系统的食物网变得非常简单的时候，任何外力（环境的改变）都可能引起这个生态系统发生剧烈的波动。

苔原生态系统是地球上食物网结构比较简单的生态系统，因而也是地球上比较脆弱和对外力干扰比较敏感的生态系统。虽然苔原生态系统中的生物能够忍受地球上最严寒的气候，但是苔原的动植物种类与草原和森林生态系统相比却少得多，食物网的结构也简单得多，因此，个别物种的兴衰都有可能导致整个苔原生态系统的失调或毁灭。例如，如果构成苔原生态系统食物链基础的地衣因大气中二氧化硫含量超标而导致生产力下降或毁灭，就会对整个生态系统产生灾难性影响。北极驯鹿主要以地衣为食，而爱斯基摩人主要以狩猎驯鹿为生。正是出于这样的考虑，自然保护专家们普遍认为，在开发和利用苔原生态系统的自然资源以前，必须对该系统的食物链、食物网结构、生物生产力、能量流动和物质循环规律进行深入的研究，以便尽可能减少对这一脆弱生态系统的损害。

三、生态系统的功能

1. 能量流动

能量流动指生态系统中能量输入、传递、转化和能量传递丧失的过程。能量流动是生态系统的重要功能，在生态系统中，生物与环境，生物与生物间的密切联系，可以通过能量流动来实现。能量流动两大特点：单向流动，逐级递减。

2. 物质循环

生态系统的能量流动推动着各种物质在生物群落与无机环境间循环。这里的物质包括组成生物体的基础元素：碳、氮、硫、磷，以及以DDT为代表的，能长时间稳定存在的有毒物质；这里的生态系统也并非家门口的一个小水池，而是整个生物圈，其原因是气态循环和水体循环具有全球性。一个例子是2008年5月，科学家曾在南极企鹅的皮下脂肪内检测到了脂溶性的农药DDT，这些DDT就是通过全球性的生物地球化学循环，从遥远的文明社会进入企鹅体内的。

3. 信息传递

物理信息（physical information）指通过物理过程传递的信息，它可以来自无机环境 /

也可以来自生物群落，主要有：声、光、温度、湿度、磁力、机械振动等。

第三节　生态平衡与生态系统的稳定性

一、生态平衡

生态平衡（ecological equilibrium）是指在一定时间内生态系统中的生物和环境之间、生物各个种群之间，通过能量流动、物质循环和信息传递，使它们相互之间达到高度适应、协调和统一的状态。也就是说当生态系统处于平衡状态时，系统内各组成成分之间保持一定的比例关系，能量、物质的输入与输出在较长时间内趋于相等，结构和功能处于相对稳定状态，在受到外来干扰时，能通过自我调节恢复到初始的稳定状态。在生态系统内部，生产者、消费者、分解者和非生物环境之间，在一定时间内保持能量与物质输入、输出动态的相对稳定状态。

二、生态平衡的基础

1. 相对平衡

生态平衡是一种相对平衡而不是绝对平衡，因为任何生态系统都不是孤立的，都会与外界发生直接或间接的联系，会经常遭到外界的干扰。生态系统对外界的干扰和压力具有一定的弹性，其自我调节能力也是有限度的，如果外界干扰或压力在其所能忍受的范围之内，当这种干扰或压力去除后，它可以通过自我调节能力而恢复；如果外界干扰或压力超过了它所能承受的极限，其自我调节能力也就遭到了破坏，生态系统就会衰退，甚至崩溃。通常把生态系统所能承受压力的极限称为"阈限"，例如，草原应有合理的载畜量，超过了最大适宜载畜量，草原就会退化；森林应有合理的采伐量，采伐量超过生长量，必然引起森林的衰退；污染物的排放量不能超过环境的自净能力，否则就会造成环境污染，危及生物的正常生活，甚至死亡等。

如果生态系统受到外界干扰超过它本身自动调节的能力，会导致生态平衡的破坏。生态平衡是生态系统在一定时间内结构和功能的相对稳定状态，其物质和能量的输入输出接近相等，在外来干扰下能通过自我调节（或人为控制）恢复到原初的稳定状态。当外来干扰超越生态系统的自我控制能力而不能恢复到原初状态时谓之生态失调或生态平衡的破坏。生态平衡是动态的。维护生态平衡不只是保持其原初稳定状态。生态系统可以在人为有益的影响下建立新的平衡，达到更合理的结构、更高效的功能和更好的生态效益。

2. 动态平衡

生态平衡是一种动态的平衡而不是静态的平衡，这是因为变化是宇宙间一切事物的最根本的属性，生态系统这个自然界复杂的实体，当然也处在不断变化之中。例如生态系统中的生物与生物、生物与环境以及环境各因子之间，不停地在进行着能量的流动与物质的循环；生态系统在不断地发展和进化：生物量由少到多、食物链由简单到复杂、群落由一种类型演替为另一种类型等；环境也处在不断的变化中。因此，生态平衡不是静止的，总会因系统中某一部分先发生改变，引起不平衡，然后依靠生态系统的自我调节能力使其又进入新的平衡状态。正是这种从平衡到不平衡到又建立新的平衡的反复过程，推动了生态系统整体和各组成部分的发展与进化。

三、生态平衡失调的因素

破坏生态平衡的因素有自然因素和人为因素。自然因素如水灾、旱灾、地震、台风、山崩、海啸等。由自然因素引起的生态平衡破坏称为第一环境问题。由人为因素引起的生态平衡破坏称为第二环境问题。人为因素是造成生态平衡失调的主要原因。

1. 使环境因素改变

如人类的生产和生活活动产生大量的废气、废水、垃圾等，不断排放到环境中；人类对自然资源不合理利用或掠夺性利用，例如盲目开荒、滥砍森林、水面过围、草原超载等，都会使环境质量恶化，产生近期或远期效应，使生态平衡失调。

2. 使生物种类改变

在生态系统中，盲目增加一个物种，有可能使生态平衡遭受破坏。例如美国于1929年开凿的韦兰运河，把内陆水系与海洋沟通，导致八目鳗进入内陆水系，使鳟鱼年产量由2000万公斤减至5000公斤，严重破坏了内陆水产资源。在一个生态系统减少一个物种也有可能使生态平衡遭到破坏。20世纪五十年代中国曾大量捕杀过麻雀，致使一些地区虫害严重。究其原因，就在于害虫天敌麻雀被捕杀，害虫失去了自然抑制因素所致。

3. 对生物信息系统的破坏

生物与生物之间彼此靠信息联系才能保持其集群性和正常的繁衍。人为地向环境中施放某种物质，干扰或破坏了生物间的信息联系，有可能使生态平衡失调或遭到破坏。例如自然界中有许多昆虫靠分泌释放性外激素引诱同种雄性成虫交尾，如果人们向大气中排放的污染物能与之发生化学反应，则雌虫的性外激素就失去了引诱雄虫的生理活性，结果势必影响昆虫交尾和繁殖，最后导致种群数量下降甚至消失。

4. 人类影响

人类对生物圈的破坏性影响主要表现在三个方面：

一是大规模地把自然生态系统转变为人工生态系统，严重干扰和损害了生物圈的正常运转，农业开发和城市化是这种影响的典型代表；

二是大量取用生物圈中的各种资源，包括生物的和非生物的，严重破坏了生态平衡，森林砍伐、水资源过度利用是其典型例子；

三是向生物圈中超量输入人类活动所产生的产品和废物，严重污染和毒害了生物圈的物理环境和生物组分，包括人类自己，化肥、杀虫剂、除草剂、工业三废和城市三废是其代表。

四、生态平衡的调节机理

生态系统具有趋向于达到一种稳态或平衡态的特点，使系统内的所有成员彼此相互协调，这种平衡状态是靠一种自我调节过程来实现的，借助于这种调节过程，各成分都能使自己适应于物质和能量输入和输出的任何变化，如：某一生境中的动物数量是决定于这个生境中的食物数量，最终这两种成分将会达到一种平衡。如果因为某种原因（如雨量减少）使食物产量下降，因而只能维持比较少的动物存在，那么这两种成分之间的平衡就被打破，这时动物种群就不得不借助于饥饿和迁移加以调整，以便使两者达到新的平衡。

生态系统平衡的另一种调节方式是一种反馈调节机制，所谓反馈，是指当系统中某一成分发生变化的时候，它必然会引起其他成分出现一系列的相应变化。这些变化又反过来影响最初发生变化的那种成分，这种现象称为反馈，反馈有两种，正反馈和负反馈。生态系统达到和保持平衡或稳态，反馈的结果是抑制或减弱最初发生变化的那种成分所发生的变化。如草原上的食草动物因为迁入而增加，植物就会因过度啃食而减少，植物数量下降后，反过来就会抑制动物数量的增加。

正反馈比较少见，它的作用刚好与负反馈相反，即生态系统中某一种成分的变化所引起的其他一系列的变化，反过来不是抑制，而是加速最初发生变化的成分所发生的变化，正反馈的作用常常使生态系统远离平衡状态。在自然界中正反馈的实例不多，下面举一例加以说明，如果一个湖泊生态系统受到污染，鱼类的数量就会因为死亡而减少，鱼体死亡腐烂后又进一步加重污染，并引起更多的鱼类死亡，因此，由于正反馈的作用，污染会越来越严重，鱼类死亡速度越来越快。所以正反馈常具有破坏作用，但它是爆发性的，所经历的时间也很短，从长远看，生态系统中的负反馈和自我调节将起主要作用。

当生态系统通过发育和调节达到最稳定的状态时，它能够自我调节和维持自己的正常功能，并能在很大程度上克服和消除外来的干扰，保持自身的稳定性。但这种自我调节能力是有一定限度的，当外来的干扰因素如火山爆发、地震、泥石流、雷击火烧、人类修建大型工程、排放有毒物质、喷洒农药等，还有人为引入或消灭某些生物等超过一定的限度时，生态系统自我调节本身就会受到损害，从而引起生态失调，甚至引发生态危机。生态危机是指由于人类盲目活动而导致局部地区，甚至全球整个生物圈结构和功能的失调，从而威胁到人类的生存。生态平衡失调的初期往往不易被人所察觉，如果一旦发展到出现生态危机就很难在短期内恢复平衡，为了正确处理人和自然的关系，我们必须认识到整个人类赖以生存的自然界和生物圈。因此，人类的活动除了要讲究经济效益和社会效益外，还必须特别注意生态效益和生态后果，以便在改造自然的同时，能基本保持生物圈的稳定平衡。

生态系统的自动调节能力。

任何生态系统都具有一定程度的自动调节能力，由于这种能力的存在，才使得生态系统在一定的范围内，可以承受一定的压力，即体现出一定的"弹性"，从而维持着自身的动态平衡——生态平衡。

第四节　城市生态系统

一、城市的概述

（一）城市的含义

城市以非农业产业和非农业人口集聚为主要的居民点，包括按国家行政建制设立的市、镇。

我国《城市规划法》第三条规定："本法所称城市，是指国家按行政建制设立的直辖市、市、镇。"城市的法律含义，是指直辖市、建制市和建制镇。

一般而言，人口较稠密的地区称为城市（city），一般包括了住宅区、工业区和商业区并且具备行政管辖功能。城市的行政管辖功能可能涉及较其本身更广泛的区域。城市中有楼房、街道和公园等公共设施。

中国的城市为行政建制，不能完全反映城市化与一个地区的工业化发展水平；中国大陆的城市作为行政建制分为直辖市、省辖市（地级市与副省级城市）和县级市，反映一个城市的工业化水平的主要指数有非农业人口占总人口的比例、人均 GDP 水平和非农业 GDP 占 GDP 总量的比例。

（二）城市的形成

城市的出现是人类走向成熟和文明的标志，也是人类群居生活的高级形式。同时，城市所带来的社会问题，一直困扰着人类。

早期的人类，居无定所，随遇而栖，三五成群，渔猎而食，但是，在对付个体庞大的凶猛的动物时，三五个人的力量显得单薄，只有联合其他群体，才能获得胜利。随着群体力量的强大，收获也就丰富起来，抓获的猎物不便携带，找地方贮藏起来，久而久之便在那地方定居下来。大凡人类选择定居的地方，都是些水草丰美，动物繁盛的处所。定居下来的先民，为了抵御野兽的侵扰，便在驻地周围扎上篱笆，形成了早期的村落。随着人口的繁盛，村落规模也不断地扩大，猎杀一只动物，整个村落的人倾巢出动显得有些多了，且不便分配，于是，村落内部便分化出若干个群体，各自为战，猎物在群体内分配。由于群体的划分是随意进行的，那些老弱病残的群体常常抓获不到动物，只好依附在力量强壮的群体周围，获得一些食物。而收获丰盈的群体，不仅消费不完猎物，还可以把多余的猎物拿来，与其他群体换取自己没有的东西，于是，市形成了。《世本·作篇》记载，颛顼时"祝融作市"。颜师古注曰："古未有市，若朝聚井汲，便将货物于井边货卖，曰市井。"这便是"市井"的来历。与此同时，在另一些地方，生活着同样的村落，村落之间常常为了一只猎物发生械斗。于是，各村落为了防备其他村落的侵袭，便在篱笆的基础上筑起城墙。《吴越春秋》一书有这样的记载："筑城以卫君，造郭以卫民。"城以墙为界，有内城、外城的区别。内城叫城，外城叫郭。内城里住着皇帝高官，外城里住着平民百姓。这里所说的君，在早期应该是猎物和收获很丰富的群体，而民则是收获贫乏、难以养活自己，依附在收获丰盈的群体周围的群体了。人类最早的城市其实具有"国"的意味，这恐怕是人类城市的形成及演变的大致过程。学术界关于城市的起源有三种说法：一是防御说，即建城郭的目的是为了不受外敌侵犯；二是集市说，认为随着社会生产发展，人们手里有了多余的农产品、畜产品，需要有个集市进行交换。进行交换的地方逐渐固定了，聚集的人多了，就有了市，后来就建起了城；三是社会分工说，认为随着社会生产力不断发展，一个民族内部出现了一部分人专门从事手工业、商业，一部分专门从事农业。从事手工业、商业的人需要有个地方集中起来，进行生产、交换。所以，才有了城市的产生和发展。

城市是人类文明的主要组成部分，城市也是伴随人类文明与进步发展起来的。农耕时代，人类开始定居；伴随工商业的发展，城市崛起和城市文明开始传播。其实农耕时代，城市就出现了，但作用是军事防御和举行祭祀仪式，并不具有生产功能，只是个消费中心。那时城市的规模很小，因为周围的农村提供的余粮不多。每个城市和它控制的农村，构成一个小单位，相对封闭，自给自足。学者们普遍认为，真正意义上的城市是工商业发展的产物。如13世纪的地中海岸，米兰、威尼斯、巴黎等，都是重要的商业和贸易中心；其中威尼斯在繁盛时期，人口超过20万。工业革命之后，城市化进程大大加快了，由于农民不断涌向新的工业中心，城市获得了前所未有的发展。到第一次世界大战前夕，英国、美国、德国与法国等西方国家，绝大多数人口，都已生活在城市里。这不仅是富足的标志，而且是文明的象征。

（三）城市类型

"城市"的提法本身就包含了两方面的含义："城"为行政地域的概念，即人口的集聚地；"市"为商业的概念，即商品交换的场所。而最早的"城市"（实际应为我们现在"城镇"）就是因商品交换集聚人群后而形成的。而城市的出现，也同商业的变革有着直接的渊源关系。最初城市中的工业集聚，也是为了使商品交换变得更为容易（可就地加工、就地销售）而形成的。在城市中直接加工销售相对于将已加工好的商品拿到城市中来交换而言，则正是一种随着工业城市的出现而产生的一种商业变革。城市包括有城市规模、城市功能、城市布局和城市交通，而这几方面所发生的变化，都必然地会对城市的商业活动带来影响，促使其发生相应的变革。

城市经济学对城市作了不同能级的分类，如小城市、中等城市、大城市、国际化大都市、世界城市等，对城市能级分类的一个标准是人口的规模，中国根据市区非农业人口的数量把城市分为四等：人口少于 20 万的为小城市，20～50 万人口的为中等城市，50 万人口以上的为大城市，其中又把人口达 100 万以上的大城市称为特大型城市。

按城市综合经济实力和世界城市发展的历史来看，城市分为集市型、功能型、综合性、城市群等类别，这些类别也是城市发展的各个阶段。任何城市都必须经过集市型阶段。

集市型城市，属于周边农民或手工业者商品交换的集聚地，商业主要由交易市场、商店和旅馆、饭店等配套服务设施所构成。处于集市型阶段的城市在中国主要有集镇；

功能型城市，通过自然资源的开发和优势产业的集中，开始发展其特有的工业产业，从而使城市具有特定的功能。不仅是商品的交换地，同时也是商品的生产地。但城市因产业分工而形成的功能单调，对其他地区和城市经济交流的依赖增强，商业开始由封闭型的城内交易为主转为开放性的城际交易为主，批发贸易业有了很大的发展。这类型城市主要有工业重镇、旅游城市等；

综合型城市，一些地理位置优越和产业优势明显的城市经济功能趋于综合型，金融、贸易、服务、文化、娱乐等功能得到发展，城市的集聚力日益增强，从而使城市的经济能级大大提高，成为区域性、全国性甚至国际性的经济中心和贸易中心（"大都市"）。商业由单纯的商品交易向综合服务发展，商业活动也扩展延伸为促进商品流通和满足交易需求的一切活动。这类城市在中国比较典型的有直辖市、省会城市。

城市群（或都市圈）。城市的经济功能已不再是在一个孤立的城市体现，而是由以一个中心城市为核心，同与其保持着密切经济联系的一系列中小城市共同组成的城市群来体现。如美国大西洋沿岸的波士华城市带，日本的东京、大阪、名古屋三大城市圈，英国的伦敦 - 利物浦城市带等。上海所在的长江三角洲地区实际上也正在形成一个经济关系密切的长江三角洲城市群，其整体的经济功能已在日益凸现。

二、城市生态系统

（一）城市生态系统的概念

城市生态系统是一个高度复杂的系统，不同的人从不同的角度能得到不同的观点，许多学者从不同的角度对其进行了多方面的研究，代表性的观点有：

1. 自然生态观：把城市看作是以生物为主体，包括非生物环境在内的自然生态系统，它受人类活动影响并反作用于人类。这种观点主要研究在城市这一特殊环境中，生物群体、物理环境（如景观、气候、水文等）的演变过程及其对人类造成的影响，研究城市人类生活对区域生态系统乃至整个生物圈的影响。

2. 经济生态观：把城市看作是一个以高强度的物资和能量的流动为特征，不断进行新陈代谢的人工生态系统。通过对城市各种生产、生活活动中物质代谢、能量转换等过程的研究，探讨城市复合体的动力学机制、功能原理、生态经济效益和调控的方法。

3. 社会生态观：主要探讨人的生物特征、行为特征和社会特征对城市发展的影响，对人口密度、人口分布、人口流动、职业、文化、生活水平等进行研究。

4. 复合生态观：将城市看作是社会——经济——自然的复合生态系统，认为城市的自然、人文物质环境是城市赖以生存的基础；城市各部门的经济活动和代谢过程是城市生存发展的活力和命脉；城市居民的社会行为及文化观念是城市演替与进化的动力。

从这些学者的观点，我可以获取构成城市生态系统的要素：人口、组织（指人们在系统中的群体结构）、环境、技术。根据美国社会生态学家邓肯的观点，这四个要素间相互影响、相互制约。如果城市生态系统的要素之间不能相互配合，一些要素的变化一旦超出了其他要素所能承受的范围，城市生态系统就会失衡，从而引发城市问题。

（二）城市生态系统的特点

1. 城市生态系统是人类起主导作用的生态系统。也就是说，城市中的一切都是人类活动的产物，人类活动对城市生态系统的运行起着决定性的作用。

2. 城市生态系统是一个非自律的生态系统。也就是说，城市生态系统所需求的大部分能量和物质，都需要从其他生态系统（如农田生态系统、森林生态系统等）中获取，同时城市中人类在生产活动和日常生活中所产生的大量废物，必须输送到其他生态系统中去。

3. 城市生态系统是一个高度开放的生态系统。城市生态系统的高度开放分三个层次：第一层次是城市生态系统内部各子系统之间的开放，即各子系统之间的交流；第二层次是城市生态系统与城市自然环境系统之间的开放，这主要指城市社会经济系统要利用自然环境资源，并在利用过程中对环境造成影响。

4. 城市生态系统是一个多层次、多功能的生态系统。它包括：人——环境系统、工业——经济系统、文化——社会系统。

城市生态系统是一个以人为中心的自然、经济、社会复合的人工生态系统，由自然、经济、社会生态子系统构成，拥有生产、消费、还原再生、服务等四项基本功能，所以对于聪明的人类来说，应该意识到城市生态系统的重要性，不再自负的认为自己是最强的，而应该认真的审视自己的所作所为，开始认真的思考我们与城市生态系统的关系。

我国城市生态系统的建设情况。近年来，我国进入快速城市化发展时期。作为城市化发展的物质支撑与载体，随着城市化发展水平的不断提升，城市生态环境对城市发展的影响愈来愈明显，成为城市未来发展中的决定性要素。城市的生态环境决定并制约着城市发展的质量及未来趋势。因此，客观地认识和了解城市生态环境的质量状况及变化情况，开展城市生态环境质量评价研究，对于促进城市生态系统良性循环，实现城市化健康有序发展具有重要意义。

几年来，威海市委、市政府坚持实施可持续发展战略，从城市绿化、美化和净化入手，统筹规划，因地制宜，突出重点，注重实效，积极探索生态化城市建设之路，努力实现环境效益、经济效益和社会效益的和谐统一。其城市化率达到45%，绿化覆盖率38%，人均占有公共绿地17平方米，人均居住面积13平方米；大气、水、噪音等环境指标均达到相应功能区划标准，工业废弃物无害化处理率100%；人口自然增长率连续两年出现负增长，人均寿命75岁，恩格尔系数25%；GDP达到560亿元，人均23万元，地方财政收入23亿元。

自改革开放以来，我国的经济突飞猛进，城市越来越发达，与此同时，大大小小的城市问题开始出现，苦恼着我们，在2003年10月14日，中共十六届三中全会通过了《关于完善社会主义市场经济体制若干问题的决定》，提出坚持以人为本，树立全面、协调、可持续的发展观。2004年3月10日，胡锦涛总书记在中国人口、资源、环境工作会议上指出，要统筹考虑当前发展和未来发展的需要，既积极实现当前发展目标，又为未来的发展创造有利条件，积极发展循环经济，实现自然生态系统和社会经济系统良性循环，为子孙后代留下充足的发展条件和发展空间。《国民经济和社会发展第十个五年计划纲要》提出把改善生态、保护环境作为经济发展和提高人民生活质量的重要内容，加强生态建设，遏制生态恶化，加大环境保护和治理力度，提高城乡环境质量，促进城市的可持续发展。

虽然我国制定了很多方针政策，但是几十年来的追求经济发展，对环境造成了很大的影响，尤其在城市化的推进过程中，产生了很多城市垃圾、废物、废弃，在好多经济比较发展的城市，看不到蓝天白云，树木成荫，并且时常伴有恶劣的气候。

（三）城市生态系统中存在的问题

1. 自然生态环境遭到破坏。城市化造成的自然生态环境绝对面积的减少并使之在很大区域内发生了质的变化和消失，如热岛效应、空气浑浊。抑制了绿色植物、动物和其他生物的生存发展，绿色面积减少，氧气不新鲜等；

2. 土地占用和土壤变化。城市建筑密集，土地大量占用工业；城市工业、生活过度用水，加上降雨量少，导致地下水位下降；城市废物、垃圾的丢弃致使土壤变化；

3. 气候变化和大气污染。由于城市人口密集、工业和交通发达，从而消耗大量的石化燃料，并产生烟尘和各种有害气体，以至于城市内污染源过于集中，污染量大而又复杂，加上特殊的城市气候，往往造成城市大气环境的污染状况更为复杂和严重。城市气候发生了巨大的变化，如城市热岛效应、城市风等产生；

4. 用水短缺和水污染。人口多，生活用水需求量大，加上工业用水造成供水不足，工业生产排放大量的废水污染水资源；

5. 城市噪声问题；

6. 城市电磁波污染；

7. 人口密集与绿地奇缺。

（四）治理策略

面对这么多的问题，我国政府需要采取措施来阻止城市生态系统继续恶劣下去，我们也应该尽我们自己的力量为城市可持续发展做出贡献。生态城市是 21 世纪的城市建设的方向。钱学森同志提出应该把城市建成一个超大型园林，或称之为"山水城市"。我们以为，所谓的"山水城市"，也可以理解为生态城市。也就是说，既要保持城市发展，又要保持生态平衡。面对中国未来巨大的城市化前景，北京大学景观规划设计中心主任俞孔坚教授前瞻性地提出了城市生态基础设施建设的十大战略。

1. 维护和强化整体山水格局的连续性

2. 保护和建立多样化的乡土生态环境系统

3. 维护恢复河道和海岸的自然形态

4. 保护和恢复湿地系统

5. 城郊防护林体系与城市绿地系统相结合

6. 建立无机动车"绿色"通道

7. 开放专用绿地，完善城市绿地系统

8. "溶解"公园，使其成为城市的绿色基质

9. "溶解"城市，保护利用高产农田作为城市有机组成部分

10. 建立乡土植物苗圃

这是我国的发展方向，而作为我们市民，我们可以从我们生活的点滴做起，节约用水、节约用电、植树造林等，为了我们的共同的家园、目标奋斗。

第三章　全球性环境问题

第一节　全球环境问题概述

（一）环境问题的分类

环境问题已成为人类面临的严峻挑战之一。主要包括原生环境问题和次生环境问题两大类。

1. 原生环境问题也叫第一环境问题，是由自然环境自身变化引起的，没有人为因素或很少有人为因素参与。这一类环境问题是自然诱发的，是经过较长时间自然蕴蓄过程之后才发生的，或者主要是受自然力的操纵，且人已失去控制能力情况下发生的，并使人类社会遭受一定的损害。这类环境问题包括地震、火山活动、滑坡、泥石流、台风、洪水、干旱等。面对这些问题我们应做到预防减少损害。

2. 次生环境问题是人类活动作用于周围环境引起的环境问题，也称第二环境问题。主要是人类不合理利用资源所引起的环境衰退和工业发展所带来的环境污染等问题。（1）环境破坏，环境破坏又称生态破坏。主要指人类的社会活动引起的生态退化及由此而衍生的有关环境效应，它们导致了环境结构与功能的变化，对人类的生存与发展产生了不利影响。（2）环境污染与干扰，环境污染指有害物质或因子进入环境，并在环境中扩散、迁移、转化，使环境系统的结构性与功能发生变化，对人类或其他生物的正常生存和发展产生不利影响的现象。

全球变暖已是不争的事实。

"全球变暖已是不争的事实""大气中二氧化碳浓度已从工业革命前的280ppm（百万分之一单位）上升到2005年的379ppm，超过了近65万年以来的自然变化范围，近百年来全球地表平均温度上升了0.74℃"。

（二）引起环境问题的原因

1. 全球气候变化

"既有自然因素，也有人为因素。在人为因素中，主要是由于工业革命以来人类活动特别是发达国家工业化过程的经济活动引起的。化石燃料燃烧和毁林、土地利用变化等人类活动所排放温室气体导致大气温室气体浓度大幅增加，温室效应增强，从而引起全球气候变暖。"国家发改委副主任解振华说："自1750年以来，全球累计排放了1万多亿吨二氧化碳，其中发达国家排放约占80%。"

2. 生物的多样性减少

在人类现代生活中，物种以100～1000倍的自然速率消失，这是从6500万年前白垩纪末期恐龙绝迹以来，动植物最大量灭绝的时期。物种灭绝的根本原因是人口密度增大导致了动植物生存自然环境的恶化。沿海湿地就繁殖了世界所有营业性捕捞2／3的各种鱼类，而珊瑚礁是继热带雨林之后具有世界生物多样性次高密度。然而，人类的逐渐侵入及其污染使沿海地区的环境日益恶化：粗略估计世界盐沼和红树沼的1/2已消失或被彻底改变，而且世界2/3的珊瑚礁已退化，其中的10弧"不能辨认"，随沿海移民的继续——不出30年沿海居民可能要占到世界人口的75%——其产生的环境压力很有可能继续增加。

由于城市化、农业发展、森林减少和环境污染，自然区域变得越来越小了，这就导致了数以千计物种的灭绝。因为一些物种的绝迹会导致许多可被用于制造新药品的分子归于消失，还会导致许多能有助于农作物战胜恶劣气候的基因归于消失，甚至会引起新的瘟疫及以这些物种为食的物种灭绝，带来的将是一系列的连锁反应。

3. 人口急剧膨胀

因为人口的急剧增长，带来了一系列的环境问题：

（1）粮食生产

从1950～1984年，世界粮食产量的增幅远远超过了人口的增长速度，但此后粮食产量的增长一直落后于人口的增长速度。根据美国农业部的统计，人均粮食产量下降了7%（每年下降0.5%）。1984年以来世界粮食产量增长减缓，其原因是缺少新垦土地和减少了灌溉和用肥的投入增长量，所以土地回报率下降。既然农业已无尚待开发的耕地供开垦，那么未来粮食产量的增长几乎完全要靠提高现存土地的生产率来实现。令人遗憾的是这正变得越来越困难。在人均耕地面积日益减少，人均灌溉量下降和作物产量随过量用化肥而减少时，世界农业正面临着扭转这种日渐下滑局面的挑战。

（2）耕地

从21世纪中叶以来，产粮面积——通常作为耕地的代名词——增加了19%，而世界人口却增长了132%。人口增长使耕地退化、产量减少，乃至挪作他用。随着人均粮食面积的缩减，越来越多的国家承受着失去粮食自给自足能力的危险。世界上人口增长最快，4个国家的情况十分明显的说明这种发展趋向。在1960～1998年间，巴基斯坦、尼日利亚、埃塞俄比亚和伊朗等国人均耕地面积减少了40～50%，预计到2050年将进而减至60～70%——这只是假定农耕地不再减少条件下的一项保守估计。其结果会使上述4国人口总数在10亿以上，而人均耕地面积仅仅在300～600平方米——小于1950年人均耕地面积的1/4。

（3）淡水开始变得稀缺

不断扩延的缺水或许是当代世界最被看轻的资源问题。但凡是人口还在增长的地区，人均淡水供给量都在减少。河流干枯和地下水位下降，被视作水资源紧缺的证据，如尼罗河、黄河和科罗拉多河几乎无水入海。目前，包括主要产粮区的世界各大洲地下水位正在下降，美国南部的大平原、中国华北平原和印度的大部分地区，地下蓄水层正日益枯竭。国际水资源管理研究所预测，50年后有些国家共约10亿人口生活将面临绝对缺水的状况。这些国家必将减少农业用水，以满足居民和工业的用水需求，中国和印度被认为世界两个灌溉农业大国，将要大量减少灌溉供水。

（4）自然保护区遭到人为破坏

从布宜诺斯艾利斯到曼谷，世界各主要城市人口增长惊人——由此造成城市无计划的扩延及其污染——威胁到市区周围的自然保护区。在世界各大洲，人类的侵占不但减少了自然保护区的规模，而且降低了它的质量。

在人口快速增长已超过当地自然资源承载能力的国家，受保护的区域变得特别脆弱。虽然在工业化国家，保护区与野营、郊游和乡间野餐是同义语，但在亚洲、非洲和拉丁美洲大多数的国家公园、森林和保护区，已为当地人栖居或被用于自然资源。在许多的工业化国家，移民人口的增长也在危及自然保护区。例如，随着几百万新移民移入佛罗里达西部，沼泽地国家公园会面临毁损之危。

（5）资源不科学使用，导致资源稀缺甚至枯竭

在过去的50年里，全球能源需求的增长速度是人口增长速度的两倍。到2050年，发展中国家因人口的增加和生活的富裕，其能源消耗将会更多。当人均能耗居高不下时，即使人口低速率增长也可能对总的能源需求有重大的影响。例如：到2050年预计美国新增人口7500万，其能源需求约增加到目前非洲和拉丁美洲能耗量的总和。世界石油人均产量1979年达到最高水平，而此后下降了23%。预计全球石油产量从2011～2025年将达到最高极限，这就预示只要石油仍然是世界占主导地位的燃料，未来的油价仍会大幅上升。

在未来50年中，能源需求增幅最大的地区将是经济最活跃的地区：在亚洲，尽管人口增长仅仅50%，但能源消耗却要增长361%。在拉丁美洲和非洲，能耗量预计增长分别达到340%和326%。上述三地区，在森林、矿物燃料储备和水资源等能源资源方面正面临巨大压力。

（6）生活垃圾剧增，无法科学及时处理

因为在未来半个世纪中世界新增人口将达到34亿，所以废料排放对区域和全球环境的影响很可能更为严重，而在近——中期内提供可资利用卫生环境的希望也十分渺茫。人口增长增加了社会处理废弃物的头痛事——垃圾、污水和工业废料必须得到处理。即使在人口基本稳定的地区——许多工业化国家—废弃物流入垃圾填埋场和河沟，也通常在持续增加。在未来几十年中经济的高速发展和人口的快速增长将同时在许多发展中国家发生，难以处理的小山似的废弃物很有可能向市政和国家管理机构提出挑战。

4. 温室效应和能源滥用

温室效应严重威胁着整个人类。据 2500 名有代表性的专家预计，海平面将升高，许多人口稠密的地区（如孟加拉国、中国沿海地带以及太平洋和印度洋上的多数岛屿）都将被水淹没。气温的升高也将对农业和生态系统带来严重影响。预计到 2010 年，亚洲和太平洋地区的能源消费将增加一倍，拉丁美洲的能源消费将增加 50% ~ 70%。因此，西方和发展中国家之间应加强能源节约技术的转让进程。我们特别应当采用经济鼓励手段，促使工业家们开发改进工业资源利用效率的工艺技术。

第二节　气候变化

一、温室效应与全球变暖

1. 温室效应概念

自然界中的一切物体都以电磁波的形式向周围辐射能量，通常高温物体向外发出短波辐射，而低温物体则发射长波辐射，地球表面的大气层，允许太阳辐射的短波部分通过，但是却阻挡地面的长波辐射，地球表面的大气层和地表组成的这一系统就好像一个巨大的"玻璃温室"，使地表始终维持着一定的温度，产生了适于人类和其他生物生存的环境。我们将大气对地面的这种保护作用称为大气的温室效应。温室效应的存在保存了地球的热量，使地球温度适宜人类生活。人们通常把正常情况下的温室效应称为自然的温室效应。

2. 温室气体 CO_2 增加的原因

大气中 CO_2 浓度增加的人为原因主要有两个：

一是矿物燃料的燃烧。目前全世界矿物能源的消耗大约占全部能源消耗的 90%，排放到大气中二氧化碳主要是燃烧矿物燃料产生的，据估算，矿物燃料燃烧所排放的二氧化碳占排放总量的 70%。由于人们对能源利用量逐年增加，因而使大气二氧化碳的浓度逐年增加。

二是森林的毁坏。有人将森林比作"地球的肺"，森林中植物繁多，生物量最高。绿色植物的光合作用大量吸收 CO_2。由于人类大量砍伐森林，毁坏草原，使地球表面的植被日趋减少，以致降低了植物对 CO_2 的吸收作用，这是导致全球性气温升高的又一个重要原因。

3. 温室气体排放、温室效应的影响

通过最新分析表明，过去 100 多年中，全球地表温度平均上升了 0.6℃。而且，政府间气候变化委员会（IPCC）利用有关气候模式模拟结果还说明，21 世纪内全球平均气温

将以每 10 年 0.2 ~ 0.5℃的速率持续升高。这样的升温将给地球上各种类型的生态系统形成巨大威胁,对人类生活也产生直接和间接的影响,因此对全球变暖的趋势必须进行遏制。虽然导致全球变暖的真正原因,说法不一,但是温室效应增强肯定是其中原因之一,而导致温室效应发生的气体称为"温室气体",这些气体让太阳短波辐射自由通过,同时又能吸收地表发出的长波辐射。这些气体有二氧化碳、甲烷、氟利昂、臭氧、氮氧化物和水蒸气等,近几十年的观测研究表明,大气中的温室气体浓度正在不断增加,其中 CO_2 在大气中的浓度由工业化前的 280ppmv 上升到了 2004 年的 379ppmv。近一个多世纪以来,全球大气中 CO_2 浓度增长率大约为每年 0.4%。目前,学界认为导致温室效应增强的主要罪魁祸首就是二氧化碳浓度的增大。由于人口的急剧增加,现代生活对能源的需求也日益增加,且各国都加快了工业化的进程,这样就必须大量地使用燃料来获取内能,从全球来看,从 1975 ~ 1995 年,能源生产就增长了 50%,二氧化碳排放量相应有了巨大增长。另外,石灰岩被制成水泥的过程也释放出二氧化碳;土地的开发利用减少了植物吸收二氧化碳的量,又由于森林被大量砍伐,大气中应被森林吸收的二氧化碳没有被吸收,这些都导致排放至大气中的 CO_2 浓度迅速增加。

4. 全球变暖对地球产生的影响

海平面上升。海平面上升,对沿海城市、岛屿的影响最大。有人估计。近百年来随全球气候增高 0.6℃,全球海平面大约上升了 10 ~ 15cm。有的学者认为,全球气温在 21 世纪可能升高 1.5 ~ 4℃,则海平面上升 0.8 ~ 1.8cm。如果这样,菲律宾的马尼拉的大部分可能位于 1m 深的水下,而印尼雅加达的 330 万居民需撤离市区。

气候变化。大部分地区温度升高,全球降雨量增加,台风、飓风更频繁、更强大。科学家预言,如果热带地区的温度升高 2 ~ 3℃,则海洋表面温度的升高将引起台风能量增加,并向高纬度地区发展。

对生物多样化的影响。全球气候的变化必然给生物圈造成多种冲击,生物群落的纬度分布和生物带都会有相应的变化,很可能有部分植物、高等真菌物种会处于濒临灭绝和物种变异的境地,植物的变异也必须影响到动物群落。

对全球人类的影响。地球增温使得气候反常多变,洪涝干旱增多,造成农作物歉收、病虫害流行、水资源缺乏。

那么地球为什么会变暖呢?由联合国和世界气象组织 1988 年创建,拥有 2500 位科学家的政府间气候变化委员会(WCC)认为,过去 130 年来观察到的全球平均气温上升 0.5℃,不可能完全归结于自然原因,而主要是由二氧化碳等"温室效应"造成的。

二、控制温室效应的对策

1. 减少温室气体的排放。

CO_2 作为主要的温室气体,是由难以计算的自然和人为的排放源产生的,它在大气中的停留周期可以超过 100 年，其分布非常均匀，而且潜在的危害作用也是全球性的。因此，控制、减少二氧化碳气体的排放是一件功在当代，利在千秋的大事。发展中国家一方面要发展国民经济，提高国家经济实力，务必会加大对温室气体的排放；另一方面由于科学技术落后，对温室气体的处理能力较差，使得近年来地球上温室气体含量呈快速增长趋势。因此，发达国家既出于帮助他国，也为了自己利益应毫无保留地尽快向发展中国家转让其先进的减排技术是全球温室气体减排的基本点。

2. 提高能效，减少使用化石燃料，采用替代能源

提高能效可显著减少 CO_2 的排放，现在人类使用的化石燃料约占能源使用总量的 90%，开采化石燃料，扰动了地层中原有元素的埋藏方式，通过燃烧使之成为可活动因子，是温室气体排放的重要来源，所占份额最大。世界能源消费结构是：石油约占能源的 40%，煤占 30%，天然气占 20%，核能占 6.5%。寻找替代能源，开发利用生物能、太阳能、水能、地热能、潮汐能、风能和安全使用核能等，可显著减少温室气体排放量。目前，全人类所需要的石化能源仅占地球每年从太阳获得能量的二万分之一；世界已开发的水电仅占可开发量的百分之一，具有很大潜力。全球约一半人使用薪柴，热带雨林存在大面积的刀耕火种农业，开发农村沼气、改进耕作制，可减少秸秆、薪柴等物质的直接燃烧，沼肥施于农田可大大减少氮肥的使用量，减少 CO_2、N_2O 的排放。将来的能源战略应该转向可再生能源，可再生能源满足可持续性条件，且有着很丰富的资源，成本低。随着科学技术的不断发展，使用会越来越多。

3. 提高生物圈生产力与海洋吸收量

限制森林砍伐和提高森林生产力可增加固碳量。据统计，全球由于人类活动已损失约 2.0×10^9 hm^2 森林，以平均 hm^2 森林含碳量 100 t 计，则损失储碳能力达 200 Gt。如恢复已损失森林面积的 20% ~ 30%，就完全可以解决全球大气 CO_2 浓度增长的问题。海洋通过生物、化学、流动和沉积等过程不间断地吸收大气中的 CO_2，年吸收速率为 1.2 ~ 2.8 Gt，并运输、储存于海底或转换成其他含碳物质。加速浅层海水与深层海水间的交换，有利于提高海洋的 CO_2 吸收量。

4. 保护森林，减少气候变化的危害

就减少气候变化的危害来说，森林趁着双重作用，森林的燃烧和砍伐，使更多的 CO_2 排入大气。要保护好森林，因为它能够吸收空气中的 CO_2。1985 年中期盐界一些组织提出一项保护森林的计划，要求在五年内投资 80 亿美元用于植林和禁止伐林，这一计划将对保护森林有很大意义。

5. 使用新的能源

有效使用人类目前尚未使用过的能源，也是防止地球变暖的一个有效的方法。如人们开始利用风、海涛、地下热量、太阳光、垃圾焚烧等产生的能量发电。利用细菌将废水分

解，产生甲烷，通过燃烧这种气体发电。利用太阳光从甘蔗、红薯等制作酒精，将其用于汽车燃料，这种方法在巴西等地已应用。目前，人们开始尝试将地下水、河流中地热能用于楼房取暖及降温。人们更多地使用垃圾燃烧热能取暖、降温，同时利用太阳能的热水器也在增多。

6. 研究开发二氧化碳的新应用技术，变废为宝

采用吸收法、吸附法、膜分离法以及吸收—膜分离联合法等方法可以分离回收燃烧排气中的 CO_2，随着科学技术的发展和新兴学科的兴起，人类在积极研究开发 CO_2，在工业、农业、生物合成、能源等方面的用途，从而达到变废为宝的目的。

7. 加强政府行为与国际合作

加强政府部门或国际组织的调控作用，是减缓温室效应的重要措施。1997 年 12 月，150 多个联合国气候变化公约签字国又在日本京都召开了气候会议，最后签署了《京都议定书》，目标是在 2008 ~ 2012 年间，将发达国家二氧化碳等 6 种温室气体的排放量在 1990 年的基础上平均削减 5.2%。在国际合作中，发达国家应控制或降低温室气体的排放；而发展中国家，应改善能源结构和采取生物调节等对策来解决。全球环境问题的解决是一项长期而严峻的任务，需要全世界每一个国家每一个地区乃至每一个人的参与，离开政府行为和国际合作的支持，不可能实现全球范围内温室效应的有序减缓。

三、全球变暖的影响

（一）全球变暖对健康的影响机制

全球变暖对人类健康的影响主要是对人类居住的环境产生的影响，而由环境进一步对人类的生活方式、生活水平、生命保障产生影响。

1. 大气环境的影响

全球变暖与大气环境本来就是密切相连。由于工业革命以来，煤炭、石油等工业燃料的燃烧导致大气组成发生了巨大的变化。使得 CO_2 等温室气体向大气环境大量排放，才致使全球温度的上升。而全球变暖，又对大气环境有一系列的反馈。比如全球变暖使得一些地区气候变得干旱、气压出现异常、气溶胶出现有毒物质等。周启星研究指出，大量事实表明，由于气温的升高，加快了光化学反应的速率，从而使大气中 O_3 浓度得以上升，进而加剧大气污染，对人的健康产生影响。又如全球变暖导致某些有毒物质挥发速度增加，随着气体被人体吸收而对人的健康产生巨大的威胁，其中全球变暖与挥发速度作用的有关机理仍不清楚，需要进一步研究。

2. 水环境的影响

全球变暖对水环境的影响较为复杂。一方面，全球变暖对世界各地水资源的影响不尽相同。仅在中国，就有学者对北方径流增多还是南方径流增多各持己见。但可以肯定的是，

全球变暖必将导致一些地区变得更加干旱，另一些地区则变得更加湿润，并且导致旱灾和洪灾的发生。由于生物圈、人类等都与水息息相关，所以水资源的增减必将对人的生活方式产生巨大的影响。

另一方面，气候变暖后，世界上一些地区由于蒸发量增大，导致径流量趋于减少。因此河水中的污染物质比容得到增大，加重了河水原有的污染程度。同时河水温度的上升，也会加大一些以沉淀形式存在的重金属溶解度，促进河水沉积污染物的溶解释放和底泥废弃物的分解。因此由于气候变暖导致水质下降，对人类健康产生影响。

另外，水环境又是与土壤、生物、大气环境关系最为密切的环节，水环境对其中任何一个环节的影响都会导致一系列的变化，最终对人类产生影响。

3. 土壤环境的影响

全球变暖对土壤环境的影响较之大气、水环境并不明显，而且迟缓。但是它的影响确实深刻。全球变暖后，土壤微生物活动加强从而使土壤有机质的分解过程加快，导致土壤环境中污染物的大量释放，间接对人的健康产生威胁。

另外，一方面，有关研究表明，全球变暖会使土壤化肥施用量大大增加。另一方面，由于全球变暖，使得农作物害虫、杂草得到更优越的条件，生存范围扩大。所以这会导致农民施用大量的化肥、农药和除草剂，加剧了土壤环境的污染。

土壤中的这些污染，通过农作物的吸收吸附而被人类食用，间接地对人类健康产生影响。除此之外，土壤污染物通过降水被携带到河流中，通过分解释放到大气中，从而对人类健康产生影响。

4. 生物环境的影响

生物环境与人类一样，时时刻刻都受到大气环境、水环境、土壤环境的影响和制约，而生物环境与人类也互相影响和制约。

植物自身数量的多少和性质的变化，对大气和土壤中 CO_2 和有毒物质的吸收数量，以及向大气中排放 O_2 的多少有重要的影响。另外农作物受到全球变暖的影响，某些地区的产量急剧减少，将严重影响当地居民的营养水平，从而对健康产生威胁。

动物受到全球变暖的影响，物种之间的适应性差异和迁移性差异将会导致一个地区内物种构成和物种多样性发生巨大的变化，继而对整个自然环境产生巨大的影响。

生物环境中微生物受到全球变暖的影响，对人类健康发生作用的明显变化是直接影响人类健康的最主要因素。

（二）全球变暖对健康的主要影响

1. 非病原疾病的影响

（1）热浪影响

气候变暖对人类健康的最直接影响就是热浪袭击的频率和强度增加，热浪和高温使病菌、病毒、寄生虫更加活跃，会损害人体免疫力和疾病抵抗力，导致与热浪有关的心脏、呼吸道系统等疾病的发病率和死亡率增加。有关研究表明，天气—死亡率的变化趋势可以用"热阈"的概念说明，当气温超过"热阈"时，死亡率显著增加。但各地"热阈"温度值不尽相同。对上海 1980 ~ 1989 年 10 年间的研究发现，当夏季气温超过 34℃时死亡率急剧上升。而梁超轲的研究表明，武汉和南京的气温高于 30℃时，随着每日温度的增高，死亡人数增高。1988 年 7 月，南京热浪高温达 36 ~ 38.5℃，每日 31 ~ 38℃的气温持续 13 个小时，从而导致中暑的发生，南京 1988 年 7 月 4 日持续高温，共发生 4500 例中暑，124 例死亡。

热浪和高温对心脑血管疾病有重大影响。心脑血管疾病包括心血管疾病和脑血管疾病，是一种常见的危害生命健康的病。程义斌等在武汉的研究结果发现，高温期心脑血管疾病平均日死亡数是非高温期的 1.92 倍，占夏季心脑血管疾病死亡的 31.8%。郭玉明等的研究指出热浪开始当日最高气温较之前一日，假若升温幅度越大，居民心肌梗死的死亡风险随之越大。

气温除了对心脑血管疾病有重大影响，对呼吸系统疾病的发病和死亡也有一定的影响。刘玲等的研究表明，热浪过程中气温越高，湿度越高，对呼吸系统疾病死亡的影响就愈大。

（2）光化学影响

气候变暖使得温度增加，高温会加快大气中化学污染物之间光化学反应的速度，造成光化氧化剂的增加，这些污染物被称为二次污染，由此诱发一些疾病。比如眼睛炎症、急性上呼吸道疾病、慢性支气管炎、肺气肿、支气管哮喘等。

虽然紫外线有杀菌灭毒、增强免疫力、促进人体对钙和磷等微量元素的吸收等功效，但是过多的紫外线会导致人体健康受到危害。温室气体中的氟对大气臭氧有非常大的破坏性，因此会增加紫外线辐射。张庆阳等指出，平流层臭氧每减少 1%，白内障患者增加 0.6%。他们还指出，美国的研究表明臭氧量减少 1% 而增加的 UV-B（中波紫外线，部分可被臭氧层吸收），能够使白种人皮肤癌患病率约增加 3%。过量的 UV-B 还会破坏人的免疫系统，降低人的免疫力。另外，UV-B 辐射除了增加皮肤癌发病率外，还易导致白内障病例的发生。

（3）作物减产的影响

不可否认，全球变暖使得地球整个生态系统的环境发生了巨大的改变。从而农业、畜牧业、渔业都会受到波及和影响。而这种影响可能使某一地区粮食增产，但是仍然有很多地区，尤其是欠发达地区粮食生产本来就严重不足，因为气候变暖、变干，或者是诸如厄尔尼诺现象等因素导致暴雨洪灾，更加重了粮食的短缺情况。另外全球变暖导致海平面上升淹没了大量的农田，导致农作物减产。从而使得一些地区的人们因粮食不足而发生与营养不良相关的疾病。而且这种影响对儿童影响更甚，所以在儿童成长过程中很长的一段时间内，这种影响将会长期存在。因此延长了全球变暖对人类健康的影响时间。

（4）极端气象灾害的影响

全球变暖极有可能增加干旱、水灾、暴风雨、热带风暴等极端天气发生的概率，从而增加由于灾害导致的死亡率、伤残率以及传染病的发病率等。

比如洪水对人类健康的影响可分为短期影响、中期影响和长期影响。短期影响主要是指灾害中人员伤亡；中期影响主要是传染病的传染；长期影响则主要是由于洪水造成的经济困难和生命财产损失而导致的精神压抑。

2. 病原疾病的影响

由于许多病原性媒介疾病属于温度敏感型。因此由于全球变暖，使得媒介疾病的流行范围扩大，并且助长它们传播和感染的强度。

（1）虫媒疾病的影响

虫媒疾病，顾名思义，指的是病原体由虫媒作为中间宿主或寄生繁殖，继而传播到人的疾病。气候变暖引起气候带边缘的改变，北半球温度带热带、亚热带、温带都往北扩，造成虫媒疾病传播的地理分布扩大，使得发病区向北推移。另外，气候变暖及其造成的极端气候事件，给生态平衡，尤其是微生物生态平衡带来严重影响，对疟疾、丝虫病、血吸虫病、登革热、黄热病、裂谷热、脑炎等虫媒疾病的传播起到推波助澜的作用。

气候变暖使蚊子等昆虫的生产范围扩大、生存时间延长、传播疾病能力增强。在全球变暖造成的暖冬，由于冬季不冷，那些害虫和病菌能够安然越冬，加大对人类健康的威胁。

在周晓龙等的研究指出，若以中国平均气温在 2030 年和 2050 年分别上升 1.7℃和 2.2℃为基础进行预测，未来全国血吸虫病流行区将随其后变暖而北移至黄淮流域，2050 年扩大至山西、陕西南部及新疆南部大部分地区。

此外，疟疾、登革热等虫媒疾病随着全球变暖发病区扩大和发病率增大的研究也已有很多，不胜枚举。总之，在全球变暖的背景下，虫媒疾病对人类健康的威胁越来越大。

（2）动物传媒疾病的影响

20 世纪 90 年代的不良气候环境出现了一些新的啮齿类动物媒介病，如致死性的"汉塔病毒肺病综合征"。人吸入藏在啮齿动物分泌物或排泄物中的病毒颗粒，可能患上该病。1993 年美国南部在气候变暖形成的持久干旱后又突然连降暴雨，这种极端恶劣气候变化导致这种病的爆发。加之干旱导致啮齿类动物天敌减少，而暴雨又使自然环境给其提供了大量的食物，啮齿类动物得到大量繁殖。许多动物携带活动或暂时不活动的病毒进入人类居住区，并将疾病传染人。这一事件是啮齿类动物直接将病毒传染给人类，而导致这种传播的主要因素是极端恶劣的气候。

气候变暖助长了动物传媒疾病的病原体的存活变异和传播。随着气候变暖，病原体将突破其寄生、感染的分布区域，形成新的传染病，或是某种动物病原体与野生或家养动物之间的基因交换，致使病原体变异从而躲过人体免疫系统，引起新的传染病。

比如由候鸟、家禽传播的禽流感、奶牛传播的疯牛病等都随着全球变暖的趋势有进一步恶化态势。

（3）水媒疾病的影响

全球变暖可能导致水质恶化或引起洪水泛滥进而引起一些疾病的传播。在降水较多的部分陆地地区，由于水位上升，人们饮用最多的是靠近地表的水，而地表水的水质因地表物质污染而下降，人们饮用后，易患诸如皮肤病、心血管疾病、肠胃病等各类传染性疾病。而且在一些落后的地区，由于水处理技术不达标，导致很多有毒物质和病菌都被直接饮用，致使健康身体受到损害。

在全球变暖的大背景下，气温的增加、海平面的上升、洪水的频发以及环境的恶化，都会使得各种水媒疾病如霍乱、腹泻、痢疾等发病率增加。

（4）过敏性疾病的影响

气候变暖使得空气中的真菌孢子、花粉和大气颗粒物随气温增高而浓度增加，使人群中枯草病、过敏性哮喘等过敏性疾病增加。伴随气候变暖，真菌繁殖速度加快，花粉数量增多，并且有向北推移的趋势，因此除了病毒、细菌对疾病的影响外，主要还有全球变暖导致的过敏性疾病对人类健康产生的影响。

四、控制全球变暖的综合对策

应对全球变暖对人类健康产生的威胁，首先是要应对全球变暖。即加强工业生产中对 CO_2 等温室气体排放的监控力度，并制定相关法律、法规，减少二氧化碳等温室气体的排放。并且通过植树造林等措施增加碳汇，减缓或抑制全球变暖的趋势。从源头解决全球变暖对人类健康产生的危害。

其次要建立完善的防控治理机制。建议气象部门与卫生、环保部门合作。由气象部门监控天气和气候变化，并给卫生环保部门提供可能出现的天气及导致的疾病情况，由卫生部门实时研究针对主要流行病、传染病的处理对策。并不断提高医疗水平。

加深气象气候、环境、生物、社会、卫生等学科交叉部分的研究，深入探讨气候、生物、环境、流行病之间相互作用的机制。为预防和治理工作奠定科学的基础，为决策提供科学依据。

另外，加强对居民的宣传。增强居民对气候变化与传染病之间关系的警惕性。并且倡导居民加强身体锻炼，提高身体素质，预防疾病入侵。

最后，要加强国际交流。由于全球变暖是全球性的问题，而全球变暖导致的海平面上升、粮食危机、传染病只在部分地区有影响。比如我国粮食随着温度升高有增产的趋势。但是各国间应该通力合作，共同应对全球变暖对人类健康产生的威胁。

第三节 臭氧层破坏

一、臭氧层破坏及其成因

臭氧层变化及破坏的原因，一般认为，太阳活动引起的太阳辐射强度变化，大气运动引起的大气温度场和压力场的变化以及与臭氧生成有关的化学成分的移动、输送都将对臭氧的光化学平衡产生影响，从而影响臭氧的浓度和分布。而化学反应物的引入，则将直接地参与反应而对臭氧浓度产生更大的影响。人类活动的影响，主要表现为对消耗臭氧层物质的生产、消费和排放方面。大气中的臭氧可以与许多物质起反应而被消耗和破坏。在所有与臭氧起反应的物质中，最简单而又最活泼的是含碳、氢、氯和氮几种元素的化学物质，如氧化亚氮（N_2O）、水蒸汽（H_2O）、四氯化碳（CCl_4）、甲烷（CH_4）和现在最受重视的氯氟烃（CFC）等。这些物质在低层大气层正常情况下是稳定的，但在平流层受紫外线照射活化后，就变成了臭氧消耗物质。这种反应消耗掉平流层中的臭氧，打破了臭氧的平衡，导致地面紫外线辐射的增加，从而给地球生态和人类带来一系列问题。

1. 臭氧的平衡

在自然状态下，大气层中的臭氧是处于动态平衡状态的，当大气层中没有其他化学物质存在时，臭氧的形成和破坏速度几乎是相同的。然而大气中有一些气体，例如：亚硝酸、甲基氧、甲烷、四氯化碳，以及同时含有氯与氟（或溴）的化学物质，如 CFC 和哈龙等，它们能长期滞留在大气层中，并最终从对流层进入平流层，在紫外线辐射下，形成含氟、氯、氮、氢、溴的活性基因，剧烈地与臭氧起反应而破坏臭氧。这类物质进入平流层的量虽然很少，但因起催化剂作用，自身消耗甚少，而对臭氧的破坏作用十分严重，导致臭氧平衡的打破，浓度下降，这就是目前臭氧问题的症结所在。

2. 氯氟烷烃与臭氧层

氯氟烷烃是一类化学性质稳定的人工源物质，在大气对流层中不易分解，寿命可长达几十年甚至上百年。但它进入平流层后，受到强烈的紫外线照射，就会分解产生氯游离基 Cl^-，氯游离基与臭氧分子 O_3 作用生成氧化氯游离基。ClO^- 和氧分子 O_2 消耗掉臭氧进而氧化氯游离基再与臭氧分子作用生成氯游离基，如此，氯游离基不断产生，又不断与臭氧分子作用，使一个 CFC 分子可以消耗掉成千上万个臭氧分子。其主要反应式如下图。

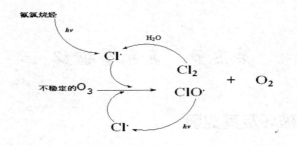

图 3-3-1

作为臭氧层破坏元凶而被人们高度重视的 CFC，有 5 种物质为"特定氟利昂"，它们主要用作制冷剂、发泡剂、清洗剂等。其产品一直在增加，直到知道利用 CFC 作气溶胶的潜在危险后才开始下降，通过实施控制措施，特定氟利昂的生产量由 1986 年的 113 万吨减少为 1991 年的 68 万吨，削弱了 40%。

3. 溴化物与臭氧层

世界气象组织认为，溴比氯对整个平流层中臭氧的催化破坏作用可能更大。南极地区臭氧的减少至少有 2% 是溴的作用所致。有人指出，在对极地臭氧的破坏中，BrO 与 ClO 反应可能起重要作用：

$BrO+ClO \rightarrow Br^- + Cl^- + O_2$

$Br^- + O_3 \rightarrow BrO + O_2$

$Cl^- + O_3 \rightarrow ClO + O_2$

整个反应使 $2O_3 \rightarrow 3O_2$。

对极地平流层的 BrO 和 ClO 的观察支持这种观点，并由此认为南极地区臭氧破坏的 20% ~ 30% 是由溴引起的，而且认为，溴对北半球臭氧的破坏可能更加严重。所以溴化物的量虽少，作用却不可低估。

4. 氮氧化物与臭氧层

氮氧化物系列中的 N_2O（氧化亚氮），化学性质稳定，至今还不清楚它对生物的直接影响，因而还未列为大气污染物。但是，N_2O 同氯氟烃一样能破坏平流层臭氧，同二氧化碳一样，也是一种温室气体，并且其单个分子的温室效应能力是 CO_2 分子的 100 倍。

二、臭氧层破坏的危害

（一）对人类健康的影响

适量的紫外线照射对人体的健康是有益的，它能增强交感肾上腺机能，提高免疫能力，促进磷钙代谢，增强人体对环境污染物的抵抗力。但是长期反复照射过量紫外线将引起细胞内的 DNA 改变，细胞的自身修复能力减弱，免疫机能减退，皮肤发生弹性组织变性、角质化以至皮肤癌变，诱发眼球晶体发生白内障等。

1. 对免疫系统的影响

中波紫外线 UV-B 的照射，对人体有许多影响。有的是积极的影响，适量的 UV-B 是维持人类生命所必需的。但是长期接受过量紫外线辐射，将引起细胞内 DNA 改变，细胞的自身修复能力减弱，免疫机制减退。对免疫系统的影响看来与肤色无关。由于紫外线辐射的增加，大量疾病的发病率及严重程度都会大大增加。这些疾病包括麻疹、水痘、疱疹和其他引起皮疹的病毒性疾病，通过皮肤传染的寄生虫病（如疟疾和利什曼病）、细菌感染（如肺结核和麻风病）和真菌感染等。

人体免疫系统中的一部分存在于皮肤内，使得免疫系统可直接接触紫外线照射。动物试验发现紫外线照射会减少人体对皮肤癌、传染病及其他抗原体的免疫反应，进而导致对重复的外界刺激丧失免疫反应。人体研究结果也表明暴露于紫外线 B 中会抑制免疫反应，人体中这些对传染性疾病的免疫反应的重要性目前还不十分清楚。但在世界上一些传染病对人体健康影响较大的地区以及免疫功能不完善的人群中，增加 UV-B 辐射对免疫反应的抑制影响相当大。

2. 白内障

白内障是形成在眼球晶体上的一层雾斑（晶状体浑浊）。实验证明紫外线能损伤角膜和眼晶体，可引起白内障、眼球晶体变形等。据分析，平流层臭氧减少 1%，全球白内障的发病率将增加 0.6% ~ 0.8%，全世界由于白内障而引起失明的人数将增加 10 000 ~ 15 000 人；如果不对紫外线的增加采取措施，从现在到 2075 年，UV-B 辐射的增加将导致大约 18 00 万白内障病例的发生。

3. 皮肤癌

紫外线 UV-B 辐射的增加，直接导致人类常患的三种皮肤癌。前两种是 Basal 和鳞状皮肤癌，这种非恶性癌每年在美国大约有 50 万患者，如果发现及时，这种病可以治好，很少有人死于此病。美国环境保护局估计臭氧每减少 10%，这两种皮肤癌的发病率就提高 26%。恶性黑瘤比较少见，它与紫外线辐射有关，其机理知之甚少。每年大约有 25 000 人患此病。这种病比较危险，每年大约有 5 000 人死于此病。每个细胞里的遗传物质（脱氧核糖核酸）都对紫外线很敏感，脱氧核糖核酸的损伤会杀死细胞或将其变成癌细胞。白色皮肤的人对太阳光缺乏自然保护，他们更容易患皮肤癌。据计算，臭氧每减少 1%，非黑色素瘤皮肤癌就增加 3%。按美国当今在世人口计算，良性黑色素瘤的病例将增加 45 万例，恶性黑色素瘤的病例将增加 1 000 例。未来数代受害将更加严重。在靠近南极的澳大利亚，皮肤癌发病率增加了 3 倍，近年来在那里也一直在讨论有关"臭氧警告"的问题。

为了防止紫外线对人体皮肤和眼睛造成损害，应避免强烈地日晒，户外活动和工作应穿着长衣长裤，或使用防止紫外线的防晒油涂抹身体裸露部分。为避免角膜炎和白内障，应佩戴能过滤紫外线的眼镜。

（二）对陆生植物的影响

臭氧层耗减，对植物和动物生长的影响，人们了解还不很多，较之对人体的影响了解更少。已作过的一些研究也尚难做出合理的解释。臭氧耗减对农作物的危害做定量预测，也由于其他环境因素的参与变得十分困难。但综合考察还是给我们启示了未来可能的影响。

对某些农作物的研究表明，紫外线 UV-B 辐射增加会引起某些植物物种和化学组成发生变化，影响农作物在光合作用中捕获光能的能力，造成植物获取的营养成分减少，生长速度减慢。研究过的植物中，紫外线对其中的 50% 有不良影响，尤其是像豆类、瓜类、卷心菜一类的植物更是如此。西红柿、土豆、甜菜、大豆等农作物，由于紫外线 UV-B 辐射的增加，还会改变细胞内的遗传基因和再生能力，使它们的质量下降。一项研究表明，如果臭氧减少 25%，则大豆的产量会下降 20% ~ 25%，大豆的蛋白质含量和含油量也会降低。

紫外线辐射的增加对林业也有影响。通过对 10 个种类的针叶树幼苗进行研究，结果表明其中 3 个品种受紫外线 UV-B 辐射的影响而产生不良后果，其所受影响的程度也与预测方案相吻合。

植物的生理和进化过程都受到 UV-B 辐射的影响，并与 UV-B 辐射的量有关。植物也具有一些缓和和修补这些影响的机制，在一定程度上可以适应 UV-B 辐射的变化。不管怎样，植物的生长直接受 UV-B 辐射的影响，不同种类的植物，甚至同一种不同栽培品种的植物对 UV-B 的反应都是不一样的。在农业生产中，就需要种植耐受 UV-B 辐射的品种，并同时培养新品种。对森林和草地，可能会改变物种的组成，进而影响不同生态系统的生物多样性分布。

UV-B 辐射带来的间接影响，例如植物形态的改变，植物各部位生物质的分配，各发育阶段的时间及二级新陈代谢等可能跟 UV-B 造成的破坏作用同样大，甚至更为严重。这些对植物的竞争平衡、食草动物、植物致病菌和生物地球化学循环等都有潜在影响，这方面的研究工作尚处起步阶段。

（三）对水生生物的影响

世界上 30% 以上的动物蛋白质来自海洋，满足人类的各种需求。在许多国家，尤其是发展中国家，这比例往往还更高。因此很有必要知道紫外线辐射增加后对水生生态系统生产力的影响。

此外，海洋在与全球变暖有关的问题中也具有十分重要的作用。海洋浮游植物的吸收是大气中 CO_2 的一个重要的消除途径，它们对未来大气中 CO_2 浓度的变化趋势起着决定性的作用。海洋对 CO_2 气体的吸收能力降低，将导致温室效应加剧。

海洋浮游植物并非均匀分布在世界各大洋中，通常高纬度地区的密度较大，热带和亚热带地区的密度要低 10 ~ 100 倍。除可获取的营养物、温度、盐度和光外，在热带和亚热带地区普遍存在的阳光 UV-B 的含量过高的现象也在浮游植物的分布中起着重要作用。

浮游植物的生长局限在光照区，即水体表层有足够光照的区域，生物在光照区的分布地点受到风力和波浪等作用的影响。另外，许多浮游植物也能够自由运动以提高生产力保证其生存。暴露于阳光 UV-B 下会影响浮游植物的定向分布和移动，因而降低了这些生物的存活率。

研究人员测定了南极地区 UV-B 辐射及其穿透水体的量的增加，证据证实天然浮游植物群落与臭氧的变化直接相关。对臭氧空洞范围内和臭氧空洞以外地区的浮游植物进行比较的结果表明，浮游植物生产力下降与臭氧减少造成的 UV-B 辐射增加直接有关。一项研究表明，在冰川边缘地区的生产力下降了 6%～12%。由于浮游生物是海洋食物链的基础，浮游生物种类和数量的减少还会影响鱼类和贝类生物的产量。另一项科学研究的结果显示，如果平流层臭氧减少了 25%，浮游生物的初级生产力将下降 10%，这将导致水面附近的生物减少 35%。

研究发现阳光中的 UV-B 辐射对鱼、虾、蟹、两栖动物和其他动物的早期发育阶段都有危害作用，最严重的影响是繁殖力下降和幼体发育不全。即使在现有的水平下，浮游植物和动物也已经受到了紫外线的损害。紫外线 B 的照射量很少量的增加就会导致海洋生物的显著减少。

尽管已有确凿的证据证明 UV-B 辐射的增加对水生生态系统是有害的，但目前还只能对其潜在危害进行粗略的估计。

（四）对城市环境和建筑材料的影响

1. 使城市环境恶化

过量的紫外线除了直接危害人类和生物机体外，还会使城市环境恶化，进而损害人体健康，影响植物生长和造成经济损失。城市工业在燃烧矿物燃料时排放的氧化氮，与某些工业和汽车所排放的挥发性有机物，同时在紫外线照射下会更快地发生光氧化反应，生成臭氧、过氧化烯烷基硝酸酯等产物，从而造成城市内近地面大气的臭氧浓度增高，引起光化学烟雾污染。

近地面臭氧浓度过高，吸入人体会导致肺功能减弱和组织损伤，引起咳嗽、鼻咽刺激、呼吸短促和胸闷不适等。

近地面的臭氧和过氧化烯烷基硝酸酯能损害植物叶片，抑制光合作用，使农作物减产，森林或树木枯萎坏死，其危害甚至比酸雨还大。

近地面臭氧浓度增高，还使聚合物材料加速老化。

据美国环保局估计，当臭氧耗减 25% 时，城市光化学烟雾的发生概率将增加 30%，聚合物材料等老化的经济损失将高达 47 亿美元。

2. 对建筑材料的破坏

因平流层臭氧损耗导致阳光紫外线辐射的增加会加速建筑、喷涂、包装及电线电缆等所用材料，尤其是聚合物材料的降解和老化变质。特别是在高温和阳光充足的热带地区，这种破坏作用更为严重。由于这一破坏作用造成的损失估计全球每年达到数十亿美元。

无论是人工聚合物，还是天然聚合物以及其他材料都会受到不良影响。当这些材料尤其是塑料用于一些不得不承受日光照射的场所时，只能靠加入光稳定剂和抗氧剂或进行表面处理以保护其不受日光破坏。阳光中 UV-B 辐射的增加会加速这些材料的光降解，从而限制了它们的使用寿命。研究结果已证实中波 UV-B 辐射对材料的变色和机械完整性的损失有直接的影响。

在聚合物的组成中增加现有光稳定剂和抗氧剂的用量可能缓解上述影响，但需要满足下面三个条件：（1）在阳光的照射光谱发生了变化即 UV-B 辐射增加后，该光稳定剂和抗氧剂仍然有效；（2）该光稳定剂和抗氧剂自身不会随着 UV-B 辐射的增加被分解掉；（3）经济可行。目前，利用光稳定性和抗氧性更好的塑料或其他材料替代现有材料是一个正在研究中的问题。

我国科学家普遍认为臭氧层耗减是客观存在的现象，对于 CFCs 和哈龙引起臭氧层耗减的说法也基本认同，但要准确估计臭氧层耗减对人类和生态环境的危害程度，还要做大量的实验研究工作才能确定。

三、控制臭氧层的对策

（一）国际反应

自 20 世纪 70 年代提出臭氧层正在受到耗蚀的科学论点以来，联合国环境规划署意识到，保护臭氧层应作为全球环境问题，需要全球合作行动，并将此问题纳入议事日程，召开了多次国际会议，为制订全球性的保护公约和合作行动做了大量的工作。

1977 年，通过了《臭氧层行动世界计划》，并成立"国际臭氧层协调委员会"1985 年和 1987 年分别签署了《保护臭氧层维也纳公约》和《消耗臭氧层物质的蒙特利尔议定书》。议定书最初的控制时间表是分阶段地减少特定氟利昂的生产和消费量。到 20 世纪末减至 1986 年水平的一半。但是，如果预测大气中包括破坏臭氧物质（有机氯化合物）、全氯浓度今后的动态，则可知即使氟利昂的排放减半，破坏臭氧层物质依然会持续增加，它们对臭氧层的威胁也会不断增加。因而，为了控制这种趋势，使大气臭氧层的状态恢复到臭氧空洞出现之前的状态，必须全面禁止破坏臭氧层物质的使用。因此，1990 年 6 月在伦敦召开的蒙特利尔议定书缔约国会议上，对原议定书进行了大幅度强化控制的修改，提出到 2000 年要全面禁止特定氟利昂的使用。同时将四氯化碳和三氯乙烷增列为新的破坏臭氧层物质，提出这些物质也要在 2000 ~ 2005 年之间全面禁止使用。另一方面，由于分子内部含有氢的同类物质（HCFC）在对流层中的寿命比较短，只有很少部分能够到达平流层，所以作为"替代氟利昂"进行替代品开发。但对这些物质，也应当限制其向大气的排放，故决定从 1996 年开始冻结和阶段性削减生产，直至 2020 年基本取消，代之以对臭氧层完全无害的物质。鉴于全世界对环境保护的日益重视，1995 年在维也纳公约签署的 10 周年之际，150 多个国家参加的维也纳臭氧层国际会议规定，将发达国家全面停止使用 CFC 的期限提前到 2000 年；发展中国家则在 2016 年冻结使用，2040 年淘汰。我国积极参与了国际保护臭氧层合作，并制订了《中国逐步淘汰消耗臭氧层物质国家方案》。

（二）CFCs 替代品的研制

冷媒、喷雾推进剂、发泡剂为现代生活的必需品，仍需持续的使用，因此，找寻 CFCs 的替代品是当务之急。目前已有使用丁烷、液化石油气和异丙醇等取代 CFCs 作为喷雾推进剂，也发展出 CFC123 和 CFC134a 等对臭氧层破坏轻微的化合物，取代 CFC11 和 CFC12 作为冷媒和发泡剂等用途。电子产品的清洗溶剂，也改用各种水溶液代替；目前被大量使用于取代 CFCs 及哈龙的替代品 HFCs（氢氟碳化物）等物质，曾被指出对地球温暖化有推波助澜的作用，会造成光化学烟雾，使对流层臭氧量增加，有关 HFCs 的使用仍待审慎观测及评估。现在许多氯氟烃代用品已在销售或正在调研，但尚无每一方面都理想的代用制冷剂。一些试验品在一段时间内还不会有商业性销售，尤其因为安全方面的考虑还必须对毒性和可燃性进行严格测试，而且环境效应的可靠数值需要很多年才能查明。国家环境保护部的朱云女士介绍说，对汽车空调来讲，目前最合适的 CFC ～ 12 代用品是 HFC ～ 134a，但后者的制冷效率要比前者降低 15% ～ 20%。

（三）积极开展保护臭氧层宣传教育工作

每年的 9 月 16 日为国际臭氧日，议定书各缔约方在促进经济与社会发展的同时，已逐渐重视臭氧层的保护，不断开展必要的宣传活动，进一步引起社会与民众对保护臭氧层的重视，不使用危害臭氧层的物质，同时鼓励推广对环境和人类健康无害的替代物质。

第四节　酸沉降

一、酸雨概述

酸雨正式的名称是为酸性沉降，是指 pH 值小于 5.6 的雨、雪、雾、雹等大气降水。它可分为"湿沉降"与"干沉降"两大类，前者指的是所有气状污染物或粒状污染物，随着雨、雪、雾或雹等降水形态而落到地面，后者是指在不降雨的日子，从空中降下来的灰尘所带的一些酸性物质。

1. 基本类型

（1）硫酸型或燃煤型：硫酸根/硝酸根 >3

（2）混合型：0.5< 硫酸根/硝酸根 ≤ 3

（3）硝酸型或燃油型：硫酸根/硝酸根 ≤ 0.5

2. 酸雨的形成及其影响因素

（1）酸雨的形成

酸雨是指 pH 值 <5.6 的大气降水，是由于人类活动排放的大量酸性物质，主要是含硫化合物（SO_2）和含氮化合物，两者在大气中经过均相氧化和非均相氧化转变为 H_2SO_4 和 HNO_3，并溶于雨水降落到地面所形成的。

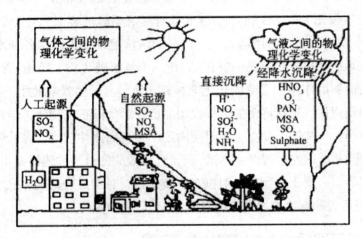

图 3-4-1

（2）影响酸雨形成的因素

①酸性物质的排放及其转化条件：硫氧化物和氮氧化物及它们的盐类，是形成酸雨的主要酸性物质，降水酸度的时空分布与大气中的 SO_2、NO 和降水中的 SO_4^{2-}、NO^{3-} 浓度的时空分布存在着一定的相关性。

②大气中的氨：降水的 pH 值决定于硫酸、硝酸与 NH_3 以及碱性尘粒的相互关系。NH_3 是大气中委员的气态碱，由于它易溶于水，能与酸性气溶胶或雨水中的酸起中和作用，从而可降低雨水的酸度。

③大气颗粒物和降尘浓度的影响：大气中的颗粒物和降尘在云水降落过程中被吸附、冲刷，起到缓冲作用，中和降水的酸度。大气中颗粒物的组成很复杂，主要来源于土地飞起的扬尘，其化学组成与土壤组成基本相同，酸碱度取决于土壤的性质。除土壤粒子外，还有矿物燃料燃烧形成的飞灰等。它们的酸碱性都会对酸雨有一定的影响。

④气象条件的影响：气象条件对酸雨形成的影响主要表现在两个方面，在化学方面，影响前体物的转化率；在大气物理方面，影响有关物质的扩散、输送和沉降哺。太阳光强和水蒸气浓度将促进 SO_2 的转化，形成硫酸在局地沉降，通过降雨形成酸雨。太阳光强度

随纬度升高而降低，对我国来说，大气湿度也是自南向北逐渐减少。因此，在其他条件相同时，南方大气中的 SO_2 能较快地转化为硫酸，从而形成酸雨。

3. 我国酸雨的空间分布特征及化学特征

我国降水酸度分布存在明显的区域性差异，降水酸度年均 pH<5.6 的地区主要分布在长江以南，并由北向南逐渐加重，西南地区最为严重。在四川、贵州和广西的一些地方，降水年平均 pH<5.0，是目前我国酸雨污染最严重的地区。近年来东南沿海地区酸雨污染趋于严重，以南京、上海、杭州、福州和厦门为代表的地区也逐渐成为我国的主要酸雨区。同时华北的京津、东北的一些地区也开始频繁出现酸性降水。

酸雨的化学特性可通过测定降水中的阳离子（包括 NH_4^+、Ca^{2+}、Na^+、K^+、Mg^{2+}、H^+），阴离子（包括 SO_4^{2-}、NO_3^-、Cl^-、HCO_3^-），pH 值和电导率来反应。酸雨中含硫酸、硝酸、盐酸三种强酸，它们在水中可完全电离，所以对降水的酸度贡献很大。酸雨中还有一定量弱酸，常见的有碳酸（H_2CO_3）、有机酸、亚硫酸、氟酸等，由于这些酸在 pH<5.0 时几乎不电离，所以它们对严重的酸雨影响很小。酸雨中还有以 NH_4^+、Ca^{2+}、Na^+、K^+、Mg^{2+} 为代表的碱性物质，在降水中对酸起中和作用。在酸性土壤区（红块、黄壤和灰化土等）降水中 Ca^{2+} 含量低，而在内陆碱性土壤区（黑钙土、栗钙土和荒漠土）Ca^{2+} 含量很高，NH_4^+ 是大气中唯一的气态碱，对酸雨的缓解有着重要的作用。雨水的酸度是雨水中酸性物质与碱性物质综合作用的结果。且我国与其他国家的酸雨特性也不尽相同。

二、酸沉降的危害

1. 酸雨对农作物的影响和危害

酸雨通过两种途径影响农作物：一种是直接接触植物的营养器官和繁殖器官，影响其同化能力和生产力、另外，酸雨可干扰农作物的生理代谢，造成生理伤害；另一种是逐渐影响土壤，改变其物理、化学和生物学性质，经过较长的时期使土壤肥力降低，从而间接影响农作物的生长和生产力。

2. 酸雨对植被的影响和危害

酸雨对植物的危害主要有两种：一种是由上而下直接伤害树木：它腐蚀蜡质层，破坏叶表皮组织，干扰气体和水分的正常交换和代谢。特别是淋失叶子中的钙、镁、钾等营养元素，使养分缺乏，导致树木光合作用降低，生长减慢。另一种是由下而上的间接影响：酸沉降加速了土壤酸化过程，淋失掉土壤中的钾、钙、镁元素，使树木生长必需的营养物亏缺，削弱其生长。土壤酸化更严重的后果是使铝活化游离出来，铝在土壤中的富集，毒害树木的根系生长，特别是细根，使其不能正常吸收养分水分，导致树木生长衰弱，当气候干旱时，毒害更加严重，以致树木死亡。

3. 酸雨对土壤的影响和危害

长期酸雨会造成土壤中植物营养元素大量流失，使植物营养不足，影响植物生长，导致衰退或引起抗病虫害能力降低。酸雨还可加速土壤矿物质风化。

4. 酸雨对建筑材料的影响和危害

户外用的建筑涂料受酸雨侵蚀后，易造成涂膜局部性破坏。酸雨对涂料的腐蚀是酸雨中 H^+、SO_4^{2-} 协同侵蚀作用的结果，主要是 H^+ 的溶解腐蚀和 SO_4^{2-} 的膨胀腐蚀，导致材料体积膨胀，质量降低，发生粉化、脱落、起泡等现象。酸雨对建筑物还有多方面的危害：腐蚀建筑外墙的外露构件油漆、石材以及外墙的砂浆和灰砂砖，使混凝土碳化，金属结构锈蚀等。

5. 酸雨对人体健康的影响和危害

酸雨对人体的危害，一是通过食物链，使汞、铅等重金属进入人体，诱发癌症和老年痴呆症。二是酸雾侵入肺部，诱发肺水肿或导致死亡。三是长期生活在含酸沉降物的环境中，诱使产生过多的氧化酶。导致动脉硬化，心肌梗死等疾病概率增多。

三、酸雨的防治对策

矿物燃料燃烧排出的硫氧化物和氮氧化物及其转化后的产物是形成酸雨的主要原因。因此酸雨的防治即是控制二氧化硫和氮氧化物的排放，为达到控制效果，应着重采取以下措施。

1. 制定环境法规，实行环境影响评价制度，严格限制硫氧化物和氮氧化物的排放量。

2. 调整生产力结构、合理布局生产生活设施，充分利用环境容量和环境的自净能力。应根据地区的地形、气候、地质等情况，将污染较为严重的工厂布置在城市的下风向、河流的下游和燃煤烟气易于扩散的地方。

3. 节约能源，减少污染。调整能源结构，发展替代能源。开发可以替代燃煤的清洁能源（如核电、水电、太阳能、风能、地热能等）将会对减少排放 SO_2 做出很大贡献。

4. 调整民用燃料结构，积极开发和利用煤炭的新技术，中国洁净煤技术主要由以下几部分组成：煤炭加工技术（包括煤炭脱硫、脱灰、型煤技术等）、煤的高效燃烧技术（包括改进燃烧器结构及燃煤方法等方面）、煤炭转化技术（包括煤炭气化、液化及燃料电池等），其中煤的高效燃烧技术是核心，以减少 SO_2 的排放。

5. 加强对汽车尾气的控制，控制机动车辆的排放物。制订各类汽车的尾气排放标准，控制氮氧化物的排放量。改进发动机结构和安装防污装置，应逐步淘汰耗油高、污染严重的老式汽车。大力发展结构先进、耗油低的新型汽车。并安装汽车净化装置，以减轻汽车尾气的污染。

第五节　生物多样性减少

一、生物多样性概述

（一）生物多样性的概念

生物多样性是生物及其环境形成的生态复合体以及与此相关的各种生态的总和。生物多样性一词 20 世纪 80 年代初出现在自然保护刊物上，是指生物的变异性。它包括数以万计的动物、植物、微生物和它们所拥有的基因以及它们与生存环境形成的复杂的生态系统。是一个描述自然界多样性程度内容的广泛概念，其中研究较多、意义重大的主要包括遗传多样性、物种多样性、生态系统多样性和景观多样性四个层次。

不同水平的生物多样性是紧密联系、不可分割的。生态系统的功能是由物种表现的，物种具有不同的特征是因为其具有不同的基因型。换言之，某一水平的多样性是由其下一级生命实体的不同组合方式形成的，尽管不同水平的多样性都很重要，但从目前生物多样性的现状、研究方法或手段的成熟与难易程度，人力及财力资源的承受能力等方面考虑，都有其各自的研究重点。可以认为，物种多样性是生物多样性研究的基础，生态系统多样性是生物多样性的研究重点。

（二）生物多样性的价值

生物多样性具有极其重要的价值，在全球水平上，其提供的生命支持系统包括：①能量转换，从阳光到植物，再通过食物网进行再分配；②有机物的贮存、释放和再分配；③养分循环；④水循环，净化和分配水资源；⑤氧分循环。这些功能构建的气候环境给人类创造了一个适宜的生存条件。

（三）生物多样性减少现状

2012 年世界自然基金会发布《地球生命力报告 2012》指出，过去 40 年全球生物多样性大约下降了 30%。研究显示从 1970 ~ 2008 年，全球陆地物种减少了 25%，其中热带陆地动物减少了 45%，但温带陆地物种却增加了 5%。全球海洋物种减少了 20%，其中热带物种减少了 60%，但温带海洋物种却增加了 53%。

据统计，我国的生物多样性居世界第八位，北半球第一位。同时我国又是生物多样性受到最严重威胁的国家之一。我国的原始森林面积以每年 $0.5 \times 10^4 \, km^2$ 的速度减少，更为严重的是其结构和功能的降低或丧失使生存其中的许多物种已变成濒危种或受威胁种。高等植物中有 4000 ~ 5000 种受到威胁，占总种数的 15% ~ 20%。在《濒危野生动植物种国际贸易公约》列出的640个世界性濒危物种中，中国就占156种，形势十分严峻。

二、生物多样性减少原因

生物多样性减少的原因既有自然原因，又有人为原因，但就目前而言，人类快速的社会化进程无疑是加速生物多样性减少的主要原因。

1. 自然原因

在历史上出现过由于自然原因导致物种消失，如曾经统治过地球的恐龙。我们不能排除因随机的灾难性事件和生物之间竞争、捕食等自然选择优胜劣汰规律造成的生物多样性减少。但单以自然选择无法解释现状。

2. 人为因素

（1）生境的丧失、片段化、退化：伐木、森林火灾、占地、经济发展、过度使用等导致我国生境破坏和退化，这成为我国一些物种数量减少、分布区缩小和濒临灭绝的主要原因。

（2）掠夺式地过度开发：许多生物资源对人类具有直接经济价值，随着人口增加和全球商业化体系的建立和发展，人类的需求随之迅速上升，继而导致对自然生态系统服务的过度索求，使生物多样性下降。

（3）外来物种的引进或入侵：全球贸易网络的发展壮大和人类交流的频繁，人类任意引入物种以满足某种需求，造成局部地区物种灭绝、物种单一化等问题。

（4）环境污染：水体、土壤、空气污染破坏了相应物种赖以生存的自然环境，打破了生态环境初始结构，导致一系列环境问题，严重影响生物的生存繁衍。如科学家估计，北半球60%的生物栖息地将受到全球气候变化的影响。由于人类活动排放较多的二氧化碳加剧了温室效应气温升高，许多植物和动物的栖息地将发生变化，它们已适应的家园和生境即将消失。

三、保护生物多样性的对策及重要意义

（一）对策

1. 建立、完善自然保护区和制定《自然保护区立法》

自然保护区具有保护自然环境和自然资源的双重性质，并具有一定的空间范围。其建立无论对保护物种、遗传、生态系统的多样性还是保护物种环境上都起了非常重要的作用。同时制定相关的法律约束公民的行为，让保护生物多样性成为每个公民的义务，同时让造成危害生物多样性的人员机构得到相应的惩罚。

2. 防止外来物种和建立外来物种管理法规体系

外来物种入侵不仅对当地生物构成威胁，同时对经济和人体健康带来不可估计的损失。

目前我国尚无针对防范外来物种入侵的专项法律法规，与之相关的规定主要散布于环境与资源保护以及动植物卫生检疫的相关法律法规中。所以我国亟待制定相关法律法规以确保生态安全和保护我国生物多样性。

3. 坚持"可持续发展"战略利用生物资源

生物资源是有限的，有效和长期可行的保护生物多样性的方法是持续利用生物资源，对生物资源的利用应使生物多样性在所有层次上得以保护、再生和发展。

4. 加强环保教育

国民素质的高低直接关系到生态环境及生物多样性的好坏，生物多样性的可持续发展不只是国家的责任，也与每个公民息息相关，需要全体人民的共同参与。因此，应重视加强民众教育，广泛开展与环境相关的文化教育、法律宣传。

（二）保护生物多样性的重要意义

生物多样性包括生物种类的多样性、基因的多样性和生态系统的多样性。生物多样性的意义主要体现在生物多样性的价值，对于人类来说，生物多样性具有直接使用价值、间接使用价值和潜在使用价值，因此，保护生物多样性，就是保护人类自己。

自然界有许多植物是人类可以利用的良药和食物，如三七、人参、折耳根等，这些都对治疗人类的一些疾病有着重要的作用。但是，最近一些年来，随着科学技术的不断发展，一些药剂的研制获得突破性进展，随之带来的野生药物滥采也越来越严重，许多地方的野生中草药都濒临灭绝的危险，尽管政府出台多项措施加以制止和限制，由于经济利益的驱动和法纪知识的淡薄，人们对于保护生物多样性并不是很了解，因此，很多地方还存在着这样那样的问题，使野生植物数量不断减少。

森林是人类的一笔宝贵财富，它对于调节气候和气温都起着极大的作用。森林是动物的乐园，是动物生活的家园，也是人类发展的保障。但是，随着人类对于木材的需求越来越大，各地滥砍滥伐森林资源，导致森林覆盖率不断减少，全球气候变暖也是森林资源减少所致，有些动物也随着某些森林资源的消失而灭绝。因此，保护森林资源的多样性对于动物和人类都有着重要意义。

动物是人类的亲密朋友，它们为人类提供了肉食、皮毛、医药等等，动物多样性对于生态环境的稳定、食物链的维持和人类的发展有着非常重要的作用。虽然现在有一些动物已经被人类驯化为家养动物，但是，野生动物的数量还是在不断减少，究其原因，主要还是经济利益的驱动。藏羚羊生活在海拔 5000 米以上的雪域高原，但是，由于其皮毛十分柔软而昂贵，因此，许多偷猎者便瞄准了这一赚钱的行当，干起了不法的勾当，无情地射杀藏羚羊，取走它们的皮毛，留下一片血色茫茫。他们还为此编造谎言，以博取购买者的同情，现在，虽然国家明令禁止猎杀藏羚羊，但是一张皮几百美元的经济利益对于偷猎者来说无疑是个巨大的诱惑，因此他们仍然在猎杀藏羚羊。

　　总之，多种多样的生物是全人类共有的宝贵财富。生物多样性为人类的生存与发展提供了丰富的食物、药物、燃料等生活必需品以及大量的工业原料。生物多样性维护了自然界的生态平衡，并为人类的生存提供了良好的环境条件。生物多样性是生态系统不可缺少的组成部分，人们依靠生态系统净化空气、水，并充腴土壤。科学实验证明，生态系统中物种越丰富，它的创造力就越大。自然界的所有生物都是互相依存，互相制约的。每一种物种的绝迹，都预示着很多物种即将面临死亡。

　　生物多样性还具有重要的科学研究价值。每一个物种都具有独特的作用，例如利用野生稻与农田里的水稻杂交，培育出的水稻新品种可以大面积提高稻谷的产量。在一些人类没有研究过的植物中，可能含有对抗人类疾病的成分。这些野生动植物如果绝迹，是人类的重大损失。

　　生物多样性是自然界长期演化的结果，是人类的共同财富是人类赖以生存的最基本条件，它关系到全球环境的稳定和人类的生存与发展。保护生物的多样性，从某种意义上讲就是保护人类自己。多保护一个物种，就是为人类多留一份财富，为人类社会的可持续发展多做一份贡献。保护生物的多样性是人类共同的责任。

第四章　城市水资源和水污染控制

第一节　水资源

一、地球上的淡水

淡水资源就是我们通常所说的水资源，指陆地上的淡水资源。它是由江河及湖泊中的水、高山积雪、冰川以及地下水等组成的。没有水，就没有生命。地球上只有3%的水是淡水，所有陆地生命归根结底都依赖于淡水，它决定着地球上生命的分布，水蒸气从海面升起，被气流夹带到内陆，随着海拔提高，汇聚成云层降雨，这也是淡水基本来源之一，溪流汇聚奔腾大河，雕琢出自然界奇观，河流沿岸提供了许多野生动物栖息地，孕育着物种丰富的物种，无论高山，还是湖底，有淡水的地方就有生命。

我国淡水资源总量为2.8万亿立方米，居世界第六位，但人均水量只相当世界人均占有量的1/4，居世界第109位。

江河也缺水，黄河连年出现断流。楼兰古城因为缺水，只剩下几处断垣残壁。罗布泊因为干涸，成为生命禁区。

中国七大水系中目前极大部分河段污染严重，86%的城市河段普遍超标，全国7亿多人饮用大肠杆菌超标的水，1.64亿人饮用有机污染严重的水，3500万人饮用硝酸盐超标的水。

珍视水，就是珍视生命。中国的水资源并不丰富，总拥有量约$2.7Tm^3$，可供开发利用的淡水资源量为$1 \sim 1.1Tm^3$，居世界第六位。若按人均计，约为世界人均水量的1/4。列为世界第109位。我国是严重的缺水大国，在40多个严重缺水国家中位居前列。而且，我国水资源的时空分布不均衡，与耕地、人口的地区分布也不相适应。在全国总量中，耕地约占36%、人口约占54%的南方，水资源却占81%，而耕地占45%、人口占38%的北方七省市，水资源仅占9.7%。在时空分布上也不平衡，70%左右的雨水又集中在夏、秋两季，多以暴雨形式出现。以上不利的自然因素，注定了我国是一个缺水的国家。20世纪末对全国640个城市统计，有300个左右的城市不同程度地缺水。其中严重缺水的城市114个，月缺水1600万吨，每年因缺水造成的直接损失达2000亿元。

进入21世纪，我国水资源供需矛盾进一步加剧。据预测，2010年全国总供水量为

6200 ～ 6500 亿 m^3，相应的总需水量将达 7300 亿 m^3，供需缺口近 1000 亿 m^3，2030 年全国总需水量将达 10000 亿 m^3，全国将缺水 4000 ～ 4500 亿 m^3。也就是说，在今后 30 年中，水资源供水量要增加 4000 ～ 4500 亿 m^3，完成这项任务非常艰巨。

水资源是量与质的高度统一，水的污染降低了水资源的质量，由于污水排放量和毒性的增加，污水排放前又未能全部妥善处理，更加剧了水资源的紧缺。

从古到今，人们一直都离不开"水"这样宝贵的东西，没有水，就没有生命。如今水已不是一种"取之不尽，用之不竭"的自然资源。水已越来越少。那么人们是否就要停止再浪费水资源了呢？有人会说，地球不是一个蓝色的水星球吗？怎么会缺水呢？地球的水资源是多，可是谁能考虑一下仅有的淡水资源呢？据统计，地球所拥有的水资源中，有 97.5% 是海水，而淡水却仅仅只有 2.5%。但在这些淡水资源中，又有很大一部分是不能加以利用的。如分布在南北两极高山地区的冰川水、高寒地区的永冻土下的冰层和深层地下水等。在全球淡水资源中，农业用水占 70%、工业用水占 20%、家庭和市政用水仅只有占 10%。

我国有 200 多个城市缺水。北京每年缺水 10 多亿立方米，地下水位有的地方已降到 30 多米。深圳每天至少缺水 10 万立方米，曾经出现过"水荒"。不少地方已经开始重视起"节约用水"。

二、水资源的性质与特点

（一）水的性质

1. 物理性质

纯净的水没有颜色、没有气味、没有味道的液体。在 101KPa 时，水的凝固点是 0℃，沸点为 100℃，4℃是密度最大，为 1g/cm^3 水结冰时体积膨胀，所以冰的密度小于水的密度，能浮在水面上。

2. 化学性质

（1）水的稳定性：水的高温条件下也不容易分解，这就是难以用水作原料直接制取氢气的根本所在。常温下水的 PH=7。

（2）通电产生氢气和氧气

（3）与碱性氧化物反应生成碱

（4）与酸性氧化物生成酸

（5）与某些物质结合为水合物。

（二）水资源的基本特点

1. 可恢复性与有限性

地球上存在着复杂的、大体为年为周期的水循环，当年水资源的耗用或流逝，又可为来年的大气降水所补给，形成了资源消耗和补给间的循环性，使得水资源不同于矿产资源，而具有可恢复性，是一种再生性自然资源。

就特定区域一定时段（年）而言，年降水量有或大，或小的变化，但总是个有限值。因而就决定了区域年水资源量的有限性。水资源的超量开发消耗，或动用区域地表、地下水的静态储量，必然造成超量部分难于恢复，甚至不可恢复，从面破坏自然生态环境的平衡。就多年均衡意义讲，水资源的平均年耗用量不得超过区域的多年平均资源量。无限的水循环和有限的大气降水补给，规定了区域水资源量的可恢复性和有限性。

2. 时空变化的不均匀性

水资源时间变化上的不均匀性，表现为水资源量年际、年内变化幅度很大。区域年降水量因水汽条件、气闭运行等多种因素影响，呈随机性变化，使得丰、枯年水资源量相差悬殊，丰、枯年交替出现，或连旱、连涝持续出现都是可能的。水资源的年内变化也很不均匀，汛期水量集中，不便利用，枯季水量锐减，又满足不了需水要求，而且各年年内变化的情况也各不相同。水资源量的时程变化与需水量的时程变化的不一致性，是另一种意义上的时间变化不均匀性。

水资源空间变化的不均匀性，表现为资源水量 P 和地表蒸散发量 Es 的地带性变化而分布不均匀。水资源的补给来源为大气降水，多年平均年降水量 P 的地带性变化，基本上规定了水资源量在地区分布上的不均匀性。水资源地区分布的不均匀，使得各地区在水资源开发利用条件上存在巨大的差别。水资源的地区分布与人口、土地资源的地区分布的不相一致，是又一种意义上的空间变化不均匀性。

水资源时空变化的不均匀性，使得水资源利用要采取各种工程的和非工程的措施，或跨地区调水，或调节水量的时程分配，或抬高天然水位，或制定调度方案，以满足人类生活、生产的需求。

3. 水资源开发利用的两面性和多功能特点

水资源随时间变化不均匀，汛期水量过度集中造成洪涝灾害，枯期水量枯竭造成旱灾，因此，水资源的开发利用不仅在于增加供水量，满足需水要求，而且还有治理洪涝、旱灾、渍害问题，即包括兴水利和除水害两个方面。

水可用于灌溉、发电、供水、航运、养殖、旅游、净化水环境等各个方面，水的广泛用途决定了水资源开发利用的多功能特点。按照水资源的功能，有将水资源分别称为：灌溉资源、水能（力）资源、水运资源、水产养殖资源、旅游资源等，做出专项的水资源评价。表现在水资源利用上，就是一水多用和综合利用。

第二节 水体污染及危害

一、水体污染

当污染物进入河流、湖泊、海洋或地下水等水体后，其含量超过了水体的自净能力，使水质和底质的物理、化学性质或生物群落组成发生变化，从而降低了水体的使用价值和使用功能的现象，称作水体污染。

（一）水体总体污染

建设部专家指出，1997 年全国建制市的污水排放总量约为 351 亿立方米，处理率仅为 13.4%，使城市水环境严重恶化。《1999 年中国环境状况公报》指出，全国工业和城市生活污水排放总量达到 401 亿吨。据报道（2001 年），我国每年有 1300 亿立方米污水，其中 80% 以上未经处理直接排放。

2000 年，水利部的一项全国水资源质量评价结果表明，我国水体污染正在从城市向农村蔓延，从东部向西部发展，从支流向干流延伸，从地区向流域扩散，从地表向地下渗透，从陆地向海洋推进。全国有 1/4 以上的人口饮用不符合卫生标准的水。水体总体污染形势严峻，并有逐年加重的发展趋势。据预测，到 2010 年、2030 年和 2050 年，全国城市污水排放量将分别增加到 640、850 和 1080 亿立方米。为了保护城市水资源并逐步改善水环境，2010 年、2030 年和 2050 年的城市污水处理率，至少要分别达到 50%、80% 和 95%。

（二）地表水体污染

1. 江河污染

水利部对全国 700 余条河流的、约 10 万公里河长开展的水资源质量评价结果表明，已有 46.5% 的河长受到污染；10.6% 的河长受到严重污染，水体已丧失使用价值；90% 以上的城市水域污染严重。国家环境保护部的信息表明，我国七大水系已经没有一条干净的河流，全部受到污染。其污染程度由重到轻的顺序是：辽河、海河、淮河、黄河、松花江、珠江和长江。另据报道（2001 年），全国因污染而不能饮用的地表水占全部监测水体的 40%。其中，流经城市的河段 78% 已不能作为饮用水源。25% 的河流水资源已丧失使用价值。

2. 湖泊污染

据报道（2001 年），与大江大河污染同步的是淡水湖泊富营养化。巢湖、白洋淀和滇池等湖泊无不深受其害。

3. 海洋污染

据报道（2001年），我国近海水域严重污染的直接后果是赤潮频繁发生。1972～1994年共发生256次赤潮。1998年发生赤潮22起。调查表明，近20年来，我国海洋污染范围不断扩大，大部分河口、海湾以及大中城市近海水域污染日趋严重。1998年，近海海域水质劣于国家一类水质标准的面积已达20万平方公里，比1992年扩大近一倍。《1999年中国环境状况公报》指出，东海污染最严重，其次是渤海，南海、黄海水质相对较好。

（三）地下水污染

据报道（1998年），城市地下水污染的主要超标指标的分布特征是：北方城市地下水污染程度普遍高于南方城市，受污染水质指标项目多且超标率高，华北地区最为突出；"三氮"（氨氮、硝酸盐氮、亚硝酸盐氮）污染较为普遍；矿化度和总硬度污染主要分布在东北、华北、西北和西南地区；铁和锰污染主要分布在南方地区。三大主要污染源：一是沿海地区海水入侵；二是硝酸盐污染，其来源主要是地表污水、废水排放；三是石油和石油化工产品污染。监测资料表明，我国地下水已从点状污染发展到面状污染。全国有50%的浅层地下水已遭到不同程度的污染，其中有40%已不适宜饮用。全国至少有76座城市地下水不符合饮用水标准。

二、水体污染分类

水的污染有两类：一类是自然污染；另一类是人为污染。

当前对水体危害较大的是人为污染。水污染可根据污染杂质的不同而主要分为化学性污染、物理性污染和生物性污染三大类：

1. 化学性污染

污染杂质为化学物品而造成的水体污染。化学性污染根据具体污染杂质可分为6类：

（1）无机污染物质：污染水体的无机污染物质有酸、碱和一些无机盐类。酸碱污染使水体的pH值发生变化，妨碍水体自净作用，还会腐蚀船舶和水下建筑物，影响渔业。

（2）无机有毒物质：污染水体的无机有毒物质主要是重金属等有潜在长期影响的物质，主要有汞、镉、铅、砷等元素。

（3）有机有毒物质：污染水体的有机有毒物质主要是各种有机农药、多环芳烃、芳香烃等。它们大多是人工合成的物质，化学性质很稳定，很难被生物所分解。

（4）需氧污染物质：生活污水和某些工业废水中所含的碳水化合物、蛋白质、脂肪和酚、醇等有机物质可在微生物的作用下进行分解。在分解过程中需要大量氧气，故称之为需氧污染物质。

（5）植物营养物质：主要是生活与工业污水中的含氮、磷等植物营养物质，以及农田排水中残余的氮和磷。

（6）油类污染物质：主要指石油对水体的污染，尤其海洋采油和油轮事故污染最甚。

2. 物理性污染

（1）悬浮物质污染：悬浮物质是指水中含有的不溶性物质，包括固体物质和泡沫塑料等。它们是由生活污水、垃圾和采矿、采石、建筑、食品加工、造纸等产生的废物泄入水中或农田的水土流失所引起的。悬浮物质影响水体外观，妨碍水中植物的光合作用，减少氧气的溶入，对水生生物不利。

（2）热污染：来自各种工业过程的冷却水，若不采取措施，直接排入水体，可能引起水温升高、溶解氧含量降低、水中存在的某些有毒物质的毒性增加等现象，从而危及鱼类和水生生物的生长。

（3）放射性污染：由于原子能工业的发展，放射性矿藏的开采，核试验和核电站的建立以及同位素在医学、工业、研究等领域的应用，使放射性废水、废物显著增加，造成一定的放射性污染。

3. 生物性污染

生活污水，特别是医院污水和某些工业废水污染水体后，往往可以带入一些病原微生物。例如某些原来存在于人畜肠道中的病原细菌，如伤寒、副伤寒、霍乱细菌等都可以通过人畜粪便的污染而进入水体，随水流动而传播。一些病毒，如肝炎病毒、腺病毒等也常在污染水中发现。某些寄生虫病，如阿米巴痢疾、血吸虫病、钩端螺旋体病等也可通过水进行传播。防止病原微生物对水体的污染也是保护环境，保障人体健康的一大课题。

三、水体污染的危害

1. 水体污染对人体健康的影响

引起急性和慢性中毒。水体受有毒有害化学物质污染后，通过饮水或食物链便可能造成中毒。著名的水俣病、痛痛病是由水体污染引起的。

致癌作用。某些有致癌作用的化学物质如砷、铬、镍、铍、苯胺、苯并芘和其他多环芳烃、卤代烃污染水体后，可被悬浮物、底泥吸附，也可在水生生物体内积累，长期饮用含有这类物质的水，或食用体内蓄积有这类物质的生物（如鱼类）就可能诱发癌症。

发生以水为媒介的传染病。人畜粪便等生物污染物污染水体，可能引起细菌性肠道传染病如伤寒、痢疾、肠炎、霍乱等；肠道内常见病毒如脊髓灰质类病毒、柯萨奇病毒、传染性肝炎病毒等，皆可通过水体污染引起相应的传染病。1989 年上海的"甲肝事件"，就是由水体污染引起的。在发展中国家，每年约有 6000 万人死于腹泻，其中大部分是儿童。

间接影响。水体污染后，常可引起水的感官性状恶化，如某些污染物在一定浓度下，对人的健康虽无直接危害，但可使水发生异臭、异色，呈现泡沫和油膜等，妨碍水体的正常利用。铜、锌、镍等物质在一定浓度下能抑制微生物的生长和繁殖，从而影响水中有机物的分解和生物氧化，使水体自净能力下降，影响水体的卫生状况。

水体污染既可严重危害生态系统，还可造成严重的经济损失。

主要污染物的影响：

铅：对肾脏、神经系统造成危害，对儿童具高毒性，致癌性已被证实。

镉：对肾脏有急性之伤害。

砷：对皮肤、神经系统等造成危害，致癌性已被证实。

汞：对人体的伤害极大，伤害主要器官为肾脏、中枢神经系统。

硒：高浓度会危害肌肉及神经系统。

亚硝酸盐：造成心血管方面疾病，婴儿的影响最为明显（蓝婴症），具致癌性。

总三卤甲烷：以氯仿对健康的影响最大，致癌性方面最常发生的是膀胱癌。

三氯乙烯（有机物）：吸入过多会降低中枢神经、心脏功能，长期暴露对肝脏有害。

四氯化碳（有机物）：对人体健康有广泛影响，具致癌性，对肝脏、肾脏功能影响极大。

2. 对农业、渔业生产的影响

农田水分对农作物发育及生长的影响，不仅表现在数量上，而且也表现在质量上。使用污染的天然水体或直接使用污染水来灌溉农田，会破坏土壤，影响农作物的生长，造成减产，严重时则颗粒无收。当土壤被污染的水体污染后，会在今后长时间内失去土壤的功能作用，造成土地资源严重浪费。据统计，由于水污染，已造成了160多万公顷农田粮食减产，减产粮食达25～50亿公斤。

水也是水生生物生存的介质。当水受到污染，就会危及水生生物生长和繁衍，并造成渔业大幅度减产。如黄河的兰州段原有18个鱼种，其中8个鱼种现已绝迹。自1987年以来连续3次发生的死鱼事故，直接经济损失达1 000多万元。由于水体污染也会使鱼的质量下降，据统计，每年由于鱼的质量问题造成的经济损失多达300亿元。

四、水体的自净作用

水体中的污染物在没有人工净化的措施的情况下，其浓度随着时间和空间的推移而逐渐降低，逐渐恢复原有水质的过程即成为水的自净。实际上，水体自净可以看作是污染物在水中的迁移、转化和衰减变化的过程。

从机制方面讲可以将水体自净分为物理自净、化学自净、生物自净三类。他们往往是同时发生而又相互影响的。

1. 物理自净

物理自净作用主要指的是污染物在水体中的混合稀释和自然沉淀过程。沉淀作用指的是排入水体的污染物中含有微小的颗粒，如颗粒态的重金属、虫卵等由于流速较小而逐渐沉入水底。污染物沉淀对水质来说是净化，但对底泥来说则污染物反而增加。混合稀释作用只能降低水中污染物的浓度，不能减少其总量。水体的混合稀释作用主要由紊动扩散作用、推流作用和离散作用引起。

2. 化学自净

氧化还原反应是水体化学净化的重要作用。流动的水流通过水面波浪不断将大气中的氧气溶入，氧化其中的污染物，如某些重金属离子可因氧化而生成难溶物（如铁、锰等）而沉降析出；硫化物可氧化为硫代硫酸盐而被净化。还原作用对水体净化也有作用，但这类反应多在微生物作用下进行。因天然水体接近中性，左右酸碱反应在水体中的作用不大。天然水体中含有各种各样的胶体，如硅、铝、铁等的氢氧化物、黏土颗粒和腐殖质等，由于有些微粒具有较大的表面积，另有一些物质本身就是凝聚剂，这就是天然水体所具有的混凝沉淀作用，从而使有些污染物随着这些作用从水中去除。

3. 生物自净

生物自净的基本过程是水中微生物（尤其是细菌）在溶解氧充分的情况下，将一部分有机污染物当作食饵耗掉，将另一部分有机污染物氧化分解成无害的简单无机物。影响生物作用的关键是：溶解氧的含量、有机污染物的性质、浓度以及微生物的种类、数量等。生物自净的快慢与有机污染物的数量和性质有关。

第三节 水体污染防治技术

一、废水处理的基本方法

废物处理是用物理、化学或生物方法，或几种方法配合使用以去除废水中的有害物质，按照水质状况及处理后出水的去向确定其处理程度，废水处理一般可分为一级、二级和三级处理。

一级处理采用物理处理方法，即用格栅、筛网、沉沙池、沉淀池、隔油池等构筑物，去除废水中的固体悬浮物、浮油，初步调整pH值，减轻废水的腐化程度。废水经一级处理后，一般达不到排放标准（BOD去除率仅25～40%）。故通常为预处理阶段，以减轻后续处理工序的负荷和提高处理效果。

二级处理是采用生物处理方法及某些化学方法来去除废水中的可降解有机物和部分胶体污染物。经过二级处理后，废水中BOD的去除率可达80～90%，即BOD含量可低于30mg/L。经过二级处理后的水，一般可达到农灌标准和废水排放标准，故二级处理是废水处理的主体。

但经过二级处理的水中还存留一定量的悬浮物、生物不能分解的溶解性有机物、溶解性无机物和氮磷等藻类增值营养物，并含有病毒和细菌。因而不能满足要求较高的排放标准，如处理后排入流量较小、稀释能力较差的河流就可能引起污染，也不能直接用作自来水、工业用水和地下水的补给水源。

三级处理是进一步去除二级处理未能去除的污染物，如磷、氮及生物难以降解的有机污染物、无机污染物、病原体等。废水的三级处理是在二级处理的基础上，进一步采用化学法（化学氧化、化学沉淀等）、物理化学法（吸附、离子交换、膜分离技术等）以除去某些特定污染物的一种"深度处理"方法。显然，废水的三级处理耗资巨大，但能充分利用水资源。

二、常见污水处理基本工艺

1. 日化一般化工厂 COD 含量较高污水

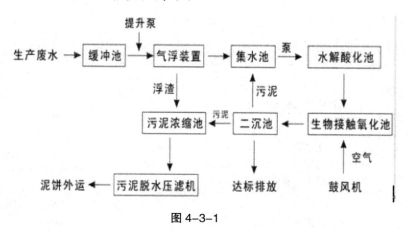

图 4-3-1

2. 城市污水、高浓度有机废水生物转盘法处理工艺

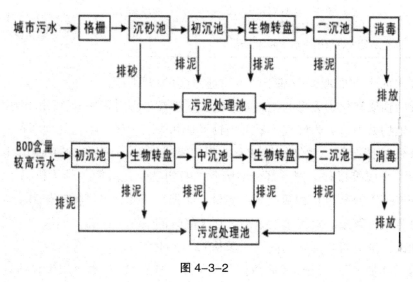

图 4-3-2

3. 重金属含量较高污水处理工艺

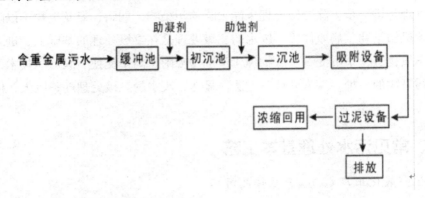

图 4-3-3

排放到污水处理厂的污水及工业废水可利用各种分离和转化技术进行无害化处理。

方法	基本原理	常用技术
物理法	通过物理或机械作用去除废水中不溶解的悬浮固体及油品	过滤、沉淀、离心分离、上浮等
化学法	加入化学物质，通过化学反应，改变废水中污染物的化学性质或物理性质，使之发生化学或物理状态的变化，进而从水中除去	中和、氧化、还原、分解、絮凝、化学沉淀等
物理化学法	运用物理和化学的综合作用使废水得到净化	汽提、吹脱、吸附、萃取、离子交换、电解、电渗析、反渗析等
生物法	利用微生物的代谢作用，使废水中的有机污染物氧化降解成无害物质的方法，又叫生物化学处理法，是处理有机废水最重要的方法	活性污泥、生物滤池、生活转盘、氧化塘、厌气消化等

其中废水的生物处理法是基于微生物通过酶的作用将复杂的有机物转化为简单的物质，把有毒的物质转化为无毒的物质的方法。根据在处理过程中起作用的微生物对氧气的不同要求，生物处理可分为好气（氧）生物处理和厌气（氧）生物处理两种。好气生物处理是在有氧气的情况下，凭借好气细菌的作用来进行的。细菌通过自身的生命活动——氧化、还原、合成等过程，把一部分被吸收的有机物氧化成简单的无机物（CO_2、H_2O、NO_3^{-}、PO_4^{3-}等）获得生长和活动所需能量，而把另一部分有机物转化为生物所需的营养物质，使自身生长繁殖。厌气生物处理是在无氧气的情况下，凭借厌氧微生物的作用来进行。厌氧细菌在把有机物降解的同时，需从 CO_2、NO_3^{-}、PO_4^{3-} 等中取得氧元素以维持自身对氧元素的物质需要，因而其降解产物为 CH_4、H_2S、NH_3 等。用生物法处理废水，需首先对废水中的污染物质的可生物分解性能进行分析。主要有可生物分解性、可生物处理的条件、废水中对微生物活性有抑制作用的污染物的极限容许浓度等三个方面。可生物分解性是指通过生物的生命活动，改变污染物的化学结构，从而改变污染物的化学和物理性

能所能达到的程度。对于好气生物处理是指在好气条件下污染物被微生物通过中间代谢产物转化为 CO_2、H_2O 和生物物质的可能性以及这种污染物的转化速率。微生物只有在某种条件下（营养条件、环境条件等）才能有效分解有机污染物。营养条件、环境条件的正确选择，可使生物分解作用顺利进行。通过对生物处理性的研究，可以确定这些条件的范围，诸如 pH 值，温度以及碳、氮、磷的比例等。

近年来，在水资源再生利用研究中，人们十分关注各种纳微米级颗粒污染物去除的问题。水中的纳微米级颗粒污染物是指尺寸小于 lum 的细微颗粒，其组成极其复杂，如各种微细的黏土矿物质、合成有机物、腐殖质、油类和藻类物质等，微细黏土矿物作为一种吸附力较强的载体，表面常吸附着有毒重金属离子、有机污染物、病原细菌等污染物，而天然水体中的腐殖质、藻类物质等，在水净化处理的氯消毒过程中，可与氯形成氯代烃类致癌物，这些纳微米级颗粒污染物的存在不仅对人体健康具有直接或潜在的危害作用，而且严重恶化水质条件，增加水处理难度，如在城市废水的常规处理过程中，造成沉淀池絮体上浮、滤池易穿透，导致出水水质下降、运行费用增加等困难。而目前采用的传统常规处理工艺无法有效去除水中这些纳微米级污染物，一些深度处理技术如超滤膜、反渗透等又由于投资及费用昂贵，难以得到广泛应用，因此迫切需要研究和发展新型、高效、经济的水处理技术。

第四节　我国城市水污染及其对策

一、城市污水处理面临的问题及对策

（一）城市污水处理存在的问题

目前，全国主要城市内湖水质基本上为劣 V 类，超过二分之一的城市市区地下水污染严重并在整体上呈恶化趋势。水体污染造成了城市地区严重的饮用水安全问题，也加剧了城市水资源的普遍短缺。

1. 污水处理工艺

国内已建成并投入运行的城市污水处理厂中 80% 属于二级生化处理工艺，与美国、德国等发达国家所采用的技术与工艺几乎在同一水平上，投资费用十分高昂，这与我们国家当前的经济实力是不相称的。

从基建和运行费用方面分析，根据已建、在建污水厂的实际情况。吨水造价一般在 1500 ～ 2000 元之间，运行费在 0.8 ～ 1.4 元 / 立方米之间，即建成一座日处理规模 50 万 / 立方米的城市污水处理厂，一次性投资费用约在 7.5 ～ 10 亿元，年运行费需数千万元甚至达亿元。

因此，普遍采用二级生物处理工艺设计和处理城市污水，对于经济尚不发达的我国而言，是不堪重负的，必须考虑开发适合我国现阶段经济发展水平的城市污水处理新工艺。

2. 运行稳定性

从工艺处理效果来看，生物处理工艺对水质水量的抗冲击能力较差，对进水的稳定性要求较高。而在我国，对污水的排放监控不力，一些企业的环保意识不强，有毒有害的生产废水不经处理直接排入污水管网。

且并非所有的城市污水都适合采用二级处理工艺，我国地域辽阔，水资源分布不均，用水习惯的不同造成了南北城市污水水质的较大差异。采用二级生化法处理低浓度城市污水，不利于活性污泥的培养成长，较低的有机物浓度也易导致丝状菌膨胀，引起出水水质恶化。

3. 污水处理设施陈旧

近年来，随着我国经济的发展，城镇人口急剧增长，城市污水排放量逐年增加，一些原有的污水处理厂在超设计负荷条件下运行，往往导致出水水质恶化。

（二）对策

1. 城市污水资源化

根据资料显示：城市供水的 80% 转化为污水后经收集处理，其中 70% 可以再次循环使用。这意味着通过污水回用，可以在现有供水量不变的情况下，使城市的可用水量增加 50% 以上。我国水资源利用率不足 50%，重复利用率为 20% 左右，低效的水资源利用，加剧了水资源的供需矛盾和严重浪费局面。

目前，我国污水资源化利用的资金基础和技术条件已基本具备。首先，我国污水处理能力已经快速增强。2009 年，我国城镇累计建成污水处理厂 1993 座，在"十一五"期间已经投入运行的污水处理厂和在建的污水处理厂总数及其污水处理能力等方面已经与美国不相上下，可使我国在污水资源化方面迅速缩小与发达国家的差距；其次，污水再利用已经拥有 20 多年的实践探索，在技术研发、工艺流程设计、成套设备制造等方面有了较大的突破，污水再利用的管理运行模式、行业标准和技术规范等方面也在不断完善之中。

2. 强化一级工艺

作为解决城市污水处理问题的途径之一，近年来，污水强化一级处理技术已经成为一个新的研究热点，引起了国内外污水处理界的关注。

强化一级工艺在城市污水处理中的应用可以上溯到 19 世纪，近年来，大批新型、廉价、高效复合絮凝剂的开发及生产也为强化一级处理工艺的大规模应用提供了技术支持。

从污染物总量控制目标来看，建设一级污水处理厂比建设二级处理厂更加经济，强化一级处理可以在较少提高基建和运行成本的条件下，显著地提高污染物的去除。强化一级处理工艺在基建投资、运行维护费用、占地面积、电耗及人力等方面均远低于传统二级生化处理工艺，而且运行管理灵活方便、处理稳定、见效快、环境效益好，它能在短时间内，以较少投资和较低运行费用使城镇污水得到有效治理。

3. 水资源管理一体化

水资源管理一体化是指将水资源放在社会—经济—环境所组成的复合系统中，用综合的系统的方法对水资源进行高效管理。

从效益上来看，水资源管理一体化最终目标是经济效益、社会效益和生态效益的协调统一，其效益衡量尺度必须足够大。

4. 加大执法力度

市场经济讲究企业内部利润和经济效益的最大化，加之环保意识淡薄，就出现一些企业在环保上把原本应进行的污染治理置之度外，能拖则拖，不愿意进行必要的环保投入，环境保护变成市场经济条件下企业的"非自觉行为"。一些企业虽经多次查处，但仍采用各种方式违法排污。

加大执法力度，公正执法、严格执法，逐步做到违法处罚力度大于治污成本，切实改变"守法成本高，违法成本低"的现象，使得环境违法无空可钻、无机可乘。

二、水资源的保护与合理利用

（一）对城市

1. 可采取集中污水处理的途径，回收利用城市生活污水，开发利用污水资源，发展中水处理，污水回用技术。目前，城市公共用水，如冲厕所、喷洒道路、环境卫生、市政工程等用水占有相当大的比例，且大多是用自来水。如果污水处理厂将生活污水处理达标后，经过中水管网广泛应用于城市绿化、道路清洁、汽车冲洗、居民冲厕所及企业设备冷却用水等领域，将会大大提高水的利用率。

2. 改革水价形成机制，逐步建立不同来水年、季节、地区、用水量、水质、行业的差别收费制度和政策，通过调整水价，调动全社会节水的积极性。此外，还必须强化国家对水资源的权属管理，建立权威、高效、协调的流域管理体制，积极研究和推进区域水资源统一管理的体制。安装有效的水计量装置，执行多用水多计费的原则，达到节约用水的目的。城市用水定额管理是国际上通行的办法，它是在科学核定用水量的前提下，坚持分类对待的原则，市民生活用水、工商企业用水、机关事业团体用水实行不同的水价，定额内平价，超额部分适当加价，以培养公民节约用水的习惯。

3. 城市雨洪的利用。城市的马路、建筑物、屋顶、公园、绿化地等都是截留雨水的好场所。降雨形成的大量径流一般都是汇集到排污管道或沟道，白白流走。在城市中汇集的雨洪一般不含有毒物质，经过简单沉淀处理即可利用于灌溉、消防、冲洗汽车、喷洒马路等。而我国许多城市中都是用自来水灌溉树木、绿化地和冲洗汽车、道路等，浪费自来水量大，成本也太高。随着城市绿化覆盖率日益增加，灌溉、洗车及其他清洁用水量将大大增加。因此，必须重视城市雨洪的利用。

（二）对农村

合理安排农业用水，根据不同农作物具有不同的需水量这一规律，把各种农作物进行优化配置，使产量和用水量达到最佳，从而提高灌溉用水效益，并大力推广优化技术与计算机在灌溉用水管理中的应用，提高水管理工作的科学性。

1. 发展衬砌渠道输水与管道输水相结合的灌溉系统。

2. 重视改进地面灌溉方法和采用节水灌溉制度。

3. 鼓励地面水与地下水联合运用。

4. 加强工程节水技术与农业节水技术相结合。

5. 因地制宜发展先进的节水灌溉技术和传统节水灌溉方法；先进的节水灌溉方法包括喷灌、滴灌和微灌等。

6. 专业管理与农民参与管理相结合。

（三）对生活

1. 一水多用：洗脸水用后可以洗脚，然后冲厕所；用洗米水、煮面水洗碗筷；用洗菜水、洗衣水、洗碗水及洗澡水等清洗水来浇花、洗车等。

2. 节约用水。将全转式水龙头换装成 1/4 转水龙头，洗澡改盆浴为淋浴，并使用低流量莲蓬头，或加装缓流水龙头气化器，避免长时间冲淋，洗车使用有栓塞管嘴的水管或用水桶及海绵抹布擦洗等。

3. 冬季要特别注意检查水管和预防水管破裂，屋外的水龙头和水管要安装防冻设备（防冻栓、防冻木箱等），屋内有结冰的地方，也应当裹破麻袋片、缠绕草绳等。

（四）对工业

建立工业节水激励机制，推动节水。根据水资源条件及工业发展方向，对不同行业采取扶持或约束政策，合理制定水价标准，调整工业结构，通过财政补贴、税收优惠等政策，鼓励和支持工业企业进行节水改造和废水再次利用。

降低工业用水量，提高水的重复利用率，对重点行业推广节水工艺、技术及设备，依靠科技进步，加快对节水设备、器具的研制，改进生产工艺和技术，是节约用水、提高水的利用率的重要途径。建立工业节水激励机制，推动节水。工业企业必须执行环保"三同时"制度；生产污水据其性质不同采用相应的污水处理措施。总之，我们必须坚决执行水污染防治的监督管理制度，必须坚持谁污染谁治理的原则，严格执行环保一票否决制度，促进企业污水治理工作开展，最终实现水资源综合利用。

（五）其他合理利用措施

1. 回归水利用

我国灌区的回归水量大，特别是南方水稻种植地区，回归水的含盐量很小，可以汇集后再次利用。由于大量施用化肥、农药和除草剂，回归水中的含氮量增大，水质污染，因此，在节水灌溉条件下，如何减少和控制化肥、农药的流失，防止地下水和回归水的污染，是一个重要的研究课题。同时，还应研究回归水水质标准，灌溉方法及灌溉制度等。

2. 劣质水的作用

劣质水包括含有一定盐分的地下水、城市生活污水和某些工业废水，经过一定处理后可以用作灌溉或供给消防、冲洗之用。

3. 雨水利用

在我国西部地区对雨水的汇集和利用已有丰富的经验。随着城市绿化覆盖率日益增加，灌溉、洗车及其他清洁用水量将大大增加。因此，必须重视城市雨洪的利用：人行道可以采用透水性柏油路面，使雨水入渗到地下，汇集后利用。在城市内设两套集水系统，生活污水集水系统和雨水汇集系统。污水处理的成本高，而集蓄的雨水经简单处理后即可利用。

4. 土壤水的利用

从某种意义上讲，土壤有如一个天然的蓄水库，可存蓄雨水和灌溉水。通过改进耕作和种植制度，采取覆盖措施、添加保水剂和抑制蒸发药物等，可增加土壤蓄水、保墒能力，达到节约灌溉用水的目的。

5. 海水淡化

海水淡化的成本较高，但随着科学技术的发展，其成本必然会进一步降低，不久的将来淡化海水将成为一种有实用价值的水资源。

6. 雾水和露水

在特殊的环境条件下，可从雾和露水中取得一定的水量，以供生活、畜牧用水，植树或供作物生长之用。除植物直接利用以外，可以用人工表面或简单的装置使雾和露凝固成水。

同时还必须加强湿地的保护和利用问题。湿地与水文循环有密切联系，可以临时滞蓄径流和洪水，然后将其逐渐释放到大气或入渗到地下水，对农牧业生产都有利。

最后，政府必须改革目前的用水制度，加强政府的宏观调控，加大治理污染和环境保护力度。建立完善的水资源法规政策，加强对水资源的统一管理，健全执法监督机制，是保障水资源可持续利用及经济社会可持续发展的必要前提。因此，应建立一系列的水法规，做到有法可依、有法必依、执法必严、违法必究。目前，也应当加大改革力度，打破行业垄断，健全组织机构，统一管理，在全国建立起一个自下而上的水督察体系。只有这样，才能对环境保护和降低成本有益，才能走可持续发展的道路，我们的明天才会更美好。

第五章　城市大气污染与治理

第一节　大气的组成与结构

一、大气的组成

1. 干洁空气

（1）臭氧 O_3

主要分布于 10 ~ 50km 高度的平流层大气中，极大值在 20 ~ 35km 之间。

臭氧可以强烈吸收太阳紫外线辐射而增温，改变大气温度的垂直分布，同时也使地球生物免受过多紫外线的照射，对天气影响较大。

（2）N_2

氮气占大气质量的 78%。

（3）O_2

氧气占大气质量的 21%。

（4）CO_2

吸收地面受热后放出的长波辐射，对地球具有"温室效应"的作用。

对天气影响较大的成分。

二氧化碳含量分布的特点：

工业区多，农村少；

同一地区冬季多、夏季少；

夜间多、白天少；

阴天多、晴天少。

2. 水汽

（1）水汽的分布

大气中的水汽含量随高度的增加而逐渐减少。

水平地理分布不均。

约 50% 的水汽集中在约 2km 以下，约大于 90% 的水汽集中在 5km 以下；99% 的水汽集中在对流层。

水汽是成云致雨的物质基础，故大多数复杂天气均出现在中低空，高空晴朗。

（2）水汽对天气的影响

水汽相变产生云、雾、露、霜、雨、雪、雹等天气现象。

相变过程中放出或吸收热量，影响地面和空气的温度。

水汽与气温及天气变化关系密切：大气运动中的水汽通过状态变化传输热量。

3. 气溶胶粒子（大气杂质）

（1）定义

气溶胶质粒指悬浮在大气中的固体微粒和水汽凝结物。

（2）对天气的影响

固体杂质可充当水汽的凝结核，在云、雾、降水等的形成过程中起着重要的作用。

在一定的天气条件下，气溶胶粒子常聚集在一起，行程霾、风沙浮尘等视程障碍现象，使大气透明度变差。

吸收、散射和反射地面和太阳辐射，影响大气温度。

二、大气结构

1. 大气垂直分层依据——气温垂直递减率

（1）大于 0，普遍分布。

（2）等于 0，等温层。

（3）小于 0，逆温层。

2. 大气垂直分层结构

（1）对流层

对流层集中了约 75% 的大气质量和 90% 以上的水汽。

对流层大气热量的直接来源主要是空气吸收地面发出的长波辐射，靠近地面的空气受热后热量再向高处传递。

对流层中，水汽和二氧化碳对大气温度变化的影响最大。

三大重要特征：

气温随高度的增高而降低；

具有强烈的对流和湍流运动；

各气象要素水平分布不均匀。

三个层次：

（1）对流层下层（离地面 1500m 高度以下），亦称摩擦层，空气运动受地形扰动和地表摩擦作用最大，气流混乱。

（2）中层（摩擦层顶到 6000m 高度），空气运动受地表影响较小，气流相对平稳，可代表对流层气流的基本趋势，云和降水大多生成于这一层。

（3）上层（6000m 到对流层顶）受地表影响更小，水汽含量很少，气温通常在 0 度一下，各种云多由冰晶或过冷水滴组成。

（1500m 高度以上的大气因为几乎不受地表摩擦作用的影响——自由大气）

2. 平流层 / 同温层

对流层顶部直到 55km，气流运动相当平衡，而且主要以水平运动为主，故称为平流层。

平流层顶的气压约 1hpa。平流层下部温度随高度变化很小，平流层上部因为存在臭氧层，臭氧吸收太阳紫外线辐射使大气温度增加。

平流层的重要特征：

大气很稳定，空气的垂直运动微弱，多为平流运动；

水汽和杂质含量很少，几乎没有对流层中所出现的各种天气现象；

大气透明度高，天气晴朗，飞行气象条件好；

气温随高度的升高而升高；

水平风速大：冬季极地有时出现 80m/s 以上的强风；

大气层结构稳定，垂直运动受到抑制；

空气阻力小，对飞机的空气动力性能有影响；天空暗淡。

高空主导环流：

夏季：以极地为高压中心的东风环流——中高纬度盛行东风；

冬季：以极地为低压中心——中高纬度盛行西风。

平流层对飞行的影响：

有利方面：气流平稳、空气干洁、能见度好、飞行阻力小，有利于大型飞机飞行；

不利方面：发动机效率降低，飞机对操纵的反应迟缓。

3. 中间层

50 ～ 85km 高度，是大气中最冷的部分，水汽极少，虽然不稳定，但是没有什么天气现象。

4. 暖层 / 电离层

85 ～ 800km 以上，太阳辐射中的强紫外线辐射造成了热层的高温。虽然温度是最高，但是大气极其稀薄。

5. 外逸层

暖层顶以上的大气统称为外逸层，又叫外层。离地表 800km 以上，厚度可达 2000 ～ 3000km。

第二节　城市大气污染原理

一、大气污染

在大气中，大气外来污染物的存在并最终构成大气污染，是有一定条件的。按照国际标准化组织（ISO）做出的定义：大气污染通常是指由于人类活动和自然过程引起某种物质进入大气中，呈现出足够的浓度，达到了足够的时间并因此而危害了人体的舒适、健康和福利或危害了环境的现象。

这里指明了造成大气污染的原因是人类的活动和自然过程。人类活动包括人类的生活活动和生产活动两个方面，而生产活动又是造成大气污染的主要原因。自然过程则包括了火山活动、山林火灾、海啸、土壤和岩石的风化以及大气圈的空气运动等内容。上述所说的原因导致一些非自然大气组分如硫氧化物、氮氧化物等进入大气，或使一些组分的含量大大超过自然大气中该组分的含量，如碳氧化物、颗粒物等。

"定义"还指明了形成大气污染的必要条件，即污染物在大气中要含有足够的浓度，并在此浓度下对受体作用足够的时间。在此条件下对受体及环境产生了危害，造成了后果，称之为大气污染。由于大气的自净作用，会使自然过程造成的大气污染，经过一段时间后自动消除。

按污染的范围，大气污染可分为四类：

（1）局部地区大气污染如某个工厂烟囱排气所造成的直接影响；

（2）区域性大气污染如工矿区或其附近地区的污染，或整个城市的大气污染；

（3）广域性大气污染是指更广泛地区，更广大地域的大气污染，在大城市及大工业带可以出现这种污染，最主要的污染是酸雨；

（4）全球性大气污染，指跨国界乃至涉及整个地球大气层的污染，如温室效应、臭氧层破坏等。

二、主要大气污染物

排入大气的污染物种类很多，依据不同的原则，可将其进行分类。依照污染物存在的形态，可将其分为颗粒污染物与气态污染物。依照与污染源的关系，可将其分为一次污染物与二次污染物。若大气污染物是从污染源直接排出的原始物质，进入大气后其性质没有发生变化，则称其为一次污染物；若由污染源排出的一次污染物与大气中原有成分，或几种一次污染物之间，发生了一系列的化学变化或光化学反应，形成了与原污染物性质不同的新污染物，则所形成的新污染物称为二次污染物。二次污染物，如硫酸烟雾和光化学烟雾，所造成的危害，已受到人们的普遍重视。

（一）颗粒污染物

进入大气的固体粒子和液体粒子均属于颗粒污染物。对颗粒污染物可做出如下的分类。

（1）尘粒。一般是指粒径大于 $75\mu m$ 的颗粒物。这类颗粒物由于粒径较大，在气体分散介质中具有一定的沉降速度，因而易于沉降到地面。

（2）粉尘。在固体物料的输送、粉碎、分级、研磨、装卸等机械过程中产生的颗粒物，或由于岩石、土壤的风化等自然过程中产生的颗粒物，悬浮于大气中称为粉尘，其粒径一般小于 $75\mu m$。在这类颗粒物中，粒径大于 $10\mu m$，靠重力作用能在短时间内沉降到地面者，称为降尘；粒径小于 $10\mu m$，不易沉降，能长期在大气中飘浮者，称为飘尘。

（3）烟尘。在燃料的燃烧、高温熔融和化学反应等过程中所形成的颗粒物，飘浮于大气中称为烟尘。烟尘的粒子粒径很小，一般均小于 $1\mu m$。它包括了因升华、焙烧、氧化等过程所形成的烟气，也包括了燃料不完全燃烧所造成的黑烟以及由于蒸汽的凝结所形成的烟雾。

（4）雾尘。小液体粒子悬浮于大气中的悬浮体的总称。这种小液体粒子一般是由于蒸汽的凝结、液体的喷雾、雾化以及化学反应过程所形成，粒子粒径小于 $100\mu m$。水雾、酸雾、碱雾、油雾等都属于雾尘。

（5）煤尘。燃烧过程中未被燃烧的煤粉尘、大、中型煤码头的煤扬尘以及露天煤矿的煤扬尘等。

（二）气态污染物

以气体形态进入大气的污染物称为气态污染物。气态污染物种类极多，按其对我国大气环境的危害大小，有五种类型的气态污染物是主要污染物。

（1）含硫化合物主要指 SO_2、SO_3 和 H_2S 等，其中以 SO_2 的数量最大，危害也最大，是影响大气质量的最主要的气态污染物。

（2）含氮化合物。含氮化合物种类很多，其中最主要的是 NO、NO_2、NH_3 等。

（3）碳氧化合物。污染大气的碳氧化合物主要是 CO 和 CO_2。

（4）碳氢化合物。此处主要是指有机废气。有机废气中的许多组分构成了对大气的污染，如烃、醇、酮、酯、胺等。

（5）卤素化合物对大气构成污染的卤素化合物，主要是含氯化合物及含氟化合物，如 HCl、HF、SiF_4 等。

气态污染物从污染源排入大气，可以直接对大气造成污染，同时还可以经过反应形成二次污染物。主要气态污染物和由其所生成的二次污染物种类见表5-2-1。

表 5-2-1 气体状态大气污染物的种类

污染物	一次污染物	二次污染物
含硫化合物	SO_2、H_2S	SO_3、H_1SO_4、MSO_4
碳的氧化物含氮化合物	CO、CO_2 NO、NH_3	无 NO_2、HNO_3、MNO_3、O_3
碳氢化合物	CmHn	醛、酮、过氧乙酰基硝酸酯
卤素化合物	HF、HCl	无

注：M 代表金属离子

（三）二次污染物

二次污染物中危害最大，也最受到人们普遍重视的是光化学烟雾。光化学烟雾主要有如下类型：

（1）伦敦型烟雾大气中未燃烧的煤尘、SO_2，与空气中的水蒸气混合并发生化学反应所形成的烟雾，也称为硫酸烟雾。

（2）洛杉矶型烟雾汽车、工厂等排入大气中的氮氧化物或碳氢化合物，经光化学作用所形成的烟雾，也称为光化学烟雾。

（3）工业型光化学烟雾在我国兰州西固地区，氮肥厂排放的NOx、炼油厂排放的碳氢化合物，经光化学作用所形成的光化学烟雾。

三、主要大气污染物的来源

根据大气污染的定义，大气污染物主要来源于自然过程和人类活动。大气污染物的排放源及排放量的情况如表 5-2-2 所示。

表 5-2-2 地球上自然过程人类活动的排放源及排放量

污染物名称	自然排放		人类活动排放		大气中背景浓度
	排放源	排放量	排放源（t/a）	排放量（t/a）	
SO_2	火山活动	未估计	煤和油的燃烧	146×10^6	0.2×10^{-9}
H_2S	火山活动、沼泽中的生物作用	100×10^6	化学过程污水处理	3×10^6	0.2×10^{-9}

「续表」

污染物名称	自然排放		人类活动排放		大气中背景浓度
	排放源	排放量	排放源（t/a）	排放量（t/a）	
CO	森林火灾、海洋、萜烯反映	33×10^6	机动车和其他燃烧过程排气	304×10^6	0.1×10^{-6}
$NO \sim NO_2$	土壤中的细菌作用	NO：430×10^6 NO_2：658×10^6	燃烧过程	53×10^6	NO：$0.2 \sim 4 \times 10^{-9}$ NO_2：$0.5 \sim 4 \times 10^{-9}$
NH_3	生物腐烂	1160×10^6	废物处理	4×106	$6 \sim 20 \times 10^{-9}$
N_2O	土壤中的生物作用	590×10^6	无	无	0.25×10^{-6}
CmHn	生物作用	CH_4：1.6×10^9 萜烯：200×10^6	燃烧和化学过程	88×10^6	CH_4 1.5×10^{-6} 非 $CH_4 < 1 \times 10^{-9}$
CO_2	生物腐烂，海洋释放	10^{12}	燃烧过程	1.4×10^{19}	320×10^{-9}

　　由自然过程排放污染物所造成的大气污染多为暂时的和局部的，人类活动排放污染物是造成大气污染的主要根源。因此，我们对大气污染所做的研究，针对的主要是人为造成的大气污染问题。

（一）大气污染源

　　关于污染源的含义，目前还没有一个通用的确切定义。按一般理解，它含有"污染物发生源"的意思，如火力发电厂排放 SO_2，为 SO_2 的发生源，因此就将发电厂称为污染源。它的另一个含义是"污染物来源"，如燃料燃烧对大气造成了污染，则表明污染物来源于燃料燃烧。通常我们所说的污染源，其含意指的是前者。

　　为了满足污染调查、环境评价、污染物治理等不同方面的需要，对人工源进行了多种分类。下面简述一下人工源的分类。

　　1. 按污染源存在形式分

　　固定污染源——排放污染物的装置、处所位置固定，如火力发电厂、烟囱、炉灶等。

　　移动污染源——排放污染物的装置、处所位置是移动的，如汽车、火车、轮船等。

　　2. 按污染物的排放形式分

　　点源——集中在一点或在可当作一点的小范围内排放污染物，如烟囱。

　　线源——沿着一条线排放污染物。

　　面源——在一个大范围内排放污染物。

3. 按污染物排放空间分

高架源——在距地面一定高度上排放污染物，如烟囱。

地面源——在地面上排放污染物。

4. 按污染物排放的时间分

连续源——连续排放污染物，如火力发电厂的排烟。

间断源——间歇排放污染物，如某些间歇生产过程的排气。

瞬时源——无规律地短时间排放污染物，如事故排放。

5. 按污染物发生类型分

工业污染源——主要包括工业用燃料燃烧排放的废气及工业生产过程的排气等。

农业污染源——农用燃料燃烧的废气、某些有机氯农药对大气的污染，施用的氮肥分解产生的 NOx。

生活污染源——民用炉灶及取暖锅炉燃煤排放污染物，焚烧城市垃圾的废气、城市垃圾在堆放过程中由于厌氧分解排出二次污染物。

交通污染源——交通运输工具燃烧燃料排放污染物。

（二）大气污染物的来源

造成大气污染的污染物，从产生源来看，主要来自以下几个方面。

1. 燃料燃烧

火力发电厂、钢铁厂、炼焦厂等工矿企业的燃料燃烧，各种工业窑炉的燃料燃烧以及各种民用炉灶、取暖锅炉的燃料燃烧均向大气排放出大量污染物。燃烧排气中的污染物组分与能源消费结构有密切关系。发达国家能源以石油为主，大气污染物主要是一氧化碳、二氧化硫、氮氧化物和有机化合物。我国能源以煤为主，主要大气污染物是颗粒物和二氧化硫。

2. 工业生产过程

化工厂、石油炼制厂、钢铁厂、焦化厂、水泥厂等各种类型的工业企业，在原材料及产品的运输、粉碎以及由各种原料制成成品的过程中，都会有大量的污染物排入大气中，由于工艺、流程、原材料及操作管理条件和水平的不同，所排放污染物的种类、数量、组成、性质等差异很大。这类污染物主要有粉尘、碳氢化合物、含硫化合物、含氮化合物以及卤素化合物等多种污染物。

3. 农业生产过程

农业生产过程对大气的污染主要来自农药和化肥的使用。有些有机氯农药如 DDT，施用后在水中能在水面悬浮，并同水分子一起蒸发而进入大气；氮肥在施用后，可直接从土壤表面挥发成气体进入大气；而以有机氮或无机氮进入土壤内的氮肥，在土壤微生物作用下可转化为氮氧化物进入大气,从而增加了大气中氮氧化物的含量。此外,稻田释放的甲烷,也会对大气造成污染。

4. 交通运输

各种机动车辆、飞机、轮船等均排放有害废物到大气中。由于交通运输工具主要以燃油为主,因此主要的污染物是碳氢化合物、一氧化碳、氮氧化物、含铅污染物、苯并[a]芘等。排放到大气中的这些污染物,在阳光照射下,有些还可经光化学反应,生成光化学烟雾,因此它也是二次污染物的主要来源之一。

大气污染物的上述几个来源,具体到不同的国家,由于燃料结构的不同,生产水平、生产规模以及生产管理方法的不同,污染物的主要来源方向也不相同。

根据对烟尘、二氧化硫、氮氧化物和一氧化碳四种主要污染物的统计表明,我国大气污染物主要来源于燃料燃烧,其次是工业生产与交通运输,它们所占的比例分别为70%、20%和10%。我国的燃料构成是以燃煤为主,煤炭消耗约占能源消费的75%,因此煤的燃烧成为我国大气污染物的主要来源,同时也形成了我国煤烟型大气污染的特点。虽然随着交通运输等事业的发展,这种状况会有所改变,但我国的资源特点和经济发展水平决定了以煤为主的能源结构将长期保持,因此,控制煤烟型的大气污染,将是我国大气污染防治的主要任务。

第三节 城市大气污染的危害及治理

一、大气污染的危害

城市大气污染,具体指的是城市居民住宅区及周围环境的空气污染直接给城市居民带来的危害。一方面,在城市居民住宅内使用液化气、煤气等进行烧菜做饭产生的气体,室内的装饰材料以及家具材料含有并散发出的甲醛、乙烯、酚等有害化学气体,如果排气不良,这些气体就会对城市居民居住的小气候环境产生污染,短期会使居民产生头晕或者呕吐等不良症状,长期甚至会致病。另一方面,城市居民居住区如果距离工业区、废物处理场、交通干线较近,住宅区环境也会面临着较为严重的大气污染,直接影响着居民居住区的空气质量,危害着居民的身心健康。

二、大气污染的防治及对策

(一)全面规划,合理布局

对于大气污染的防治,需要以经济发展和保护环境之间的协调关系作为出发点,这就需要从宏观上对排污企业的所排放污染物的种类、数量等各数据做具体的分析调查，并由此来制定控制大气污染物排放的合理方案：首先，调整企业的工业布局，宏观上制定工业园区，各类企业按照排放污染物来确定需要搬迁的企业，应当尽量减少来自中心城市的上风向污染源，把工业园区尽量建立在市郊城市主导风向的下风向，同时合理利用并重点保护市区内的环境资源，只有这样才能减少大气污染对城市居民生活、健康的损害；其次，在工业园区与城市军民生活区之间，要保留数公里的距离，并在此间加大绿化项目以及对植树造林的投入，从而加快自然界的循环，减轻对大气污染的危害；最后，对于那些环境污染严重而且治理成本高的企业要可以依据具体的情况进行关闭、转型以及搬迁等措施，不能再为了经济利益而付出污染环境的沉重代价。

（二）改善能源结构，提高能源有效利用率

我国当前的能源结构，是以煤炭为主的。其燃烧的过程中会产生大量的二氧化硫、一氧化碳、悬浮颗粒物以及烟尘。所以我认为如果要解决大气污染问题，首先应该改善我国目前的能源结构，比如使用二次能源及天然气等，还应重视太阳能等清洁能源的利用；其次，毋庸置疑，在我国当前的国情下，以煤炭为主的能源结构在短时间内不会有所改变，所以当前应大力推广洗煤选煤工业，大力投入生产和使用，以降低对大气中排放的烟尘和废弃，减少对大气环境的污染。再次，我国能源的平均利用率仅仅为30%，提高能源利用率的潜力非常大。另外，对于一些基础设施的改进就显得尤为重要，比如，我国工业锅炉的质量很低，其对于能源的燃烧率不充分，污染物排放量仅仅次于电站锅炉而位居第二，我们应对低效率的锅炉加以改造，以及充分利用科学技术提高锅炉自身的设备基础，从而提高对能源的利用以及减少大气污染物的排放。

（三）区域集中供热

上面已经叙述了，目前在中小型城市中居民的燃煤炉灶，小型化工企业的矮小烟囱是我国烟尘的主要污染源，必须在这些中小城市集中供热供暖，减少家庭个人的锅炉燃烧，比如可以发展比较集中的供暖站，从而代替居民个人家中的锅炉、炉灶对煤的燃烧。由此一来不仅提高了北方中小城市家庭在冬季的室内温度，也极其有效地减少了对大气的污染。

（四）植树造林、绿化环境

植树造林对防止大气污染而言，是效果最明显的一种措施。植物有吸收各种有毒有害气体和净化空气的功能。树木通过光合作用，吸收二氧化碳，排出氧气，从而达到净化空气的作用，因此可见树林有调节空气成分的功能，一般1公顷的阔叶林，每天能够消耗约1t的二氧化碳，释放出0.75t的氧气。以成年人考虑，每天需吸入0.75kg的氧气，排出0.9kg的二氧化碳，这样，每人平均有10m^{2}面积的森林，就能够得到充足的氧气，同时也能净化我们的大气。

（五）提高环保宣传，加大环境管理执法力度

努力加强环保宣传，进一步提高人们的环保意识，比起普通的民众，更应该注重对企业主环保意识的提高，提高企业的生产技术以及设备，加大对环保项目的投资。环保部门应从各个方面着手，加大执法力度，对于环境的违法行为严肃处理，提高环保执法队伍的综合执法能力与素质，确保有效实施环保行政执法。与此同时，环保部门在执法的过程中应当积极地将各种具体的法规落实到实处，也同时保护了环保法律的权威。大气污染是人类赖以生存的宝贵资源，我们应该调动各方的力量去防治大气的污染，加大对大气环境的保护力度，保护我们赖以生存的家园。

第六章　城市噪声及其他物理性污染与控制

第一节　噪声污染

一、噪声污染概述

噪声是发声体做无规则振动时发出的声音。即在一定环境中不应有而有的声音，泛指嘈杂、刺耳的声音。从环境保护的角度看：凡是妨碍到人们正常休息、学习和工作的声音，以及对人们要听的声音产生干扰的声音，都属于噪声。噪声是一类引起人烦躁，或音量过强而危害人体健康的声音。

环境噪声污染，是指所产生的环境噪声超过国家规定的环境噪声排放标准，并干扰他人正常生活、工作和学习的现象。环境噪声污染是一种能量污染，与其他工业污染一样，是危害人类环境的公害。

二、噪声污染主要来源

交通运输噪声（如车辆鸣笛等）、工业噪声、建筑施工、社会噪音如音乐厅、高音喇叭、早市和人的大声说话等。

三、噪声污染的检测

环境噪声一般指功能区噪声、区域环境噪声和交通噪声。检测环境噪声时，可有以下几种测点选择：

1. 城市区域环境噪声的检测

例如要检测南京市环境噪声污染程度，可将南京市噪声功能区共划分为 4 类（1 类区、2 类区、3 类区、3 类区），每类布点 2 个，每季度监测 1 次，该城市布点网格数 >200，检测时间为白天 6：00 ~ 22：00，晚上 22：00 ~ 6：00。检测仪器均采用 AWA6218A、B 两种型号噪声仪，监测时尽量使用同型号仪器，以避免产生误差。

2. 城市交通噪声的检测

在每两个交通路口之间的交通线上先设一个测点，在马路边人行道上（一般距马路沿

20cm），所测噪声可代表两个路口之间的该段马路的交通噪声。

3. 城市环境噪声的长期检测

根据可能条件决定测点数目，希望不少于7点。例如，繁华市区1点，典型居民区1点，交通干线2点，工厂区1点，混合区2点。

对于一些区域噪声的测量也可以使用声级计、噪声测试仪等工具。

四、环境噪声污染的消减治理办法

1. 公路交通减少噪声的措施

高速公路的环境问题的处理要求是综合性的，一般总希望达到全面减少空气污染，噪声干扰和水、土质恶化等危害，到目前为止，国内、外主要采取了以下几种措施：

（1）降噪绿化林带

选择合适树种、植株的密度、植被的宽度，可以达到吸收二氧化碳及有害气体、吸附微尘的作用，能改善小气候，防止空气污染，同时又能吸纳声波降低噪声，截留公路排水、防眩和美化环境等作用。

（2）声屏障技术

广义来讲，声屏障可以分为声障墙和防噪堤。防噪堤一般用于路堑或有挖方地区，公路的土方不必运走直接用作防噪堤，在土堤上种上植被形成景观。声屏障的另一种方式为声障墙，这又可分为吸声式和反射式两种，吸声式主要采用多孔吸声材料来降低噪音；反射式声障墙主要是对噪声声波的传播进行漫反射，使受保护区域噪声降低。

（3）绿墙技术

所谓绿墙技术就是在高速公路两侧建造防噪堤并进行绿化美化处理来降低交通噪声方法。可以采用堆筑弃方或废弃物作为降噪措施，其技术简单、廉价，能起到对环境综合治理，美化环境的效果。

（4）低噪声路面

低噪声路面，也称多空隙沥青路面，又称为透水（或排水）沥青路面。它是在普通的沥青路面或水泥混凝土路面或其他路面结构层上铺筑一层具有很高空隙率的沥青混合料，其空隙率通常在 15 ~ 25% 之间，有的甚至高达30%。

（5）加宽道路、以立交桥代替平面交叉、在城市的主次干道强化对机动车的禁鸣管理、限制车速、在交道口处安置测声器和数字显示器等措施，均可以降低交通噪声级。

2. 社会生活噪声的治理

（1）工商部门加强市场规范化建设和管理，控制自由市场噪声；

（2）公安、文化、环保、工商等部门应联合行动，整顿饮食服务业尤其是歌厅、舞厅、卡拉 OK 厅等文化娱乐场所，控制噪声扰民；

（3）领先群众力量，管住管好商业噪声。建筑施工噪声的治理。一是按建筑施工场界噪声标准要求，对施工时间做出严格规定，对违反规定的依法严肃处理；

（4）开展创文明工地树文明形象活动。

（5）充分利用广播、电视等新闻媒介的舆论监督和导向作用，报道噪声污染防治的先进典型，揭露和批评破坏环境的违法行为，以此产生轰动效应，提高企事业单位和个体业户遵守法律的自觉性，采取悬挂过街彩、立公益广告牌等群众乐于接受的方式，突出重点，贴近生活，提高公众的环境意识和参与意识。

3. 工业企业噪声的预防及消减

预防及消减噪声应从声源、传声途径和受声体（工人）这三个环节采取技术措施。

（1）控制和消除噪声声源是一项根本性措施。通过工艺改革以无声或产生低声的设备和工艺代替高声设备。

（2）合理进行厂区规划和厂房设计。即在产生强噪声车间与非噪声车间及居民区间应有一定的距离或设防护带，噪声车间内应尽可能将噪声源集中并采取隔声措施。

（3）对局部噪声源采取防噪声措施，采用消声装置以隔离和封闭噪声源。

（4）控制噪声的传播和反射：a、吸声：作用多孔材料如玻璃棉、矿渣棉、泡沫塑料、毛毡棉絮等，装饰在室内墙壁上或悬挂在空间，或制成吸声屏；b、消声：适用于降低空气动力性噪声，如各种风机、空压机、内燃机等进、排气噪声；c、隔声：用一定材料、结构和装置将声源封闭起来，如隔声墙、隔声室、隔声罩、隔声门窗地板等。

4. 其他方面的几点建议

（1）铁路、公路等交通部门应分别对列车、汽车等运载工具建立噪声排放管理制度，采取必要的措施防止噪声扰民，不得允许排放噪声超标的交通工具投入运营。

（2）设置停车场时应防止机动车噪声污染，建筑楼宇设置双层隔音窗，使得生活中的环境噪声达到功能区标准。

（3）车站、港口、码头、机场以及主要交通干道交叉口等处，在繁忙时刻应加强必要的交通疏导活动。

环境噪声污染防治工作能否取得成效，关键在于政府的重视程度。政府及有关部门应加强对环境噪声污染防治工作的领导，制定并执行强制性的噪声控制和管理法规，保证城市宁静环境。

第二节　电磁污染

一、电磁污染的定义

电磁污染是指超过人体承受或仪器设备容许的电磁辐射，它是以电磁场力为特性，并和电磁波的性质、功率、密度及频率等因素密切相关。电磁辐射超过一定的强度，即超过安全卫生标准限值后对人体产生负面效应，出现头痛、失眠等才会升格为电磁污染。

二、电磁波来源

电磁波是电场和磁场周期性变化产生波动，并通过空间传播的一种能量，也称电磁辐射。在环境保护研究中，电磁污染主要是指当电磁场的强度达到一定限度时，对人体机能产生的破坏作用。其中主要包括频率分别在 3 ~ 300 MHz 的高频电磁波和 300 MHz ~ 300 GHz 的微波。电磁污染源主要来自两个方面：

1. 天然电磁污染源

天然电磁污染源是由于大气中的某些自然现象引起的。最常见的是大气中的雷电电磁干扰。此外，太阳和宇宙的电磁场源的自然辐射、火山爆发、地震和太阳黑子活动、新星爆发等都会产生电磁干扰。

2. 人工电磁污染源

自从 1895 年无线电波发明，使大西洋两岸成功地进行电信号传送后，各国便纷纷设立自己的无线通信系统，这种革命性的信息传送方式很快风靡世界。如今，电磁波作为物质能量和信息的载体被广泛地用于工业、交通、医疗、通信等各行业，在社会的发展中发挥了重要作用，由此也产生了污染。所谓人工电磁污染源是指人工制造的各种电子系统、电气和电子设备产生的电磁辐射，主要有脉冲放电（产生于切断大电流电路时的火花放电，其本质与雷电相同）、工频交变电磁场（指低频的电力设备和输电线路所激发的电磁场）、射频电磁辐射（指无线电广播、电视、微波通信等各种射频设备的辐射）。

三、电磁污染的传播途径

从污染源到受体，电磁污染主要通过两个途径进行传播。

1. 空间直接辐射干扰

空间直接辐射是各种电气装置和电子设备在工作过程中，不断地向周围空间辐射电磁能量，每个装置或设备本身都相当于一个多向发射的天线。这些发射出来的电磁能，在距场源不同距离的范围内，是以不同的方式传播并作用于受体的。一种是在以场源为中心、半径为一个波长的范围内，传播的电磁能以电磁感应的方式作用于受体，如日光灯发光；另一种是在以场源为中心、半径为一个波长的范围之外，电磁能是以空间发射方式传播并作用于受体。

2. 线路传导干扰

线路传导是指借助于电磁耦合由线路传导。当射频设备与其他设备共用同一电源时，或它们之间有电气连接关系，那么电磁能即可通过导线传播。此外，信号的输出、输入电路和控制电路等，也能在强电磁场中拾取信号，并将所拾取的信号进行再传播。

通过空间辐射和线路传导均可使电磁波能量传播到受体，造成电磁辐射污染。有时通过空间传播与线路传导所造成的电磁污染同时存在，这种情况称为复合传播污染。

四、电磁辐射对人体危害的作用机理

目前，电磁辐射对人体的危害已成客观事实，其危害作用机理通常分为至热效应、非至热效应、刺激作用及累积效应四种表现。

1. 至热效应

至热效应是指人体在高强度的电磁波照射下，吸收辐射能量，在体内转化为热量，产生生物反应。人体内有极性分子，也有非极性分子。极性分子在电场作用下，正、负电荷向相反的方向运动而极化，在交变极化和取向的过程中都会由于碰撞和摩擦而产生热量。在电气变频率高时，产生的热量来不及散失，导致机体温度上升，从而影响到体内器官的正常工作。

2. 非至热效应

非至热效应是指人体受到长时间强度不大的电磁辐射时，虽然人体的温度没有明显升高，但会引起人体的细胞膜共振，出现膜电位改变，使细胞活动能力受限。因此，非至热效应也被列为"谐振"效应。

3. 刺激作用

电磁波的刺激作用有感电效果。外部电流刺激神经细胞产生触电感觉，刺激肌肉产生肌肉收缩或肌肉不随意运动，刺激心肌使心室变软，心脏停止搏动，而刺激呼吸肌则停止呼吸。微波辐射还可引起先天性缺陷和流产、阳痿、性欲减退等病症，这些都是电磁辐射的刺激作用导致的危害后果。

4. 累积效应

热效应和非热效应作用于人体后，对人体的伤害尚未来得及自我修复之前，再次受到电磁波辐射，其伤害程度就会发生累积，久而久之成为长期性病态，危及生命，对于长期接触电磁波辐射的群体，即使功率很少，频率很低，也可能会诱发预想不到的病变。

五、电磁辐射对人体的危害

1.电磁辐射对心理和行为健康的危害

电磁辐射可以对健康和患病人群的心理和行为产生影响。大量资料证明，电磁能使人出现头昏脑涨，失眠多梦，记忆力减退等症状。有专家认为，电磁场对睡眠的影响是对患者心理、行为和识别能力影响的反映，进而推断暴露于人工电磁辐射中的人员，其睡眠异常也许是其后精神紊乱的开始。

2.对心血管系统的影响

超短波，微波除了引起比较严重的神经衰弱症状外，最突出的是造成自主神经机能紊乱，主要反应在心血管系统，其中以副交感紧张反应为多，如心动过缓，血压下降或心动过速等。但至今，关于电磁辐射对心血管系统的影响研究仍未取得较为一致的结论，还有待于进一步的探索。

3.对眼的危害

高强度电磁辐射可使人眼晶状体蛋白质凝固，轻者混浊，严重者可造成白内障，还能伤害角膜、虹膜和前房，导致视力减退乃至完全丧失，人眼在短时间内经微波辐射后，出现视疲劳、眼不适、眼干等现象，视力明显下降，夜晚更为突出。电子通信设备微波作业人员眼晶状体混浊与工龄有关，工龄越长混浊程度越重。

4.对生殖系统的危害

电磁辐射对生殖系统的危害及其引起的生殖障碍也日益被各国学者所关注。在微波辐射作用下，即睾丸的温度增高 $10℃ \sim 20℃$，皮肤虽然没有灼痛感，但男性生殖机能可能已经受到微波辐射的损害。王水明等报道女性暴露于视频显示终端可引起子代先天畸形，产期死亡，胎儿宫内发育迟缓，流产早产等，还大大增加了不孕的危险性。怀孕早期经常使用微波炉和移动电话可显著增加孕妇发生异常妊娠结局的相对危险性。移动电话的电磁辐射可以降低睾丸乳酸脱氢酶同工酶活性，可能存在生殖毒性。Li 等调查发现，妊娠期流产危险性随磁场强度增大而增加，域值为 16 mG，当磁场强度 $\geq$ 16 mG 地，流产危险性增加2.9倍，早期流产的危险性增加5.7倍，而有流产或生育力低下的孕妇流产则增加4.0倍。Preston 等发现母亲在妊娠期使用电热毯，可增加儿童肿瘤的发生，尤其是白血病和脑瘤。

六、电磁辐射对生产生活的危害

近年来电磁辐射对电气设备的干扰最突出的情况有 3 种：一是无线通信的发展迅速，发射台、站的建设缺乏合理规划和布局，使航空通信受到干扰。1997 年 8 月 13 日在深圳机场发生了我国第一起因无线干扰航空通信导致机场关闭 2 个小时的严重事件，调查发现干扰来自机场近 200 多台无线电发射机。1996 年印度一架民航飞机因受到电磁干扰与另一架飞机相撞，造成重大损失。二是一些企业使用高频工业设备，加之寻呼台基站和多网移动通信基础设施不断增加，使一些基站附近高层居民楼窗口处的电磁辐射强度达 $400\mu W/cm^2$，超过 $40\mu W/cm^2$ 的国家标准 10 倍，从而干扰广播电视及通信系统，造成图像不清、语音失真、信息失灵。三是移动电话的迅速普及：在医院使用手机，有可能干扰电子医疗设备；在飞机上使用手机，会干扰飞机上的控制系统而导致事故。如《北京青年报》2000 年 1 月 28 日报道，1995 年 4 月，日本冈山红十字医院一位患者的自动点滴器突然停止，经多方调查，确认"凶手"是同病房病人打手机时产生的电磁波造成的干扰所致。

七、电磁辐射污染的防治

预防或减少电磁辐射的伤害，其根本出发点是消除或减弱人体所在位置的磁场强度，其主要措施包括屏蔽和吸收。

1. 电磁辐射的屏蔽

对于不同的屏蔽对象和要求，应采用不同的电磁屏蔽装置或措施。主要有：①屏蔽罩：对小型仪器或器件适用，一般为铜制或铝制的密实壳体。对于低频电磁干扰，则往往用铁或铍钼合金等铁磁性材料制作壳体，以提高屏蔽的效果。在低温条件下进行精密电磁测量，用超导材料可以起到完满的电磁屏蔽作用；②屏蔽室：对大型机组或控制室等适用，一般为铜板或钢板制成的六面体。当屏蔽要求较低时，可用一层或双层金属细网来代替金属板；③屏蔽衣、屏蔽头盔和屏蔽眼罩：用于个人防护，主要保护微波工作人员。屏蔽衣和屏蔽头盔内夹有铜丝网或微波吸收材料。屏蔽眼罩通常为 3 层结构，中间一层为铜丝网。凡进行屏蔽防护时，必须有良好接地，防止屏蔽体成为二次辐射源，以保证高效率的屏蔽作用。

2. 电磁辐射的吸收

吸收是指利用特定的吸收材料将电磁辐射能量吸收掉以降低其强度。吸收材料主要是电的良导体和较强的铁电性，大致可分为谐振性吸收材料和匹配性吸收材料两大类。如金属纤维，金属镀层纤维，涂覆金属盐的纤维等。另外，将屏蔽材料与吸收材料叠加制成防护板或防护罩，既可防止电磁辐射的定向传播，又可以进行吸收以免反射产生二次污染，大大地降低了电磁辐射的能量，起到良好的防护作用。

3. 控制电磁波源的建设和规模

在建设有强大电磁场系统的项目时，应组织专家论证，通过合理布局使电磁污染源远离居民稠密区，以加强损害防护；另一方面，限制电磁波发射功率，制定职业人员和居民的电磁辐射安全标准，避免人员受到过度辐射。尤其是在位于市区或市郊的卫星地面站、移动通信、无线寻呼及大型发射台站和广播、电视发射台等项目，要建立健全有关电磁辐射建设项目的环境影响评价及审批制度。

第三节　放射性污染

地球上存在着各种天然射线的辐射，有的来自宇宙射线，有的存在于土壤中、岩石中、水中和大气中的放射性物质。这些称为本地辐射，人类就是在这种环境中进化发展的，它们对人类不构成危害。近几十年以来，由于核技术的发展，随着放射性物质在各个领域的广泛应用，放射性污染事故频频发生。

一、放射性污染的来源

核工业产生的废弃物；核试验；人工放射性同位素的应用。

二、放射性污染的危害

放射性物质释放的辐射能被吸收体吸收以后，会导致生物细胞的损伤。这种损伤既有瞬间发生的，也有长期的损伤。人体对放射性辐射最敏感的组织是骨髓、淋巴系统以及肠道内壁。

大剂量辐射造成的伤害可使人发生急性伤害。核爆炸或核反应堆发生意外事故，其产生的辐射可使人在几小时或几天内引起死亡。

放射性核物质排入环境后，由于大气扩散和水流输送不断在自然界迁移，可造成对大气、水体和土壤的污染。动物、植物受到污染后，放射性物质在生物体中富集，其体内的浓度可达到周围环境的 10 万倍。放射性物质可以通过空气、食品、接触等途径进入人体，使人受到伤害。这种伤害直接作用于人体细胞内部，而且持续的时间长。一般放射性物质在人体的持续作用的时间按 6 个半衰期时间计算长达 50 年左右。此外，放射性污染看不见，摸不到，早期很难察觉。人一旦受到污染，无法隔离。即使受到小计量的辐射污染，也会造成不良后果。放射性污染的长期后果是可诱发肿瘤、白血病和遗传障碍等疾病。

三、放射性污染的防治

主要应着重于预防，控制污染源。一旦发生，要采取有效的补救措施。

核工业要采用先进的技术和可靠的设备，将安全运行放在首位，杜绝核物质泄漏事故。核工业产生的各种废弃物要经过净化处理，达到无害标准后排放。对放射性强的废物要放置在封闭的专门场所，并禁止人进入。

生活中的放射性污染也不容忽视。居室中的一种放射性污染主要来源于氡气。高剂量的氡可导致肺癌、白血病和呼吸道疾病，氡已经成为仅次于吸烟的第二大致肺癌的因素。氡很多藏在花岗岩等岩石中，地层深处的氡也可以通过地裂缝和地下水钻到地面上来。室内的氡96%来自地基，4%来自放射性建筑材料。为了防治氡气污染，居室应保证良好的通风，还应堵塞地板和各种管道的缝隙。盖房子或装修时要慎用花岗岩一类的能产生氡气的建材，最好选用大理石和人造花岗岩。

有些建筑材料在生产的过程中，使用了含有放射性元素的矿物，如煤渣和矿渣，导致建筑的墙体含有超量的核辐射物质。为了防止这类事故的发生，对新建筑物应进行放射性检测。

在使用核技术的医院和科研单位，必须加强放射物质的保管，严禁遗失，更要防止被偷盗。以免扩散到社会上，导致严重的后果。

第四节 光污染和热污染

一、光污染

（一）光污染的概念及其分类

狭义光污染指干扰光的影响，其定义为："已形成的良好的照明环境，由于逸散光而产生的被损害的状况，又由于这种危害的状况而产生的有害影响"。逸散光是指从照明器具发出的，使本不应该是照射目的的物体被照射到的光。干扰光是指在逸散光中，由于光量和光方向，使人的活动、生物等受到有害影响，即产生有害影响的逸散光。

广义光污染指由人工光源导致的违背人的生理和心理需求或有损于生理与心理健康的现象。包括眩光污染、射线污染、光泛滥、视单调、视屏蔽、频闪等等。广义的光污染包括了狭义的光污染的内容。

广义光污染与狭义光污染的主要区别在于狭义光污染的定义仅从视觉的生理反应来考虑照明的负面效应，而广义光污染则向更高和更低两个层次做了拓展。在高层次方面，包括了美学评价内容，反映了人的心理需求；在低层次方面，包括了不可见光部分（红外线、紫外线、射线等），反映了除人眼视觉之外，还有环境对照明的物理部分。

光污染的特点及分类。

光污染属于物理性的污染，它有两个特点：

1. 光污染是局部的，会随距离的增加而迅速减弱。

2. 在环境中不存在残余物，光源消失，污染即消失。

国际上一般将污染分为三类：白亮污染、人工污染和彩光污染。

（1）白亮污染：现代城市里，常用玻璃、釉面砖、抛光大理石、铝合金等装饰宾馆、写字台、歌舞厅等建筑物的外墙。如玻璃幕墙，在太阳光的照射下，这些建筑材料的反射强度比一般的绿的、森林和绿色建筑材料大十倍左右，其反射效果使人宛如生活在镜子世界之中，此现象称之为光污染。

（2）人工白昼：当夜幕降临后，商场、酒店上的广告灯、霓虹灯、瀑布灯闪烁夺目，令人眼花缭乱，有些强光甚至直冲云霄，使得夜晚如同白天一样，即所谓的人工白昼。

（3）彩光污染：舞厅、夜总会安装的黑光灯、彩色旋转灯，以及其他闪烁的彩色光源构成了彩光污染。

（二）光污染的危害

1. 对人体健康的危害

人体受光污染危害其首先的是眼睛。瞬间的强光照射会使人们出现短暂的失明。普通光污染可对人眼的角膜和虹膜造成损害，以致视网膜感光细胞功能的发挥，引起视疲劳和视力下降。长时间在白色光亮污染环境下工作和生活的人，白内障的发病率高达45%。白亮污染还会使人头昏心烦，甚至发生失眠、食欲下降、情绪低落、身体乏力等类似神经衰弱的症状。长时间受到强光和反强光刺激还可以引发偏头痛，造成晶状体、角膜、结膜、虹膜细胞死亡或发生变异，诱发心动过速、心脑血管疾病等。

彩光污染源的黑灯光所产生的紫外线强度远高于太阳光中的紫外线，且对人体有害影响持续时间长。如果人长期受到这种照射，可诱发流鼻血、脱牙、白内障，甚至导致白血病和其他癌变。彩光源让人眼花缭乱，不仅对眼睛不利，而且干扰大脑中枢系统神经，使人感到头晕目眩，出现恶心呕吐、失眠等症状。

越来越白、越来越光滑的纸张使人眼受到光刺激很强，但眼的视觉功能却受到很大的抑制，视觉功能不能充分发挥，眼睛特别容易疲劳，是造成近视的主要原因。

光污染不仅对人的生理有影响，对人心理也有影响。在缤纷多彩的环境里待的时间长一点，就会或多或少感觉到心理和情绪上的影响。如果所居住的环境夜晚过亮（如人工白昼），人们难以入睡，扰乱人体正常的生物钟，会使人头晕心烦、食欲下降、心情烦躁、情绪低落、身体乏力等，精神呈现抑郁状态，导致白天工作效率降低，造成心理压力。

2. 对生态平衡的破坏

人工白昼会伤害鸟类和昆虫。鸟类在迁徙期最容易受到人工光的干扰。它们在夜间是以星星定向的。城市的照明光常使他们迷失方向。据美国鸟类专家统计，每年都有400万只候鸟因撞上高楼的广告灯而死去。城市的鸟还会因灯光而不分四季，在秋季筑巢，结果因气温过低而冻死。强光可能破坏昆虫在夜间的正常繁衍过程。研究发现，1只小型广告灯箱1年可以杀死35万只昆虫，而这又会导致大量鸟类因失去食物而死亡，同时还破坏了植物的授粉。

一些动物受到人工照明的刺激后，夜间也十分精神，消耗了用于自卫、觅食和繁殖的精力。习惯在黑夜中交配的蟾蜍的某种品种已濒临灭绝。海龟也受到光污染的影响。在2001年的幼龟出生期，大西洋沿岸到处都可以看到死海龟。新孵出的海龟通常是根据月亮和星星在水中的倒影而游向水中的，但由于地面光超过了月亮和星星的亮度，使刚出生的小海龟误把陆地当海洋，因缺水而丧命。

强烈的光照提高了周围的温度，对草坪和植被的生长不利。紧靠强光的树木存活时间短，产生的氧气也少。过度的照明还会导致农作物抽穗延迟、减收等。

3. 增加交通事故

光污染是制造意外交通事故的凶手，矗立在城市各交通繁忙道路旁或十字路口上的一幢幢玻璃幕墙大厦，就像一大块几十米宽、近百米高的大镜子，在阳光下熠熠闪光，并对交通情况和红绿灯进行发射（甚至是多次反射）反射光进入高速行驶的汽车内，造成人的突发性暂时性失明和视力错觉，在瞬间会遮住司机的视野，使他感到头晕目眩，严重的危害行人和司机的视觉功能，极易造成交通事故，威胁着人们的生命安全。

4. 妨碍天文观测

天文观测也深受光污染的影响，明亮的天空就像给天文台戴上了墨镜，导致天文台望远镜"失明"，即降低了天体亮度和自然天光亮度的反差和天文观测时的信噪比。

紫金山天文台位于南京市不远的东郊，20 世纪五六十年代，在地平线上 5 ~ 10 度的西方空域中可以看到亮度为 6 ~ 7 等星，在不到 15 度的范围内可看到 9 等星，目前随着城市的扩大，市区东边灯光离天文台只有 1 公里多，15 度以下的天空中已看不到什么，除了天狼星外，连负几等星也"失踪"了，在 15 度到天顶的天空中亦只能看到 6 等星。然而，天文台的东边因无城镇，未受城市灯光影响，东西两边能看到的星等要差 5 等之多，可见城市灯光影响之大。

5. 其他

除了上述危害外，光污染还对气候的破坏、温室效应的产生、能源的浪费等方面有重大的影响。光污染的危害是多方面的，且其危害正日趋严重，对光污染的防治已刻不容缓。

（三）光污染的防治

光污染是在特定的条件下产生的：

1. 使用了大面积高反射率的镀膜玻璃；

2. 在特定方向和特定时间下产生（如玻璃幕墙不朝向太阳照射的方向，或与人不成特定的角度，是不会发生光污染的）；

3. 光污染的程度与玻璃幕墙的方向、位置及高度有密切关系。据此，我们可以采用相应的方法：（1）大量采用透明玻璃；（2）采用 7° ~ 11° 的低反射镀膜玻璃；（3）采用各种性质的玻璃贴膜，如：建筑节能膜、热反射隔热膜、低反射隔热膜、高透光磁控溅射膜、博物馆及档案馆专用膜、磨砂及半透明玻璃装饰膜、透明安全膜等；（4）采用回反射玻璃，这是正在研制的新型玻璃，它能将阳光顺着原来的方向反射回去，从而消除其向周围环境的反射光，这样就可以减弱幕墙的反射光对周围环境的影响。

广告牌的日益增多也是造成光污染的一个重要的因素。巨大的广告牌使其旁的住宅被强光所照射，严重影响着楼中居民的生活。此外，五颜六色的广告牌也形成了彩光污染，这对道路交通的影响是不容忽视的。因此，城市设计过程中要对灯光广告加以规定和限制：

1. 统一规划商业彩灯、灯箱广告、投光灯的广告和霓虹灯广告及标牌的数量和密度、外观造型、尺寸大小、布置方式，防治各自为政、杂乱无章，应从整体环境需要的角度出发，避免广告灯光过多过滥；

2. 除了对广告灯光的亮度、色彩合理匹配外，还应控制灯光广告的闪烁程度；

3. 商业中心区内的广告、招牌的灯光亮度应降低标准；

4. 尽量使用无紫外线的钠灯来代替霓虹灯。

光污染主要通过视觉危害人类，防治光污染的关键在于合理布置各类光源，应该使各类光源起到美化环境的作用，在有强烈眩光或有紫外线、红外线灯光污染场所作业，应采取必要的安全防护措施，如佩戴护目镜和防护面罩等。此外，政府有关部门应对建筑物外墙装饰材料的使用采取必要的限制措施，尽量减少"白亮污染"的产生。

二、热污染

（一）热污染概述

1. 原理

由于人类活动而向环境排出的废热超过环境容量，导致局部生态系统遭受破坏的现象被称为热污染。广义的热污染包括温室效应、热岛效应和水体热污染，狭义的热污染仅指水体热污染，是指向水体排放废热造成的水体环境破坏。异常的气候变化和人为因素是广义热污染的两大主因，而水体热污染则基本都是人为因素造成的。

2. 水体热污染

水的各种性质受温度影响，随温度升高，氧气在水中溶解度会降低；水体中物理化学和生物反应速度会加快，因此导致有毒物质毒性加强，需氧有机物氧化分解速度加快，耗氧量增加，水体缺氧加剧，引起部分生物缺氧窒息，抵抗力降低，易产生病变乃至死亡。

（1）对水生生物日常生活：由于不同生物的温度敏感性不一致，热污染改变了生物群落的种类组成。水生动物绝大部分是变温动物，体温不能自动调节，随水温的升高体温也会随之升高。当其体温超过一定温度时即会引起酶系统失活，导致代谢机能失调直至死亡。许多水生昆虫的幼虫对热污染的忍耐力很差，一般水生动物的耐温上限为 $33 \sim 35℃$。

（2）对水生生物繁殖行为：由于水体温度的异常升高，会直接影响水生生物繁殖行为。鱼类在繁殖时期对水温的要求非常严格，因为水温上升会阻止营养物质在生殖腺中的积累，从而限制卵的成熟。在热污染的水体中，春季产卵的鱼类产卵期会提前，而秋季产卵的种类产卵期将会推迟。所以在繁殖时期，水体的热污染将可能对鱼类造成严重的影响。

（3）对地表水量：水体温度的升高直接导致水分子运动加速，并且水面上方的空气受热膨胀上升，加快水体表面的水分子向空气中扩散速度，陆地水大量变成大气水，使陆地严重失水。

3. 大气热污染

按照大气热力学原理，现代社会生产、生活中的一切能量都可转化为热能扩散到大气中，大气温度升高到一定程度，引起大气环境发生变化，形成大气热污染。

（1）自然因素

大气的热量增加，地面反射太阳热能的反射率增高，吸收太阳辐射热减少，这就使得地面上升的气流相对减弱，阻碍云、雨的形成，进而影响正常的气候。

①近年来，太阳活动频繁，到达地球的太阳辐射量发生改变，大气环流运行状况随之亦发生变化。太阳黑子活动强烈时，经向环流活跃，南北气流交换频繁，导致冬冷夏热。

②森林随全球平均温度的上升而出现自燃现象并引发森林大火，同时向大气释放大量热量和 CO_2，最终又直接或间接地导致全球大气总热量增加，破坏了生态平衡，并给人类带来无法估量的损失。全世界每年有几百万 hm^2 的原始森林被破坏，极大地削弱了森林对气候的调节作用。

③由于大气环流原因改变了大气正常的热量输送，赤道东太平洋海水异常增温，厄尔尼诺现象增强，导致地球大面积天气异常，旱涝等灾害性天气增多。

④火山爆发频繁，释放的大量地热和温室气体直接或间接地对地球气温变化产生影响，而地震、风暴潮等灾害也严重影响了人类的生产和生活。

（2）城市因素

城市下垫面的改变，造成辐射吸收增加、蓄水能力减少，局地环流改变造成风速减小，加重城市热效应。

城市中的人为释热分为生活热源和生产热源。包括各种生活用能，如烧火做饭—冬季取暖—夏季制冷及家庭轿车等。生产热源则包括了一切形式的生产活动，因为一切的生产活动都需要由能量作为动力，这些能量最终或者被固化到产品中由消费者释放出来，或者在生产的过程中以各种各样的形式排放出去如热电厂排放的废热水—废水蒸气等。

（二）影响与危害

热污染分为两类：水体热污染以及大气热污染。

1. 水体热污染危害

（1）对水体的影响：水体升温，水溶氧量降低，水体缺氧加重，厌氧菌大量繁殖，有机物腐败严重，导致水体变质。

如：随着越来越多火电厂聚集在江河沿岸，大量冷却后产生的温水进入长江，这种热污染给长江的生态环境造成了巨大威胁。冷却水的随意排放也成为热污染中极为重要的原因。据统计，在我国长江沿岸，仅江苏省长江江段总长度 300 多公里，但流域内大大小小的火电厂就有 150 多家，电厂用来冷却的水就把大量的热量源源不断地注入长江，越来越密集的火电厂甚至使得局部地区出现了温水带。2006 年全国装机总容量超过 6 亿千瓦，其中火电机组占了四分之三，产生的余热超过四亿吨标准煤，而这些热量中大部分都通过冷却水排放进入环境。2007 年，长江的水温是 22 度到 24 度之间，出水口水温是 32 度到 33 度，温度大概升高了 10 度左右。

（2）对水生生物的影响：

①生物多样性下降，喜冷的生物（如硅藻）减少，耐热的植物（如蓝藻、绿藻）增加，造成水质恶化，影响水体饮用和渔业用等功能。

②水温升高，会导致鱼在冬季产卵及异常洄游；水生昆虫提前羽化，由于陆地气温过低羽化后不能产卵、交配。水生生物对温度变化敏感性较一般陆地生物高，温度的骤变会导致水生生物的病变及死亡，例如虾在水温为 4C 时心率为 30 次 /min，22C 时心率为 125 次 /min，温度再高则难以生存。

③生物种群发生变化，寄生生物及捕食者相互关系混乱，影响生物的生存及繁衍。水体富营养化。

如：a. 在美国一座电站排放的热水使附近水域水温增加了 8 度，造成 1.5 公里海域内生物消失。

b. 里约奥运帆船赛场惊现死鱼群：据法新社 11 月 8 日报道，2016 年奥运会帆船项目赛场、污秽不堪的里约海湾开始有数以千计的死鱼不明原因地被冲上岸。专家分析：大海鲢对缺氧非常敏感。浅水区水温上升，比如几天前出现的 27 ~ 30℃，会令海水中的溶解氧含量降低。

（3）对人类的影响：水温上升会给一些治病微生物提供生长的温床，为蚊子，苍蝇，蟑螂，跳蚤以及病原体提供最佳的滋生环境和传播条件，形成一种新的护肝连锁反应，造成疟疾，登革热，血吸虫病，流脑等病的流行。

如：1965 年澳大利亚脑膜炎流行事件。

起因：发电厂向河流排放未经处理的冷却用水。导致：河水温度升高，变形原虫在温水中迅速繁殖。

结果：人们饮用河流中的水，变形虫侵入人体，引发脑膜炎。

2. 大气热污染危害

（1）造成局部地区炎热、干旱、少雨，甚至造成更严重的自然灾害。

（2）对城市的影响：一方面夜晚温度升高，减小了昼夜温差，人的生理代谢发生紊乱；另一方面是暖冬现象，使冬季气温持续偏高，病毒和细菌滋生，疾病流行。

（3）热污染还会使臭氧层遭到破坏，使太阳光和其他放射线长驱直入，直接到达地面，导致人类皮肤癌等疾病发生。

（4）全球的温度升高导致海水热膨胀和极地冰川融化，海平面上升，淹没大量沿海城市，破坏生态平衡、加快生物物种濒临灭绝。

（三）热污染的防治

1. 一般热污染的防治

①寻找新能源。在源头上，应尽可能多地开发和利用太阳能、风能、潮汐能、地热能等可再生能源。

②加强绿化，增加森林覆盖面积。

③提高热能转化和利用率及对废热的综合利用。

④提高冷却排放技术水平，减少废热排放。

⑤有关职能部门应加强监督管理，制定法律、法规和标准，严格限制热排放。

⑥加强隔热保温，防止热损失。在工业生产中，有些窑体要加强保温、隔热措施，以降低热损失，如水泥窑筒体用硅酸铝毡、珍珠岩等高效保温材料，既减少热散失，又降低水泥熟料热耗。

⑦提高对热污染认识。把热污染同其他污染等同对待，对其危害进行深入研究和大力宣传，加强各行业减排热污染的自觉性，提高公众监督热污染排放的责任心。

⑧制定标准，实现有法可依。全面制定标准：环境质量标准中环境空气标准。应增加温度标准；各类污染排放标准对应相关环境质量标准出台相应热污染排放要求，为彻底解决热污染打好基础，为环境管理提供依据。

2. 水体热污染的防治

所有能源需求之间按需热量品质的统筹规划。利用能源总线将各种温排水集中输配到生活热水热泵站、温水养殖站、温室蔬菜、需要提高水质净化效率的污水处理站等。再利用场合。形成对温排水的梯级利用和充分利用，这对规划和管理提出了很高的要求。

3. 城市热污染的防治

①鼓励生态住宅建设，发展生态建筑。所谓生态住宅就是最大限度地利用自然资源维持运行的住宅，如夜间照明、夏季降温、冬季供热依靠太阳能，部分食品自己生产等。

②根据城市功能定位确定城市生态容量。控制或限制城市的生态容量是减少城市释热、改善城市热环境的基础。合理的城市容量是指一个城市能够最大限度地实现经济效益和社会效益，保持生态平衡的人口数量与密度。

③根据城市生态容量规划城市绿色建设，城市要改善热环境需建立良好的绿化系统。在城市规划时就要确定合理的绿化率，注意维护和发展城市景观的异质性，充分发挥森林植被和水体作用，尽量增加城市绿化面积，减少城市的"热岛效应"。

4. 城市雨水径流热污染的防治

①城市场地开发时应注意下垫面材料的选择，减少城市非渗透表面所占比例，增加城市绿化面积，保护区域生态环境。

②当受纳水体为温度敏感水域时，保护自然滨水植物或人工种植植物以起遮阴作用，设计 LID 措施应充分考虑它们对径流温度的影响，尽量选择具有较强渗透功能的措施。

③对于湿塘、雨水湿地及多功能调蓄水体等具有水面宽阔特点的雨水管理措施，可通过合理设计系统深度和有效面积，优化植物种植和出水口构造，出口采用地下管道及底部铺设卵石等改进设计，以抵消其因阳光照射而造成出水升温的现象，从而达到缓解雨水径流热污染的效应。

第七章 土壤污染原理及防治

第一节 土壤的组成和性质

一、土壤的组成

土壤是环境中特有的组成部分，是位于陆地表面呈连续分布，具有肥力并能生长植物的疏松层，它是一个复杂的体系。它的组成包括固相（矿物质、有机质）、液相（土壤水分或溶液）和气相（土壤空气）等三相物质四种成分有机地组合在一起构成的一种特殊物质。

按容积计，在较理想的土壤中，矿物质约占 38% ~ 45%，有机质约占 5% ~ 12%，土壤孔隙约占 50%，土壤水分和空气存在于土壤孔隙内，三相之间亦经常变动而相互消长。按重量计，矿物质可占固相部分的 90% ~ 95% 以上，有机质约占 1% ~ 10% 左右。

（一）土壤矿物质

土壤矿物质来源于地壳岩石（母岩）和母质，它对土壤的性质、结构和功能影响很大。土壤中的矿物质由岩石风化和成土过程中形成的不同大小的矿物颗粒（或土粒）组成的。

自然界的土壤都是由很多大小不同的土粒，按不同的比例组合而成，各粒级在土壤中所占的相对比例或重量百分数称为土壤的机械组成，也叫土壤质地。

（二）土壤有机质

进入土壤中的有机物质包括植物、动物及微生物等死亡残体，经分解转化逐渐形成有机质，即腐殖质，土壤腐殖质是土壤有机质的主要部分，约占有机质总量的50% ~ 65%。腐殖质不是单一分子的有机质，而是在组成、结构和性质上具有共同特征，又有差异的一系列高分子有机化合物，腐殖质在土壤中可以呈腐殖酸或腐殖酸盐类存在，亦可以铁、铝的凝胶状态存在，也可与粘粒紧密结合，以有机 - 无机复合体等形态存在。这些存在形态对土壤一系列的物理化学性质有很大影响，对土壤肥力有重大作用。土壤有机质的化学组成包括：糖类（碳水化合物）、木质素、有机氮、脂肪、蜡质、单宁、木栓质、角质、有机磷及灰分等。

表 7-1-1 土壤中的有机质组成

化合物类别	成分	在土壤中的作用
腐殖质	植物残体静微生物降解转化合成含芳香核、甲氧基（-OCH）、羟基（-OH）官能团。化学元素主要是 C、H、O 及 N、酚羟基、羧基羰基	改进土壤的物理化学性质，促进营养物质的交换、吸附和固定
糖类	纤维素、半纤维素、淀粉、果胶质、甲壳素等	土壤中微生物的主要养料，帮助改造土壤结构
脂肪、蜡质及树脂	可溶于溶剂的类脂类化合物，后者是酸、醇型的萜烯聚合含氧衍生物	防止土壤结构的破坏，但多数对植物有毒性
有机氮	氨基酸、氨基糖、单宁、角质等	提供土壤微生物养分、提供土壤氮肥
磷化合物	磷酸酯、磷脂、环已六环等	植物磷酸盐的来源
灰分残留物	结合在有机体中除 C、H、O、N、P 外的 Ca、Mg、K、Na、Si、Fe、S、Al、Mn、Cl 及 I、Zn、B、F	

二、土壤的物理化学性质

（一）土壤的物理性质

土壤结构：一般把土壤颗粒（包括单独颗粒、复粒和团聚体）的空间排列方式及其稳定程度，孔隙的分布和结合的状况称为土壤的结构。

土壤中的 Ca^{2+}、Fe^{3+} 等多价阳离子及有机质，腐殖质都有胶结剂的作用，参与土壤颗粒的团聚。还有根系对土壤的穿插、挤压或微生物活动，都可提高土壤保水、保肥能力。

（二）土壤胶体及土壤吸收交换性

土壤胶体是指土壤颗粒中直径小于 $2\mu m$ 或小于 $1\mu m$，具有胶体性质的微粒，一般土壤中的粘土矿物和腐殖质都具有胶体性质。直径小于 $2\mu m$ 的土壤胶粒大有大量的负电荷（$\geq 80\%$），而大于 $2\mu m$ 的土粒只带有少量的负电荷。土壤的许多重要性质，如保肥、供肥能力、土壤污染与净化、酸碱反应、缓冲作用、氧化-还原反应以及其他物理性质都和土壤胶体有关。

1. 土壤胶体的类型及其构造

①有机胶体：主要是腐殖质和生物活动的产物，它是高分子有机物，具有极大的表面积。

②无机胶体：主要是细颗粒的粘土微粒，能够强烈吸附土壤溶液中的有机物及高价金属离子。

③有机无机复合胶体：是由一部分矿物胶体和腐殖质胶体结合在一起所形成，这种结

合可能是通过金属离子的桥键，也可能通过交换阳离子周围的水分子氢键来完成。

2. 土壤胶体的性质

①巨大的表面积和表面能

②电荷性质土壤胶体带有一定电荷，通常，土壤无机胶体如 $SiO_2 \cdot nH_2O$ 离解出 H^+，而 SiO_3^{2-} 留在胶核表面，使胶体带负电荷；土壤腐殖质分子中的羧基及羟基离解 H^+ 后，胶体表面的 $R—COO^-$ 及 RO^- 表现负电性。两性胶体在不同酸度条件下可以带负电，也可以带正电，例如 $Al（OH）_3$ 可呈：

$$Al（OH）_3 + H^+ \rightleftharpoons Al（OH）_2^+ + H_2O$$

$$Al（OH）_3 + OH^- \rightleftharpoons Al（OH）_2O^- + H_2O$$

③分散性和凝聚性：胶体微粒分散在水中成为胶体溶液，称为溶胶，胶体微粒相互凝聚呈无定形的凝胶体称为凝胶，在酸性条件下，土壤胶体主要是阴离子胶体，它在阳离子作用下凝聚。阳离子对土壤负胶体的凝聚能力随离子价数增高、半径增大而增大。常见阳离子凝聚能力大小顺序为：

$$Fe^{3+} > Al^{3+} > Ca^{2+} > Mg^{2+} > K^+ > NH_4^+ > Na^+$$

3. 土壤的吸附与交换

（1）土壤的吸附作用

①生物吸收：是指植物和土壤微生物对营养物质的吸收保蓄作用。生物吸收具有选择性和提供表层土壤养分的能力，因此生物吸收是促进土壤肥力发展的动力。

②机械吸收：土壤是多孔性、具有巨大表面积的物质，能把大于孔隙的物质阻留，小于孔隙的颗粒也能阻留在土壤中，机械吸收对可溶性颗粒物的作用最为明显。

③物理吸收（分子吸收）：是指土壤颗粒对分子态物质的吸附作用。土壤越细，分子态物质极性越强，物理吸附性能越大，但物理吸附能力较小，不是土壤保持肥力的主要因素。

④化学吸收：土壤溶液中的可溶性物质相互作用，产生难溶性化合物而固定在土壤中。例如 $Ca（H_2PO_4）_2$ 施入石灰性土壤中生成难溶的 $Ca_3（PO_4）_2$，或在酸性土壤中与 Al^{3+}、Fe^{3+} 生成 $AlPO_4$ 或 $FePO_4$ 而沉淀：

$$2CaCO_3 + Ca（H_2PO_4）_2 = Ca_3（PO_4）_2 \downarrow + 2H_2O + 2CO_2 \uparrow$$

$$Al^{3+} + PO_4^{3-} = AlPO_4 \downarrow$$

化学吸收通常是一种化学固定作用，一方面防止养分流失，但降低养分的效力；另一方面对于有毒重金属起净化作用。

⑤物理 - 化学吸收（离子交换）：是指土壤胶体对土壤溶液中离子态物质的保蓄作用，即胶粒表面吸附的离子和溶液中的同号离子进行交换，通过离子交换，既能保存离子态养分，又能在需要时释放，因此是土壤一种重要的保肥形式，也是一种重要的净化作用。

（2）离子交换作用

①阳离子交换：即土壤胶体所吸附的阳离子和土壤溶液的阳离子进行交换，例如 NH_4Cl 处理土壤，NH^{4+} 将把土壤胶体表面的阳离子取代：

$$胶核 \cdot M^{n+} + nNH_4^+ \rightleftharpoons 胶核 \cdot nNH_4^+ + M^{n+}$$

M^{n+} 表示 Al^{3+}、Fe^{3+}、Ca^{2+}、Mg^{2+} 及 K^+、Na^+、H^+ 等离子，反应中 NH_4^+ 进入胶核的过程称为交换吸附，而 Mn^+ 被置换进入溶液的过程称为解析作用。通常用阳离子交换量（CEC）来表示交换反应能力的大小，即一定 pH 时，100g 土壤所含有的全部交换性阳离子的摩尔数。土壤的阳离子交换量与土壤的类型、结构及腐殖质含量有关。各种阳离子的交换能力与离子的半径、价态有关。一般价数越大，交换能力越大；体积越大，交换能力越大；水合半径越小，交换能力越大，浓度越高，交换能力越强。一些阳离子交换能力按下列顺序排列：

$$Fe^{3+} > Al^{3+} > H^+ > Ca^{2+} > Mg^{2+} > K^+ > NH_4^+ > Na^+$$

上述离子中，Fe^{3+}、NH_4^+、Ca^{2+}、Mg^{2+}、K^+、NH_4^+、Na^+ 称之为盐基性离子，Al^{3+} 及 H^+ 虽非营养元素，但它们对土壤的理化性质和生物学性质影响很大，对重金属在土壤中的净化作用也有直接关系。

在吸附的全部阳离子中，盐基性离子所占的百分数称为盐基饱和度：

盐基饱和度 =（交换盐基离子总量 mol/100g 土 ÷ 阳离子交换总量 mol/100g 土）× 100

正常土壤的盐基饱和度一般保持在 70 ~ 90% 为宜，较高交换量和盐基饱和度的土壤不但有利于养分的保存和积累，在过量施肥时，无烧苗及倒伏现象，不但能固定养分，又能不断解吸供应，使土壤具有良好的保肥与供肥性能。

②阴离子交换：因土壤胶体也有带正电的胶体，特别是酸性土壤，因而能进行阴离子交换吸附

$$2Ca（HCO_3）_2 + Ca（H_2PO_4）_2 \rightarrow Ca_3（PO_4）_2 \downarrow + 4H_2O + 4CO_2 \uparrow$$

$$Al^{3+} + PO_4^{3-} \rightarrow AlPO_4 \downarrow$$

$$Fe^{3+} + PO_4^{3-} \rightarrow FePO_4 \downarrow$$

阴离子被土壤吸附的顺序为：

$$C_2O_4^{2-} > C_6O_7H_5^{3-} > PO_4^{3-} > SO_4^{2-} > Cl^- > NO_3^-。$$

（三）土壤的酸碱性和氧化 – 还原性

1. 土壤的酸碱性

土壤的微生物的活动、有机物的分解、营养元素的释放和土壤中元素的迁移都与土壤溶液的酸碱性有关。

①土壤的酸度：土壤溶液中的 H^+ 所引起的酸性和活性酸度。土壤胶体所吸附的可交

换性 H^+ 及 Al^+ 水解所产生 H^+ 总称为潜在酸度（包括交换酸和水解酸）。

（1）活性酸度：由土壤溶液游离 H^+ 所引起

（2）潜在酸度：胶体吸附 H^+ 及 Al^+ 水解所引起的。

（3）交换酸：用过量的盐类（KCl）与土壤胶体发生交换，将其交换转入溶液中所表现的酸度。

土壤胶体 H^+ + KCl ⇌ 土壤胶体 K^+ + HCl

土壤胶体 ~ $3Al^{3+}$ + 3KCl ⇌ 土壤胶体 ~ $3K^+$ + $AlCl_3$

$AlCl_3 + 3H_2O = Al(OH)_3 + 3HCl$

（4）水解酸：用弱酸强碱盐溶液处理土壤时，交换的 H^+ 所表现的酸性。

土壤胶体 ~ H^+ + NaAC ⇌ 土壤胶体 ~ Na^+ + HAC

一般土壤活性酸的〔H^+〕很少，而潜在酸的〔H^+〕较大，潜在酸在决定土壤性质上有很大作用，潜在酸与活性酸共存于于各平衡系统中：

土壤胶体 ~ Ca^{3+} + $2H^+$（活性酸）⇌ 土壤胶体 ~ $2H^+$（潜在酸）+ Ca^{2+}

（2）土壤碱度：土壤碱性主要来自土壤 Na_2CO_3、$NaHCO_3$、$CaCO_3$，以及胶体上交换性 Na^+，它们水解显碱性。

③土壤酸碱性对元素有效性的影响

2. 土壤的氧化 – 还原性

土壤具有氧化 - 还原特性，土壤中氧化 - 还原物质种类繁多，大致可分成无机体系和有机体系两大类。无机体系如氧体系、铁体系、锰体系、硫体系、氢体系；有机体系可包括不同分解程度的有机物、微生物及其代谢产物，根系分泌物，能引起氧化 - 还原反应的有机酸、酚醛和糖类等。

第二节 土壤污染的防治

一、土壤污染的内涵

土壤污染是指进入土壤中的有害、有毒物质超出土壤的自净能力，导致土壤的物理、化学和生物学性质发生改变，降低农作物的产量和质量，并危害人体健康的现象。土壤一旦遭受污染，不仅直接影响农作物的生长和产品质量，还能通过食物链和饮水间接危及人体健康。因此，防治和治理土壤污染刻不容缓。

二、土壤污染的特点及其类型

（一）土壤污染的特点

1. 土壤污染具有隐蔽性和滞后性

大气、水和废弃物污染等问题一般都比较直观，通过感官就能发现。而土壤的污染则不同，它往往要通过对土壤样品进行分析化验和农作物的残留检测，甚至通过研究对人畜健康状况的影响才能确定。因此，土壤污染从产生污染到出现问题通常会滞后较长的时间，因此土壤污染问题一般都不太容易受到重视。

2. 土壤污染的累积性

污染物质在大气和水体中，一般都比在土壤中更容易迁移。这使得污染物质在土壤中并不像在大气和水体中那样容易扩散和稀释，因此容易在土壤中不断积累而超标，同时也使土壤污染具有很强的地域性。

3. 土壤污染具有不可逆转性

重金属对土壤的污染基本上是一个不可转的过程，许多有机化学物质的污染也需要较长的时间才能降解，譬如：被某些重金属污染的土壤可能要 100 ~ 200 年时间才能够恢复。

4. 土壤污染难治理性

如果大气和水体受到污染，切断污染源之后通过稀释和自净化作用也有可能使污染问题不断逆转，但是积累在污染土壤中的难降解污染物则很难靠稀释作用和自净化作用来消除。土壤污染一旦发生，仅仅依靠切断污染源的方法则往往很难恢复，有时要靠换土、淋洗土壤等方法才能解决问题，其他治理技术可能见效较慢。因此，治理污染土壤通常成本较高，治理周期较长。

（二）土壤污染的类型

1. 水型污染

主要是工业废水和生活污水污染土壤。水型污染多是因污水灌田造成的，通过灌田使有害物质污染土壤，有的农作物大量富集某些有害物质，致使人食用后引起中毒。

2. 气型污染

大气中的污染物经降雨和沉降污染土壤。

主要污染物有铅、铜、砷和氟等。污染常呈现以污染源为中心的椭圆形或带状分布。

3. 固体废弃物污染

如垃圾、粪便、工业废渣、化肥、农药等污染土壤。其特点是污染范围比较局限或固定，并可通过风吹和雨淋冲刷污染较大范围的土壤和水体。土壤被某些重金属和农药污染后，有的被土壤吸附，有的变成难溶解的盐类，能较长期地残留在土壤中。如滴滴涕在土壤中分解95%需要10年时间，氯丹需要4年时间。土壤一旦被污染，要消除其危害十分困难。

三、土壤污染的现状及其危害

（一）土壤污染的现状

土壤是人类生存、兴国安邦的战略资源。随着工业化、城市化、农业集约化的快速发展，大量未经处理的废弃物向土壤系统转移，并在自然因素的作用下汇集、残留于土壤环境中。据估计，我国受农药、重金属等污染的土壤面积达上千万公顷，其中矿区污染土壤达200万 hm^2、石油污染土壤约500万 hm^2、固废堆放污染土壤约5万 hm^2，已对我国生态环境质量、食品安全和社会经济持续发展构成严重威胁。污染物质的种类主要有重金属、硝酸盐、农药及持久性有机污染物、放射性核素、病原菌/病毒及异型生物质等。按污染物性质，可分为无机污染、有机污染及生物污染等三大类型。根据环境中污染物的存在状态，可分为单一污染、复合污染及混合污染等。依污染物来源，可分为农业物资（化肥、农药、农膜等污染型）、工企三废（废水、废渣、废气污染型及城市生活废物（污水、固废、烟/尾气等污染型）。按污染场地又可分为农田、矿区、工业区、老城区及填埋区等污染退化。可见，我国土壤污染退化已表现出多源、复合、量大、面广、持久、毒害的现代环境污染特征，正从常量污染物转向微量持久性毒害污染物，尤其在经济快速发展地区。我国土壤污染退化的总体现状已从局部蔓延到区域，从城市城郊延伸到乡村，从单一污染扩展到复合污染，从有毒有害污染发展至有毒有害污染与N、P营养污染的交叉，形成点源与面源污染共存，生活污染、农业污染和工业污染叠加，各种新旧污染与二次污染相互复合或混合的态势。

（二）土壤污染的危害

土壤污染带来及其严重的后果。第一，土壤污染使本来就紧张的耕地资源更加短缺。第二，土壤污染给人民的身体健康带来极大的威胁。第三，土壤污染给农业发展带来很大的不利影响。第四，土壤污染也是造成其他环境污染的重要原因。第五，土壤污染中的污染物具有迁移性和滞留性，有可能继续造成新的土地污染。第六、土壤污染严重危及后代子孙的利益，不利于农村经济的可持续发展。

四、土壤污染问题的防治措施

土壤污染的防治包括两个方面：一是"防"，就是采取对策防止土壤污染；一是"治"，就是对已经污染的土壤进行改良、治理。

（一）土壤污染的预防措施

1. 科学地利用污水灌溉农田

废水种类繁多，成分复杂，有些工业废水可能是无毒的，但与其他废水混合后，即变成了有毒废水。因此，利用污水灌溉农田时，必须符合《不同灌溉水质标准》，否则，必须进行处理后，符合标准要求后方可用于灌溉农田。

2. 合理使用农药，积极发展高效低残留农药

科学地使用农药能够有效地消灭农作物病虫害，发挥农药的积极作用。合理使用农药包括：严格按《农药管理条例》的各项规定进行保存、运输和使用。使用农药的工作人员必须了解农药的有关知识，以合理选择不同农药的使用范围、喷施次数、施药时间以及用量等，使之尽可能减轻农药对土壤的污染。禁止使用残留时间长的农药，如六六六、滴滴涕等有机氯农药。发展高效低残留农药，如拟除虫菊酯类农药，这将有利于减轻农药对土壤的污染。

3. 积极推广生物防治病虫害

为了既能有效地防治农业病虫害又能减轻化学农药的污染，需要积极推广生物防治方法，利用益鸟、益虫和某些病原微生物来防治农林病虫害。例如，保护各种以虫为食的益鸟；利用赤眼蜂、七星瓢虫、蜘蛛等益虫来防治各种粮食、棉花、蔬菜、油料作物以及林业病虫害；利用杀螟杆菌、青虫菌等微生物来防治玉米螟、松毛虫等。利用生物方法防止农林病虫害具有经济、安全、有效和不污染的特点。

4. 提高公众的土壤保护意识

土壤保护意识是指特定主体对土壤保护的思想、观点、知识和心理，包括特定主体对土壤本质、作用、价值的看法，对土壤的评价和理解，对利用土壤的理解和衡量，对自己土壤保护权利和义务的认识，以及特定主体的观念。在开发和利用土壤的时候，应进一步加强舆论宣传工作，使广大干部群众都知道，土壤问题是关系到国泰民安的大事。让农民和基层干部充分了解当前严峻的土壤形势，唤起他们的忧患感、紧迫感和历史使命感。

（二）土壤污染的治理措施

1. 污染土壤的生物修复方法

土壤污染物质可以通过生物降解或植物吸收而被净化。蚯蚓是一种能提高土壤自净能力的动物，利用它还能处理城市垃圾和工业废弃物以及农药、重金属等有害物质。因此，蚯蚓被人们誉为"生态学的大力士"和"净化器"等。积极推广使用农药污染的微生物降解菌剂，以减少农药残留量。利用植物吸收去除污染：严重污染的土壤可改种某些非食用的植物如花卉、林木、纤维作物等，也可种植一些非食用的吸收重金属能力强的植物，如羊齿类铁角蕨属植物对土壤重金属有较强的吸收聚集能力，对镉的吸收率可达到10%，连

续种植多年则能有效降低土壤含镉量。

2. 污染土壤治理的化学方法

对于重金属轻度污染的土壤，使用化学改良剂可使重金属转为难溶性物质，减少植物对它们的吸收。酸性土壤施用石灰，可提高土壤 pH 值，使镉、锌、铜、汞等形成氢氧化物沉淀，从而降低它们在土壤中的浓度，减少对植物的危害。对于硝态氮积累过多并已流入地下水体的土壤，一则大幅度减少氮肥施用量，二则配施脲酶抑制剂、硝化抑制剂等化学抑制剂，以控制硝酸盐和亚硝酸盐的大量累积。

3. 增施有机肥料

增施有机肥料可增加土壤有机质和养分含量，既能改善土壤理化性质特别是土壤胶体性质，又能增大土壤容量，提高土壤净化能力。受到重金属和农药污染的土壤，增施有机肥料可增加土壤胶体对其的吸附能力，同时土壤腐殖质可络合污染物质，显著提高土壤钝化污染物的能力，从而减弱其对植物的毒害。

4. 调控土壤氧化还原条件

调节土壤氧化还原状况在很大程度上影响重金属变价元素在土壤中的行为，能使某些重金属污染物转化为难溶态沉淀物，控制其迁移和转化，从而降低污染物危害程度。调节土壤氧化还原电位即 Eh 值，主要通过调节土壤水、气比例来实现。在生产实践中往往通过土壤水分管理和耕作措施来实施，如水田淹灌，Eh 值可降至 160mv 时，许多重金属都可生成难溶性的硫化物而降低其毒性。

5. 改变轮作制度

改变耕作制度会引起土壤条件的变化，可消除某些污染物的毒害。据研究，实行水旱轮作是减轻和消除农药污染的有效措施。如 DDT、六六六农药在棉田中的降解速度很慢，残留量大，而棉田改水后，可大大加速 DDT 和六六六的降解。

6. 换土和翻土

对于轻度污染的土壤，采取深翻土或换无污染的客土的方法。对于污染严重的土壤，可采取铲除表土或换客土的方法。这些方法的优点是改良较彻底，适用于小面积改良。但对于大面积污染土壤的改良，非常费事，难以推行。

7. 实施针对性措施

对于重金属污染土壤的治理，主要通过生物修复、使用石灰、增施有机肥、灌水调节土壤 Eh、换客土等措施，降低或消除污染。对于有机污染物的防治，通过增施有机肥料、使用微生物降解菌剂、调控土壤 pH 和 Eh 等措施，加速污染物的降解，从而消除污染。

第八章　城市固体废物污染与控制

第一节　固体废物的来源和特点

一、固体废物的概念

　　固体废物是指在社会的生产、流通、消费等一系列活动中产生的，在一定时间和地点无法利用而被丢弃的污染环境的固体、半固体废弃物质。不能排入水体的液态废物和不能排入大气的置于容器中的气态废物，由于多具有较大的危害性，一般也归入固体废物管理体系。

二、种类

　　固体废物种类固体废物种类繁多，按其组成可分为有机废物和无机废物；按其形态可分为固态的废物、半固态废物和液态（气态）废物。

　　发生源产生的主要固体废物矿业废石、尾矿、金属、废木、砖瓦和水泥、砂石等冶金、金属结构、交通、机械等工业金属、渣、砂石、陶瓷、涂料、管道、绝热和绝缘材料、黏结剂、污垢、废木、塑料、橡胶、纸、各种建筑材料、烟尘等建筑材料工业金属、水泥、黏土、陶瓷、石膏、石棉、砂、石、纸、纤维等食品加工业肉、谷物、蔬菜、硬壳果、水果、烟草等橡胶、皮革、塑料等工业橡胶、塑料、皮革、纤维、染料等石油化工工业化学药剂、金属、塑料、橡胶、陶瓷、沥青、油毡、石棉、涂料等电器、仪器仪表等工业金属、玻璃、木、橡胶、塑料、化学药剂、研磨料、陶瓷、绝缘材料等纺织服装工业纤维、金属、橡胶、塑料等造纸、木材、印刷等工业刨花、锯末、碎木、化学药剂、金属、塑料等居民生活食物、纸、木、布、庭院植物修剪物、金属、玻璃、塑料、瓷、燃料灰渣、脏土、碎砖瓦、废器具、粪便等商业、机关同上，另有管道、碎砌体、沥青及其他建筑材料，含有易爆、易燃腐蚀性、放射性废物以及废汽车、废电器、废器具等市政维护、管理部门碎砖瓦、树叶、死禽畜、金属、锅炉灰渣、污泥等农业秸秆、蔬菜、水果、果树枝条、人和禽畜粪便、农药等核工业和放射性医疗单位金属、含放射性废渣、粉尘、污泥、器具和建筑材料等。在《固体废物污染环境防治法》中将其分为城市固体废物、工业固体废物和有害废物。

　　1.城市固体废物城市固体废物是指居民生活、商业活动、市政建设与维护、机关办公等过程产生的固体废物，一般分为以下几类：

（1）生活垃圾：城市生活垃圾是指在城市居民日常生活中或为城市日常生活提供服务的活动中产生的固体废物。我国城市垃圾主要由居民生活垃圾、街道保洁垃圾和集团垃圾三大类组成。居民生活垃圾数量大、性质复杂，其组成受时间和季节影响大。街道保洁垃圾来自街道等路面的清扫，其成分与居民生活垃圾相似，但泥沙、枯枝落叶和商品包装较多，易腐有机物较少，含水量较低。集团垃圾指机关、学校、工厂和第三产业在生产和工作过程中产生的废弃物，它的成分随发生源不同而变化，但对某个发生源则相对稳定。例如，来自农贸市场的垃圾以易腐性有机物占绝大多数；旅游、交通枢纽的垃圾以各类性质的商品包装物及瓜果皮核为主；制衣厂、制鞋厂及电子、塑料厂的垃圾一般以该厂主要产品下脚料为主。这类垃圾与居民生活垃圾相比，具有成分较为单一稳定，平均含水量较低和易燃物（特别是高热值的易燃物）多的特点，它的热值一般为 6000 ~ 20 000kJ/kg。根据广州市调查，上述三类垃圾分别占垃圾总量的 67.5%、11.0% 和 21%。

（2）城建渣土：城建渣土包括废砖瓦、碎石、渣土、混凝土碎块（板）等。

（3）商业固体废物：商业固体废物包括废纸、各种废旧的包装材料、丢弃的主（副）食品等。

（4）粪便：工业先进国家城市居民产生的粪便，大都通过下水道输入污水处理场处理。而我国的城市下水处理设施少，粪便需要收集、清运，是城市固体废物的重要组成部分。工业固体废物工业固体废物是指在工业、交通等生产过程中产生的固体废物。工业固体废物主要包括冶金工业固体废物、能源工业固体废物、石油化学工业固体废物、矿业固体废物、轻工业固体废物、其他工业固体废物。有害废物有害废物又称危险废物，泛指除放射性废物以外，具有毒性、易燃性、反应性、腐蚀性、爆炸性、传染性因而可能对人类的生活环境产生危害的废物。世界上大部分国家根据有害废物的特性，即急性毒性、易燃性、反应性、腐蚀性、浸出毒性和疾病传染性，均制定了自己的鉴别标准和有害废物名录。联合国环境规划署《控制有害废物越境转移及其处置巴塞尔公约》列出了"应加控制的废物类别"共45类，"须加特别考虑的废物类别"共2类，同时列出了有害废物"危险特性的清单"共13种特性。根据1998年1月4日由中华人民共和国国家环境保护局、国家经济贸易委员会、对外贸易经济合作部和公安部联合颁布，于1998年7月1日实施的《国家有害废物名录》中，我国有害废物共分为47类。其中规定，"凡《名录》所列废物类别高于鉴别标准的属有害废物，列入国家有害废物管理范围；低于鉴别标准的，不列入国家有害废物管理。"固体废物的类别，除以上三者之外，还有来自农业生产、畜禽饲养、农副产品加工以及农村居民生活所产生的废物，如农作物秸秆、人畜禽排泄物等。这些废物多产于城市外，一般多就地加以综合利用，或作沤肥处理，或作燃料焚化。在我国的《固体废物污染环境防治法》中，对此未单独列项做出规定。

三、固体废物特点

1. 资源和废物的相对性

固体废物具有鲜明的时间和空间特征，是在错误时间放在错误地点的资源。从时间方面讲，它仅仅是在目前的科学技术和经济条件下无法加以利用，但随着时间的推移，科学技术的发展，以及人们的要求变化，今天的废物可能成为明天的资源。从空间角度看，废物仅仅相对于某一过程或某一方面没有使用价值，而并非在一切过程或一切方面都没有使用价值。一种过程的废物，往往可以成为另一种过程的原料。固体废物一般具有某些工业原材料所具有的化学、物理特性，且较废水、废气容易收集、运输、加工处理，因而可以回收利用。

2. 富集终态和污染源头的双重作用

固体废物往往是许多污染成分的终极状态。例如，一些有害气体或飘尘，通过治理最终富集成为固体废物；一些有害溶质和悬浮物，通过治理最终被分离出来成为污泥或残渣；一些含重金属的可燃固体废物，通过焚烧处理，有害金属浓集于灰烬中。但是，这些"终态"物质中的有害成分，在长期的自然因素作用下，又会转入大气、水体和土壤，故又成为大气、水体和土壤环境的污染"源头"。

3. 危害具有潜在性、长期性和灾难性

固体废物对环境的污染不同于废水、废气和噪声。固体废物呆滞性大、扩散性小，它对环境的影响主要是通过水、气和土壤进行的。其中污染成分的迁移转化，如浸出液在土壤中的迁移，是一个比较缓慢的过程，其危害可能在数年以致数十年后才能发现。从某种意义上讲，固体废物，特别是有害废物对环境造成的危害可能要比水、气造成的危害严重得多。

第二节 固体废物防治

一、固体废物的危害特性

固体废物对环境能够造成多方面的污染。（1）对土壤的污染：固体废物的存放不仅占用大量的土地，而且常常是群蝇乱舞，灰尘飞扬。大量有毒废物，在风化作用下，到处流失，其渗出液所含的有毒物质会改变土质和土壤结构，使土壤遭到污染。一些病菌通过这些植物传染给人，危害人的健康。（2）对水域的污染：固体废物在雨水的作用下，可以很容易地流入江河湖海或通过土壤而渗到地下水中，造成严重污染与破坏。更恶劣的是

直接把固体废物倾倒入河流、湖泊、海洋，造成更严重的污染，引起大批水生生物中毒死亡。（3）对大气的污染：固体废物在堆放过程中，在温度、水分的作用下，某些有机物质发生分解，产生有害气体。一些腐败的垃圾废物散发腥臭味，造成对大气的污染。以微粒状态存在的固体废物在风的吹动下，随风飘扬，扩散到大气中。如粉煤灰的颗粒小，遇到风就会灰尘满天，使空气污浊，影响人体健康，玷污建筑物、花果树木，危害市容卫生。

二、固体废弃物污染防治及存在的问题

发达国家的经验和教训表明，将有害固体废物任意丢弃或进行不安全的填埋，对环境的污染是极难治理的，多数情况下要花费巨额投资。现在有的城市，特别是近几年刚发展起来的县级市，还没有专门的固体废物处理场所，即使有一定的填埋场，其环保要求，技术操作规范等也达不到国家规定的标准。人们对固体废物的危害性，固体废物的资源化认识程度不高，致使大量的固体废物随意抛弃，堆积，填埋，综合回收利用率较低。长期以来，在自然环境中囤积数量已达到较高的程度，大量有毒有害物质渗透到自然环境中，已经或正在对生态环境造成极大的破坏。据有关资料反映，我国每年产生的固体废物可利用而没有被利用的资源价值 250 多亿元。发达国家再生资源综合利用率达到了 50 ~ 80%，而我国只有 30%，并且固体废物无害化处置与发达国家相比相差甚远。其主要原因：一是环境因素。全社会对固体废物的处置与综合利用的重要性，紧迫性认识不足，还没有形成人人自觉保护环境，积极支持回收利用工作的风气。二是技术因素。固体废物的处置与利用技术要求高，而我国目前综合利用的科技水平、加工设备、生产工艺等都比较落后，因投入少，科技开发能力弱，制约着固体废物处置与利用产业的发展。如，我国城市固体生活垃圾的直接分类回收设施仍相当落后，甚至是空白的状况，这些垃圾的分类回收几乎全靠拾荒者。三是政策因素。国家制定的关于固体废物的法律仅有一部《中华人民共和国固体废物污染环境防治法》，且没有相关的实施细则和法律解释，缺乏实际操作性。固体废物资源化综合利用相关的法律、法规还没有出台。固体废物综合利用缺乏强有力的、长期的激励机制和制约机制。

三、固体废物的污染防治原则

"减量化、资源化、无害化"是固体废物污染防治的总原则。"减量化"是通过适宜的手段减少固体废物的数量和容积。"资源化"是指采用工艺技术，从固体废物中回收有用的物质与资源。"无害化"是将不能回收利用资源化的固体废物，通过物理、化学等手段进行最终处置，使之达到不损害人体健康，不污染周围的自然环境的目的。

四、防治对策

1. 加大宣传力度，提高公众的环境意识

要通过新闻舆论的监督力、宣传力，加强对全社会的环保宣传教育，提高公众的环保意识、对固体废物危害的认识，最终促使每个单位、个人能自觉地减少及合法地处理处置固体废弃物。

2. 制定城市固体废物处置与利用的整体规划

遵循距固体废物产生源点较近且交通便利，远离人口密集居住区，历史文物保护区，自然保护区，风景区和水源保护区的原则，确定固体废物处理处置设施的建设规划，向区域型集中化方向发展。在规划建设方面，避免设施重复建设，应集中资金建设技术设备较全面，处理处置水平高的大型固体废物处理场。

3. 加强固体废物处置与利用技术的研究及引进

目前我国固体废物处置与利用的科技水平，加工设备，生产工艺等都比较落后。目前我国尚没有一座正规的大型垃圾综合处理场，这与我们这个垃圾大国很不相称。因此，政府应加大这方面的投入，积极地引进国外的先进技术。科研单位要努力的开发研究，使我国的固体废物处置与综合利用技术提高到一个新水平。

4. 建立完整的废旧物资回收系统

发达国家一般都建有完整的废旧物资回收系统。日本，德国等国家对生活固体垃圾都是实施分类回收制。法国采用最先进的电脑控制垃圾回收系统。法国还征收家庭垃圾税，以确保收集系统所需的经费。美国各个洲都有关于生活垃圾处理的法律，这些法律详细规定居民在处理生活垃圾时必须将可回收的纸，玻璃制品、塑料制品和其他无法直接回收利用的生活垃圾分开。

第九章　能源与环境

第一节　能源概述

一、能源的定义

能源亦称能量资源或能源资源，是可产生各种能量（如热量、电能、光能和机械能等）或可做功的物质的统称。

能源与自然资源的区别：

（1）能源和自然资源的概念外延是交叉关系，即有一些自然资源不属于能源，如，铁矿石、铝土等；而有一些自然资源本身也属于能源，如煤、石油、天然气等。另外有一些能源就不属于自然资源，如，核电、水电、火电等。

（2）自然资源必须直接来源于自然界，而且具有自然属性；而能源则不同，它既可以直接来源于自然界，也可以间接来源于自然界，既具有自然属性又具有经济属性。

二、能源的分类

能源种类繁多，而且经过人类不断的开发与研究，更多新型能源已经开始能够满足人类需求。根据不同的划分方式，能源也可分为不同的类型。

首先根据产生的方式以及是否可以再利用能源可分为一次能源和二次能源、可再生能源和不可再生能源。

一次能源：从自然界取得的未经任何改变或转换的能源，包括可再生的水力资源和不可再生的煤炭、石油、天然气资源，其中包括水、石油和天然气在内的三种能源是一次能源的核心，它们成为全球能源的基础；除此以外，太阳能、风能、地热能、潮汐能、生物能以及核能等可再生能源也被包括在一次能源的范围内。

二次能源：一次能源经过加工或转换得到的能源，包括电力、煤气、汽油、柴油、焦炭、洁净煤、激光和沼气等。一次能源转换成二次能源会有转换损失，但二次能源有更高的终端利用效率，也更清洁和便于使用。

可再生能源：指在自然界中可以不断再生、永续利用、取之不尽、用之不竭的资源，它对环境无害或危害极小，而且资源分布广泛，适宜就地开发利用。可再生能源主要包括太阳能、风能、水能、生物质能、地热能和海洋能等。

不可再生能源：泛指人类开发利用后，在现阶段不可能再生的能源资源。如煤和石油都是古生物的遗体被掩压在地下深层中，经过漫长的地质年代而形成的（故也称为"化石燃料"），一旦被燃烧耗用后，不可能在数百年乃至数万年内再生，因而属于"不可再生能源"。

其次根据能源消耗后是否造成环境污染可分为污染型能源和清洁型能源，污染型能源包括煤炭、石油等，清洁型能源包括水力、电力、太阳能、风能以及核能等。绿色能源也称清洁能源，它可分为狭义和广义两种概念。狭义的绿色能源是指可再生能源，如水能、生物能、太阳能、风能、地热能和海洋能。这些能源消耗之后可以恢复补充，很少产生污染。广义的绿色能源则包括在能源的生产及其消费过程中，选用对生态环境低污染或无污染的能源，如天然气、清洁煤（将煤通过化学反应转变成煤气或"煤"油，通过高新技术严密控制的燃烧转变成电力）和核能等。

中国作为一个发展中国家，经济实力和科技水平有限，要实现可持续发展，今后几十年内仅仅着眼于再生能源的开发利用是不现实的，所以广义的绿色能源概念对中国更有意义。

根据能源使用的类型又可分为常规能源和新型能源。

常规能源：在现有经济和技术条件下，已经大规模生产和广泛使用的能源，包括一次能源中的可再生的水力资源和不可再生的煤炭、石油、天然气、水能和核裂变能等资源。

新型能源：在新技术上系统开发利用的能源，包括太阳能、风能、地热能、海洋能、生物能以及用于核能发电的核燃料等能源。新能源大部分是天然和可再生的，是未来世界持久能源系统的基础。

也可以分为商品能源和非商品能源。

商品能源：作为商品流通环节大量消耗的能源。目前主要有煤炭、石油、天然气、水电和核电5种。

非商品能源：就地利用的薪柴、秸秆等农业废弃物及粪便等能源，通常是可再生的。非商品能源在发展中国家农村地区的能源供应中占有很大比重。2005年，我国农村居民生活用能源有53.9%是非商品能源。

随着全球各国经济发展对能源需求的日益增加，现在许多发达国家都更加重视对可再生能源、环保能源以及新型能源的开发与研究；同时我们也相信随着人类科学技术的不断进步，专家们会不断开发研究出更多新能源来替代现有能源，以满足全球经济发展与人类生存对能源的高度需求，而且我们能够预计地球上还有很多尚未被人类发现的新能源正等待我们去探寻与研究。

4. 常见能源介绍

原煤：原煤是指煤矿生产出来的未经洗选、筛选加工而只经人工拣矸的产品。包括天然焦及劣质煤，不包括低热值煤等。按其炭化程度可划分为泥煤、褐煤、烟煤、无烟煤。原煤主要作动力用，也有一部分作工业原料和民用原料。

焦炉煤气：焦炉煤气是指用几种烟煤配成炼焦用煤，在炼焦炉中经高温干馏后，在产出焦炭和焦油产品的同时所得到的可燃气体，是炼焦产品的副产品。主要作燃料和化工原料。

天然气：天然气是指地层内自然存在的以碳氢化合物为主体的可燃性气体。在动力工业、民用燃料、工业燃料、冶金、化工各方面有广泛应用。

汽油：汽油是指从原油分馏和裂化过程取得的挥发性高、燃点低、元色或淡黄色的轻质油。汽油按用途可分航空汽油、车用汽油、工业汽油等。

煤油：煤油是一种精制的燃料，挥发度在车用汽油和轻柴油之间，不含重碳氢化合物。按用途可分灯用煤油、拖拉机用煤油、航空用煤油和重质煤油。煤油除了作为燃料外，还可作为机器洗涤剂以及医药工业和油漆工业的溶剂。

柴油：柴油是指炼油厂炼制石油时，从蒸馏塔底部流出来的液体，属于轻质油，其挥发性比煤油低，燃点比煤油高。根据凝点和用途的不同，分为轻柴油、中柴油和重柴油。轻柴油主要作柴油机车、拖拉机和各种高速柴油机的燃料。中柴油和重柴油主要作船舶、发电等各种柴油机的燃料。

燃料油：燃料油也称重油，是炼油厂炼油时，提取汽油、煤油、柴油之后，从蒸馏塔底部流出来的渣油，加入一部分轻油配制而成。主要用于锅炉燃料。

液化石油气：液化石油气亦称液化气或压缩汽油，是炼油精制过程中产生并回收的气体在常温下经过加压而成的液态产品。主要用途是石油化工原料，脱硫后可直接做燃料。

热力：热力是指可提供热源的热水和过热或饱和蒸汽。包括使用单位的外购蒸汽和热水。不包括企业自产自用的蒸汽和热水。

电力：电力是指发电机组进行能量转换产出的电能量，包括火力发电、水力发电、核能发电和其他动能发电。

第二节　能源、环境与社会发展之间的关系

一、我国能源概况

我国能源资源总量名列世界前列，其中水能和煤炭较为丰富，蕴藏量分别居世界第一和第三位，但人均能源资源占有量很低。中国能源资源的地区分布，总体说来是北多南少、西富东贫。能源品种的地区分布是：煤大多在北方地区，油气在西部地区，水能多集中在西南地区；而中国经济发达、能源需求量大的地区却多位于东南沿海地区。我国的能源构

成可总结为以下五句话：我国是以煤炭为主的产能大国；人均能源耗能不多；能源分布不均匀；能源利用率低；能源资源地区分布远离经济发达地区。

二、能源与环境

能源是人类社会存在和发展的物质基础。人类社会的发展历程与人类利用能源的历史密不可分，每一次对新型能源的开发利用都给人类的生活带来了严重的影响，特别是近200年来，建立在煤炭、石油、天然气等化石燃料基础上的能源体系极大地推动了人类社会的进步和发展。

然而，能源开发利用工程中产生的环境问题随着能源生产和消费的增长而日益严峻。同样，能源开发仍然是未来生态影响和环境污染物排放的主要来源，是影响区域环境质量和人体健康的重要因素。因此，减少能耗成为未来人类社会可持续发展最具挑战性的问题。

在人类的生活和生产中，需要将能源从初级形式转换成可以消费的高级形式，这种转变对环境产生了各方面的负面影响。多数环境污染问题与能源问题直接相关，如空气污染、水体和土壤污染、热污染、放射性污染和固体污染等。化石燃料的燃烧，排放的 SO_2、NOx、CO、碳氢化合物和烟尘等直接污染大气，污染物在大气中经过物理过程和光化学反应形成酸雨和光化学烟雾影响涉及更广的范围。能源工业产生的大量固体废物也污染大气、水和土壤。放射性污染主要来自核电站，核武器试验也是污染源。此外，与火力发电相比，核电站排放废热更严重，他将全部热能的 2/3 排向环境。

我国是典型的能源消费性污染，是世界上少数几个能源以煤为主的国家之一，煤烟型污染是我国生态环境的首要因素，也是酸雨形成的主要原因。我国 CO_2 的排放量仅次于美国居世界第二位，因而引起国际的关注。据统计，1997年，全国 SO_2 排放量为2370万t，烟尘排放量为1840万t，能源消费在上述两项的排放中的贡献分别为85%和70%；1995年，酸雨沉降造成的经济损失达1165亿元，占当年 GDP 的1.9%；空气污染引起的呼吸道疾病成为死亡的祸首，列城市的二、三位。

能源与环境关系十分密切。能源开发利用影响环境质量，环境保护要求能源结构升级。能源是环境问题产生的根源，环境是影响能源决策的关键因素。经验表明，环境约束对可持续能源战略和能源供求的技术进步有决定性作用。受环境友好型社会建设要求的制约，环境保护将成为中国能源长期发展必须考虑的重要因素。目前能源生产和利用技术落后，先进的环保技术没有得到广泛的运用仍是中国环境污染的重要因素。

三、能源与社会发展

1.能源利用与人类文明

人类进化发展的程序是一步不断向自然界索取能源的历史，人类文明的每一步都和能源的使用息息相关。回顾人类历史，可看成人类文明经历了三个能源时期，即薪柴时代、煤炭时代和石油时代。

（1）薪柴时代

薪柴是人类第一代主体能源。人类发展史上的一大飞跃，是对火的利用。原始人从天然火中保存火种，以草木取暖，吃熟食，抵御猛兽侵害。利用可燃物燃烧释放出的化学能，人类加快了进化步伐，使原始人寿命更长、对自然的适应能力更强。后来，人类掌握了取火的方法，使得人类的活动范围进一步扩大。同时，人类还靠人力、畜力以及来自太阳、风和水的动力从事生产活动，逐步发展了农业文明。当然，这一阶段能源的利用形式也是低级的。

（2）矿物能源时代

对矿物能源的利用，早在公元前几百年前就开始了。在中国汉朝时期，就有用煤炼铁的记载。人们用这种先进的能源开发了炼铁技术，使人类在制造工具方面又大大地前进了一步，结合纺织造纸等技术的兴起，极大促进了农业文明的发展。矿物能源的第二次大规模利用，有三个重要事件。一是蒸汽机的发明与使用。蒸气机大量使用煤炭，推动各种机械做功，促进了第一次工业革命的兴起，为人类跨入工业社会做出了重要贡献。二是石油的发现和内燃机的发明与使用，使工业生产规模极大地扩大。三是电力的出现。以大量煤炭和石油为燃料的电厂，向各个生活和生产领域提供电能，极大地提高了人类的生活和工业生产水平，同时也促进了科技进步。19世纪末期，水力发电技术也得到应用。电能的大规模使用，促进了第二次工业文明的蓬勃发展。

（3）新能源时代

20世纪，随着矿物能源使用的负面影响越来越大，人们更加重视通过不同途径寻求能源。首先是各国纷纷加大水利发电的开发力度，其次是核能的利用。利用核能是人类发展史上的大事。核能的军事利用，使人类面临着毁灭的潜在危险。核能的和平利用，使人类找到了一种潜力巨大的能源。这一时期人类开发利用的新能源还有太阳能、风力发电、地热能、海洋能、生物质能、氢能等。其中对风能、水能、生物质能的利用已经大大超越了古时候效率低下的利用形式。第三次科技革命以来，尤其是信息技术的发展，极大地提高了能源利用和管理的效率，促进了人类文明的繁荣与发展。

2. 能源与经济

能源是经济发展的主要动力来源，它推动着经济的发展，并对经济发展的规模和速度起到举足轻重的作用。

能源是经济发展的重要物质基础。任何社会生产都需要投入一定的能源生产要素，没有能源就不可能形成现实的生产力。在现代化生产中，各个行业的发展都是与能源密不可分的。工业中各种产品的制造都需要以能源为基础，农业生产的机械化、水利化、化学化和电气化也是和能源消费联系在一起的，交通运输、商业和服务业的发展更是与能源分不开的。

能源是推动技术进步的主要因素。翻开各国的经济发展史，任何一次重大的技术进步都是与能源的推动作用息息相关的。煤炭的使用和蒸汽动力的发明开拓了人类工业化的里程碑，同样，农业、交通和国防技术的进步都是依赖于能源的。煤炭、石油、天然气以及新能源、可再生能源使用范围的逐渐扩大，不但促进了能源行业的技术进步，而且极力推动了整个社会的经济发展和技术革新。因此，能源促进劳动生产率的提高是能源促进技术进步的必然结果。

能源是促进新产业发展的原动力。能源不仅是经济发展不可缺少的燃料和动力，而且能源本身的生产也促进了新产业的诞生和发展。例如，化肥、纤维、橡胶、塑料的制造以及煤炭工业和石油化工等行业的发展不只是促进了能源工业的崛起、创造了一批新兴产业，同时也为其他产业的改造提供了有利的条件。

人类的每一次进步都与能源息息相关。在新的发展形势下，我国经济发展对能源系统提出了新的要求，主要表现在能源需求总量、能源结构、能源效率三个方面。在优化结构、提高效益、降低能耗、保护环境的前提下，我国的经济发展对能源结构提出了更高的要求，主要表现在能源品种的需求方面。虽然在短期内无法改变我国以煤为主的能源消费结构，但是煤炭消费比重将会有降低的趋势，而石油、天然气则会相应提高，同时风能、太阳能等可再生能源的开发和使用力度也会不断加大，整个社会正在迈进清洁型、环境友好型的能源发展之路。

综上所述，经济和能源发展之间相互依赖、相互依存。一方面，经济发展是以能源为基础的，能源促进了国民经济的发展；另一方面，能源发展是以经济发展为前提的，能源特别是新能源和可再生能源的大规模开发和利用要依靠经济的有力支持。

3. 能源与生活

能源是提高人民生活水平的主要物质基础之一，生产离不开能源，生活同样离不开能源，而且生活水平越高，对能源的依赖性就越大。火的利用首先也是从生活利用开始的。从此，生活水平的提高就与能源联系在一起了，这不仅在于能源促进生产发展为生活提高创造了日益增多的物质产品，而且依赖于民用能源的数量增加和质量提高。民用能源既包括炊事、取暖、卫生等家庭用能，也包括交通、商业、饮食服务业等公共事业用能。所以，民用能源的数量和质量是制约生活水平的主要物质基础之一。

四、节能减排与能效管理

节能减排、能效管理，应是企业一以贯之的目标，同时也是一个渐进的目标。而要实现目标，途径和手段是多种多样的，大体可归为三大途径。

一是结构性节能减排。指通过经济结构、产业结构调整来达到节能减排目的。这也是从根本上实现节约能源和减少污染物排放量目标的途径。从企业角度看，结构性节能减排可重点从 3 个方面下功夫：第一，关注政策变化，按照国家的产业政策和行业准入标准以及地方政府的部署，限时关闭和淘汰高耗能、高排放、低效益和落后的生产工艺、设备和技术，投资开发低能耗、低污染的项目；第二，加大节能减排技术改造力度，产学研相结合实现节能减排技术创新，治理工业污染，全面推进清洁生产；第三，因地制宜开发和应用可再生能源和替代能源，减少传统化石能源消耗，从源头上减少环境污染。

二是工程性节能减排。指通过建设具有节能减排作用的工程项目，或引进清洁生产的工程项目，或精心组织的综合性节能减排工程项目，来实现节能减排的目标。项目建设坚持严格执行环境保护设施与主体工程同时设计、同时施工、同时投产的"三同时"制度，把好选址关，以实现企业节能减排，也可纳入工程性节能减排的范畴。近年来，地方政府实施的建筑节能、绿色照明、电机改造、锅炉的"煤改气"等重点工程，就属于工程性节能减排。重庆能源集团规划建设的15项重点项目，如永荣建新公司的热电联产工程，南桐矿业公司的特种水泥，燃气集团的联供，松藻的瓦斯液化项目、风排瓦斯项目，这些项目建成后必产生节能减排效应，也属于工程性节能减排。

三是管理性节能减排。节能减排是一个管理过程。从这个角度看，所有的节能减排手段都可归为管理性节能减排。但狭义而言，管理性节能减排特指通过加强管理，来实现节能减排的目的。管理性节能减排，主要包括这样几个层次：第一，结合企业特点，选取国际和国内的先进标杆企业，积极开展节能减排主要指标对标活动，找出差距，完善管理；第二，加强能源计量，不断完善企业节能减排的组织体系、监测体系、统计分析和规章制度，开展工序能耗或产品能耗限额考核和奖惩，推行能源审计，确保节能减排落到实处。

第三节　多种形式能源的开发利用及环境效应

一、太阳能的利用

1. 太阳能技术的历史

现代世界太阳能利用的发展过程大致可划分为8个阶段。从1615年法国工程师所罗门·德·考克斯发明世界上第一台利用太阳能驱动的抽水泵算起；1901～1920年这一阶段世界太阳能研究的重点仍然是太阳能动力装置。1921～1945年由于化石燃料的大量开采应用及爆发了第二次世界大战，此阶段太阳能利用的研究开发处于低潮，参加研究工作的人数和研究项目及研究资金大为减少；1946～1965年这一阶段，太阳能利用的研究开始复苏，加强了太阳能基础理论和基础材料的研究，在太阳能利用的各个方面都有较大进展；1966～1973年此阶段由于太阳能利用技术还不成熟，尚处于成长阶段，世界太阳能利用工作停滞不前，发展缓慢；1973～1980年这一时期爆发的中东战争引发了西方国家的"石油危机"，大家开始重视太阳能的利用，向新的能源结构过渡，客观上使这一阶段成了太阳能利用前所未有的大发展时期；1981～1991年由于世界石油价格大幅度回落，而太阳能产品价格居高不下，缺乏竞争力，太阳能利用技术无重大突破；1992年至今为第八阶段，1992年6月联合国"世界环境与发展大会"在巴西召开之后，世界各国加强了对清洁能源技术的研究开发，使太阳能的开发利用工作走出低谷，得到越来越多国家的重视和加强。

2. 太阳能技术现状

截至2015年年底，中国以累计光伏发电量4318万千瓦，一跃成为全球光伏发电装机容量的最大国家，其中分布式光伏606万千瓦（占比14.03%）。但根据最新《电力发展"十三五"规划》的公布，分布式光伏将达到6000万千瓦以上，达到占比将近50%。

这一信号，可以看出在未来中国光伏市场，分布式光伏将重点发展。2016年国内光伏装机仍有望表现强劲，预计2016年国内光伏装机将突破19GW，将再度成为最大的太阳能光伏市场。随着我国西北部地区地面电站的逐渐饱和，以及光伏平价上网的条件达成，未来国内分布式光伏将迎来发展高潮阶段，配合储能技术的成熟，东部及南部地区将兴起建分布式电站的热潮。

无论从世界还是从中国来看，常规能源都是很有限的。中国的一次能源储量远远低于世界的平均水平，大约只有世界总储量的10%。太阳能是人类取之不尽用之不竭的可再生能源，具有充分的清洁性、绝对的安全性、相对的广泛性、确实的长寿命和免维护性、资源的充足性及潜在的经济性等优点，在长期的能源战略中具有重要地位。

3. 太阳能技术

太阳能利用技术指太阳能的直接转化和利用技术。

把太阳辐射能转换成热能并加以利用属于太阳能热利用技术；

利用半导体器件的光伏效应原理把太阳能转换成电能称为太阳能光伏技术。

（1）光热技术

现代的太阳热能科技将阳光聚合，并运用其能量产生热水、蒸气和电力。除了运用适当的科技来收集太阳能外，建筑物亦可利用太阳的光和热能，方法是在设计时加入合适的装备，例如巨型的向南窗户或使用能吸收及慢慢释放太阳热力的建筑材料。

目前低温利用主要有太阳能热水器、太阳能干燥器、太阳能蒸馏器、太阳能采暖（太阳房）、太阳能温室、太阳能空调制冷系统等，中温利用主要有太阳灶、太阳能热发电聚光集热装置等，高温利用主要有高温太阳炉等。

①太阳能热水器

太阳能热水器把太阳光能转化为热能，将水从低温度加热到高温度，以满足人们在生活、生产中的热水使用。太阳能热水器是由集热管、储水箱及相关附件组成，把太阳能转换成热能主要依靠集热管。

原理：阳光穿过吸热管的第一层玻璃照到第二层玻璃的黑色吸热层上，将太阳光能的热量吸收，由于两层玻璃之间是真空隔热的，传热将大大减小（辐射传热仍然存在，但没有了热传导和热对流）；绝大部分热量只能传给玻璃管里面的水，使玻璃管内的水加热，加热的水便轻沿着玻璃管受热面往上进入保温储水桶，桶内温度相对较低的水沿着玻璃管背光面进入玻璃管补充，如此不断循环，使保温储水桶内的水不断加热，从而达到热水的目的。

②太阳能空调

新型太阳能复合超导冷暖空调，制热时以太阳能和可再生的生物质燃料为主要能源，是真正绿色的取暖方式。制冷时借助少量的电能利用地源低温，采用超导能量输送系统直接制冷，达到最合理的节能的制冷效果。

（2）光伏技术

光伏技术是指可直接将太阳的光能转换为电能的技术。

光伏电池

光伏板组件是一种暴露在阳光下便会产生直流电的发电装置，由几乎全部以半导体物料（例如硅）制成的固体光伏电池组成。简单的光伏电池可为手表以及计算机提供能源，较复杂的光伏系统可为房屋提供照明以及交通信号灯和监控系统，并入电网供电。光伏板组件可以制成不同形状，而组件又可连接，以产生更多电能。天台及建筑物表面均可使用光伏板组件，甚至被用作窗户、天窗或遮蔽装置的一部分，这些光伏设施通常被称为附设于建筑物的光伏系统。

原理：半导体材料分为 P 型半导体和 N 型半导体。

硅原子是一种半导体材料，每一个 Si 原子与相邻的四个原子结合。如果在硅或者锗的晶体中掺入磷（或者其他五价元素），由于磷原子的最外层有五个价电子，而掺入的磷原子较少，整个晶体结构基本上不变，导致某些位置上的硅原子被磷原子取代。磷原子参加共价键结构只需要四个价电子，多余的第五个价电子很容易挣脱磷原子核的束缚而成为自由电子，于是自由电子成了这种半导体的主要导电方式，我们称这种半导体为 N 型半导体。

如果在硅或者锗的晶体中掺入三价元素，则每个三价元素周围会多出一个空穴，而空穴则成为这种半导体的主要导电方式，我们称这种半导体为 P 型半导体。如果光线照射在太阳能电池上并且光在界面层被吸收，具有足够能量的光子能够在 P 型硅和 N 型硅中将电子从共价键中激发，以致产生电子—空穴对。界面层附近的电子和空穴在复合之前，将通过空间电荷的电场作用被相互分离。电子向带正电的 N 区和空穴向带负电的 P 区运动。通过界面层的电荷分离，将在 P 区和 N 区之间产生一个向外的可测试的电压。

4. 太阳能技术发展

太阳能建筑有望得到普及。

太阳能建筑集成已成为国际新的技术领域，将有无限广阔的前景。太阳能建筑不仅要求有高性能的太阳能部件，同时要求高效的功能材料和专用部件。如隔热材料、透光材料、储能材料、智能窗（变色玻璃）、透明隔热材料等，这些都是未来技术开发的内容。

空间太阳能电站显示出良好的发展前景。随着人类航天技术以及微波输电技术的进一步发展，空间太阳能电站的设想可望得到实现。

由于空间太阳能电站不受天气、气候条件的制约，其发展显示出美好的前景，是人类大规模利用太阳能的另一条有效途径。

太阳能光电制氢产业将得到大力发展。

随着光电化学及光伏技术和各种半导体电极试验的发展，使得太阳能制氢成为氢能产业的最佳选择。氢能具有重量轻、热值高、爆发力强、品质纯净、贮存便捷等许多优点。随着太阳能制氢技术的发展，用氢能取代碳氢化合物能源将是 21 世纪的一个重要发展趋势。

新型太阳能电池开发技术可望获得重大突破。

光伏技术的发展，近期将以高效晶体硅电池为主，然后逐步过渡到薄膜太阳能电池和各种新型太阳能光电池的发展。薄膜太阳能电池以及各种新硅太阳能电池具有生产材料廉价、生产成本低等特点，随着研发投入的加大，必将促使其中一、二种获得突破，正如专家断言，只要有一、二种新型电池取得突破，就会使光电池局面得到极大的改善。

欧盟从 2011 年 6 月开始，利用太阳光线提供的高温能量，以水和二氧化碳作为原材料，致力于"太阳能"燃油的研制生产。截至目前，研发团队已在世界上首次成功实现实验室规模的可再生燃油全过程生产，其产品完全符合欧盟的飞机和汽车燃油标准，无需对飞机和汽车发动机进行任何调整改动。

研制设计的"太阳能"燃油原型机，主要由两大技术部分组成：第一部分利用集中式太阳光线聚集产生的高温能量，辅之金属氧化物材料添加剂，在自行设计开发的太阳能高温反应器内将水和二氧化碳转化成合成气，合成气的主要成分为氢气和一氧化碳；第二部分根据费-托原理，将余热的高温合成气转化成可商业化应用于市场的"太阳能"燃油成品。

二、风力发电

（一）风力发电概述

众所周知，可再生能源有水能、风能、太阳能、生物质能、潮汐能、地热能六大形式。其中，风能源于太阳辐射使地球表面受热不均、导致大气层中压力分布不均而使空气沿水平方向运动所获得的动能。据估计，地球上可开发利用的风能约为 $2 \times 10^7 \, MW$，是水能的 10 倍，只要利用 1% 的风能即可满足全球能源的需求。据中国气象科学研究院估算，在中国，10m 高度可开发的风能为 10 亿 kW 以上（陆地 2.5 亿 kW，海上 7.5 亿 kW）。

在石油、天然气等不可再生能源日益短缺及大量化石能源燃烧导致大气污染、酸雨和温室效应加剧的现实面前，风力发电作为当今世界清洁可再生能源开发利用中技术最成熟、发展最迅速、商业化前景最广阔的发电方式之一已受到广泛重视。

（二）风力发电原理、风力发电机的分类

1.风力发电原理

风力发电是将风能转换为机械能进而将机械能转换为电能的过程。风吹动风力机叶片旋转，转速通常较低，需要齿轮箱增速，将高速转轴连接到发电机转子并带动发电机发电，发电机输出端接一个升压变压器后连接到电网中。典型的风力发电系统包括风力机（叶片、轮毂等部分）及其控制器、转轴、换流器、发电机及其控制器等。风速、作为风力机及其控制器的输入信号，风力机控制器将风速与参考值进行比较，向风力机输出桨距角信号，调整输出机械转矩 T 和机械功率。转轴输出的机械功率输入到发电机中，发电机的输出功率经过换流器输送到变压器中，最终输送至电网。

风能的表达式为：

$$E = \frac{1}{2}\rho t s v^3$$

式中： s ——单位时间内气流流过截面积（m²）

ρ ——空气密度（kg/m³）

v ——风速（m/s）

其中 ρ 和 v 随地理位置、海拔和地形等因素而变。

风力发电机的气动理论是由德国的贝兹（Betz）于 1926 年第一个建立的。Betz 假设风力发电机的风轮是理想的，即没有轮毂，具有无限多的叶片，气流通过风轮时没有阻力。

2.风力发电机分类

风力发电机是把风能转换为电能的装置，鉴于风力发电机种类繁多，因此分类法也是多种。按叶片数量分，单叶片，双叶片，三叶片，四叶片和多叶片；按主轴与地面的相对位置分，水平轴、垂直轴（立轴）式；按桨叶工作原理分，升力型、阻力型。目前风力发电机三叶片水平轴类型居多。

（1）水平轴风力发电机

水平轴风力发电机科分为升力型和阻力型两类。升力型风力发电机旋转速度快，阻力型旋转速度慢。对于风力发电，多采用升力型水平轴风力发电机。大多数水平轴风力发电机具有对风装置，能随风向改变而转动。对于小型风力发电机，这种对风装置采用尾舵，而对于大型的风力发电机，则利用风向传感元件以及伺服电机组成的传动机构。

风力机的风轮在塔架前面的称为上风向风力机，风轮在塔架后面的则成为下风向风机。水平轴风力发电机的式样很多，有的具有反转叶片的风轮，有的再一个塔架上安装多个风轮，以便在输出功率一定的条件下减少塔架的成本，还有的水平轴风力发电机在风轮周围产生漩涡，集中气流，增加气流速度。

（2）垂直轴风力发电机

垂直轴风力发电机在风向改变的时候无需对风，在这点上相对于水平轴风力发电机是

一大优势，它不仅使结构设计简化，而且也减少了风轮对风时的陀螺力。

利用阻力旋转的垂直轴风力发电机有几种类型，其中有利用平板和被子做成的风轮，这是一种纯阻力装置；S 型风车，具有部分升力，但主要还是阻力装置。这些装置有较大的启动力矩，但尖速比低，在风轮尺寸、重量和成本一定的情况下，提供的功率输出低。

3. 风力发电机组

（1）恒速定桨距失速调节型风力发电机组

恒速定桨距失速调节型风力发电机组结构简单、性能可靠。其主要特点是：桨叶和轮毂的连接是固定的，其桨距角（叶片上某一点的弦线与转子平面见的夹角）固定不变，失速型是指桨叶翼型本身所具有的失速特性（当风速高于额定值时，气流的攻角增大到失速条件，使桨叶的表面产生涡流，效率降低，以达到限制转速和输出功率的目的）。其优点是调节简单可靠，控制系统可以大大简化，其缺点是叶片质量大，轮毂、塔架等部件受力增大。

（2）恒速变桨距调节型风力发电机组

恒速变桨距调节型风力发电机组中变桨距是指安装在轮毂上的叶片，可以借助控制技术改变其桨距角的大小。其优点是桨叶受力较小，桨叶可以做得比较轻巧。由于桨距角可以随风速的大小而进行自动调节，因而能够尽可能多的捕获风能，多发电，又可以在高风速时段保持输出功率平稳，不致引起异步发电机的过载，还能在风速超过切出风速时通过顺桨（叶片的几何攻角趋于零升力的状态）防止对风力机的损坏，这是兆瓦级风力发电机的发展方向。其缺点是结构比较复杂，故障率相对较高。

（3）变速恒频风力发电机组

变速恒频风力发电机组中变速恒频是指在风力发电的过程中，发电机的转速可以随风速而变化，然后通过适当的控制措施使其发出的电能变为与电网同频率的电能送入电力系统。其优点：风力机可以最大限度地捕获风能，因而发电量较恒速恒频风力发电机大；较宽的转速运行范围，以适应因风速变化引起的风力机转速的变化；采用一定的控制策略可以灵活调节系统的有、无功功率；可抑制谐波，减少损耗，提高功率。其主要问题是由于增加了交—直—交变换装置，大大增加了设备费用。

（三）我国风力发电现状及存在的问题

1. 我国风力发电现状

我国的几个风能丰富带主要分布在东南沿海地区、"三北"地区和内陆局部地区。三北地区包括东北三省、内蒙古、甘肃、青海、西藏和新疆等省（自治区）。这一风能丰富带可开发利用的风能储量约 2 亿 kW，占全国可利用储量的 80%。另外，该地区风电场地形平坦，交通便利，是中国最大的连片风能资源区，有利于大规模开发风电场。东南沿海受台湾海峡的影响，每当冷空气南下到达海峡时，由于峡管效应使风速增大。冬春季的冷空气、夏秋的台风，都能影响到沿海及其岛屿，是中国风能最佳丰富区。中国有海岸线约1 800 km，岛屿6000多个，是风能大有开发利用前景的地区。除了上述两个风能丰富带之外，内陆的一些地区由于湖泊山川和特殊地形的影响，风能储量也较丰富。

近年来，我国风电产业发展势头强劲。2009年中国新增风电装机容量为1380.3万kW，超越美国成为全球新增风电装机容量最多的国家。2009年中国是全球累计风电装机容量仅次于美国的国家，累计风电装机2580.5万kW；2010年，全球每新安装3台机组，就有1台在中国，当年新增风电装机容量1892.8万kW，累计风电装机容量为4473.3万kW，超越美国成为全球新增和累计风电装机容量最多的国家。

2. 我国风力发电问题分析

（1）风能资源探测数据的准确性

风作为一种气候要素，不仅具有日、月、年变化的特点，同时还具有年际变化的特征，一个地区少风年的风能有时是多风年的风能的一半。因此，要估算一个区域的风能潜力，如果仅凭某一年或几年的数据，其结果肯定是不可靠的。目前，我国风能资源评估主要利用离地10 m高的测风资料，但随着风机高度的逐步提高，由过去的几十米达到如今的百米以上，这一数据发生了很大的变化，10 m高的测风资料已经不能完全满足风电场的需求。

（2）风电上网问题

风电场的建设风风火火，但另一方面，不少建成的风电场却被闲置，利用率较低。风电"发得出，送不出"的情况并非个别现象，粗略估算，全国有1/3的风电装机并网项目处于空转状态，造成巨额投资闲置。制约风电发展的最主要瓶颈是上网问题。国家在政策上要求电网企业无条件接纳风电入网，但实际上电网企业表现并不积极。电网企业限制风电上网的一个重要原因认为风电不稳定，时有时无、时强时弱，对电网形成冲击。风电的间歇性和不稳定性，而且在并入电网后会对电网造成一定的冲击，使电的品质下降，有人甚至将风电戏称为"垃圾电"。为了使风电满足入网条件，使上网的电尽可能稳定，电网运营商需要在风机和电网之间加入调峰电源（调节电力负荷峰谷差的发电机组），建设500万kW的风电，理论上需1 000万kW调峰电源调峰，而这无疑将增加企业的成本，企业积极性不高也就理所当然了。"上网难"的根本原因还是风电缺乏规划、无序开发。

（3）风电企业的不良竞争

中国大力发展风电创造了巨大的市场需求，国内大批企业进驻风电行业。在市场竞争初期，拿到更高的市场份额，将有利于遏制竞争对手，获得更大的市场利益。为了迅速实现生产，很多风电企业到国外去买技术。风力发电机虽是高科技产品，生产却很容易，买来图纸，和风电场签订供货合同后，把四处采购的配件装在一起，就成了一台台能够赚取利润的风力发电机。大批企业买来图纸后，很短时间就开始大规模生产，并且签下巨额订单，这也导致目前一些国产兆瓦级风机已经出现问题，达不到标准，返修率很高。由于没有掌握核心技术，当风机出现问题自己也无法进行维修，请外国专家来维修，又是一大笔巨额的维修费。大批风机企业的大规模生产必然导致产能过剩，产能过剩就直接引发了风机行业的价格战。

（4）风机质量问题

已投入运营的风机质量问题将在今后5年凸显出来，对未来风力发电的发展带来困扰。风力发电在最近几年发展过快，国外成熟市场中一台风机从研发、实验到实际进入市场开始发电需要 5 ~ 10 年的时间。而中国市场最近 5 年风力发电市场的急速发展导致众多风机从研发到实际运行的时间缩短为 1 ~ 3 年。风机在运行中的不稳定和研发时期的准备不足导致的一系列问题将在今后几年中暴露出来，成为风电发展的主要障碍。

（四）我国风电发展趋势

1. 单机容量继续快速稳步上升

现在，风电市场上销售的商业化机组容量一般为 600 ~ 2500 kW，单机容量最大的风电机组是由德国 Repower 公司生产的，容量为 5 MW，预计 2010 年将开发出 10 MW 的风电机组。目前，国内只能生产 750 kW 以下的风力发电机组，兆瓦级风电设备主要依赖进口。值得可喜的是，由哈尔滨电站设备集团研发及生产制造，具有自主知识产权的 1.2 MW 级风力发电机已经制造成功。此风力发电机是目前我国电机容量最大的风力发电机，标志着我国在该领域拥有了完全自主的知识产权，而且在一定程度上将摆脱大型风电机组依靠进口、依靠引进技术、跟随国外产品技术的发展模式。

2. 变桨距调节方式将迅速取代定桨距失速调节方式

定桨距失速调节型风电机技术是利用桨叶翼型本身的失速特性，即风速高于额定风速时，气流的功角增大到失速条件，使桨叶表面产生涡流，降低效率，从而达到限制功率的目的。其优点是调节可靠，控制简单，缺点是桨叶等主部件受力大，输出功率随风速的变化而变化。这种技术主要应用在几百千瓦的中小型风力发电机组上。变桨距调节型风电机技术是通过调节变距调节器，使风轮机叶片的安装角随风速的变化而变化，以达到控制风能吸收的目的。在额定风速以下时，它等同于定桨距风电机。当在额定风速以上时，变桨距机构发生作用，调节叶片功角，保证发电机的输出功率在允许的范围之内。变桨距风力机的起动风速较定桨距风力机低，停机时传动机械的冲击应力相对缓和。从目前风机单机容量快速上升的趋势看，变桨距调节方式将迅速取代定桨距调节方式。

3. 变速运行方式将迅速取代恒速运行方式

目前市场上恒速运行的风电机组一般采用双绕组结构（4 极 /6 极）的异步发电机，双速运行。在高风速段，发电机运行在较高转速上，4 极电机工作；在低风速段，发电机运行行较低转速上，6 极电机工作。一般单机容量为 600 ~ 750 kW 的风电机组多采用恒速运行方式，其优点是风力机控制简单，可靠性好，缺点是由于转速基本恒定，而风速经常变化，因此风力机经常工作在风能利用系数（Cp）较低的点上，风能得不到充分利用。变速运行的风电机组一般采用双馈异步发电机或多极同步发电机。双馈电机的转子侧通过功率变换器（一般为双 PWM 交直交型变换器）连接到电网。该功率变换器的容量仅为电机容量的 1/3，并且能量可以双向流动，这是这种机型的优点。多极同步发电机的定子侧通过功率变换器连接到电网。该功率变换器的容量要大于等于电机的容量。现在，国内生产的风机以恒速运行为主，但很快将会过渡到变速运行的方式，以达到和国际领先技术接轨。

4. 无齿轮箱系统的市场份额迅速扩大

目前从风轮到发电机的驱动方式主要有两种：一种是通过齿轮箱多级变速驱动双馈异步发电机，简称为双馈式，是目前市场上的主流产品；另一种是风轮直接驱动多极同步发电机，简称为直驱式。直驱式风力机具有节约投资，减少传动链损失和停机时间，以及维护费用低、可靠性好等优点，在市场上正在占有越来越大的份额。

三、海洋能的利用

（一）海洋能的利用现状及在我国的发展现状

1. 海洋能的利用现状

世界海洋能的蕴藏量约为 750 多亿千瓦，如此巨大的能源资源是当前世界能源总消耗量的数千倍，开发利用潜力巨大，利用海洋能发电已经成为国际新能源市场的一大热点。在中国大陆沿岸和海岛附近蕴藏着较为丰富的海洋能资源，总蕴藏量约为 8 亿多千瓦，目前尚未得到充分开发。

2. 我国海洋能的利用现状

中国海洋能的现代开发利用始于 20 世纪 50 年代末，到 70 年代末、80 年代初，中国海洋能的开发利用有了较大发展，具备了一定的科技和开发基础。经过不断努力，中国海洋能发电产业稳步增长，海洋能发电"十五"期间平均增长速度为 16% 左右，"十一五"期间仍然保持良好发展势头。

近年来，中国海洋能开发步伐进一步加快。山东长岛海上风电场、江苏如东海上示范风电场一期工程开工建设，上海东海大桥海上风电场顺利建成，浙江三门 2 万千瓦潮汐电站工程、福建八尺门潮汐能发电项目正式启动，海洋微藻生物能源项目落户深圳龙岗……温岭江厦潮汐试验电站是中国最大的潮汐电站，总装机容量 3900 千瓦，规模位居世界前列。

经过多年的技术积累，中国在海洋能开发及相关研究领域已经取得丰硕成果，开发成本不断降低，海洋能产业进入战略机遇期。中国海洋能资源蕴藏量丰富，清洁无污染，再生能力强，海洋能发电产业得到国家政策的鼓励和扶持，投资前景良好。

（二）海洋能具有的分布与特点

1. 海洋能的分布情况

海洋能包含了潮汐能、海流能、海水温差能和海水盐差能，这几种能量有的已被人类利用，有的已列入开发利用计划，但人们对海洋能的开发利用程度至今仍十分低。尽管这些海洋能资源之间存在着各种差异，但是也有着一些相同的特征。每种海洋能资源都具有相当大的能量通量：潮汐能和盐度梯度能大约为 2 TW；波浪能也在此量级上；而海洋热能至少要比此大两个数量级。但是这些能量分散在广阔的地理区域，因此实际上它们的能流密度相当低，而且这些资源中的大部分均蕴藏在远离用电中心区的海域。因此只能有一小部分海洋能资源能够得以开发利用。

2. 海洋能的能量优势

首先海洋能在海洋总水体中的蕴藏量巨大，而单位体积、单位面积、单位长度所拥有的能量较小。这就是说，要想得到大能量，就得从大量的海水中获得。其次海洋能具有可再生性。海洋能来源于太阳辐射能与天体间的万有引力，只要太阳、月球等天体与地球共存，这种能源就会再生，就会取之不尽，用之不竭。第三海洋能有较稳定与不稳定能源之分。较稳定的为温度差能、盐度差能和海流能。不稳定能源分为变化有规律与变化无规律两种。属于不稳定但变化有规律的有潮汐能与潮流能。人们根据潮汐潮流变化规律，编制出各地逐日逐时的潮汐与潮流预报，预测未来各个时间的潮汐大小与潮流强弱。潮汐电站与潮流电站可根据预报表安排发电运行。既不稳定又无规律的是波浪能。第四海洋能属于清洁能源，也就是海洋能一旦开发后，其本身对环境污染影响很小。

3. 海洋能相比较其他能源具有的优势

海洋能的强度较常规能源为低。海水温差小，海面与 500 ~ 1000m 深层水之间的较大温差仅为 20℃左右；潮汐、波浪水位差小，较大潮差仅 7 ~ 10m，较大波高仅 3m；潮流、海流速度小，较大流速仅 4 ~ 7 节。即使这样，在可再生能源中，海洋能仍具有可观的能流密度。以波浪能为例，每米海岸线平均波功率在最丰富的海域是 50 kW，一般的有 5 ~ 6 kW；后者相当于太阳能流密度 1 kW／m²）。又如潮流能，最高流速为 3m／s 的舟山群岛潮流，在一个潮流周期的平均潮流功率达 4.5 kW／m²。海洋能作为自然能源是随时变化着的。但海洋是个庞大的蓄能库，将太阳能以及派生的风能等以热能、机械能等形式蓄在海水里，不像在陆地和空中那样容易散失。海水温差、盐度差和海流都是较稳定的，24h 不间断，昼夜波动小，只稍有季节性的变化。潮汐、潮流则作恒定的周期性变化，对大潮、小潮、涨潮、落潮、潮位、潮速、方向都可以准确预测。海浪是海洋中最不稳定的，有季节性、周期性，而且相邻周期也是变化的。但海浪是风浪和涌浪的总和，而涌浪源自辽阔海域持续时日的风能，不像当地太阳和风那样容易骤起骤止和受局部气象的影响。

4. 海洋的开发优势

全球海洋能的可再生量很大。根据联合国教科文组织 1981 年出版物的估计数字，五种海洋能理论上可再生的总量为 750 亿千瓦。其中温差能为 400 亿千瓦，盐差能为 300 亿千瓦，潮汐和波浪能各为 30 亿千瓦，海流能为 6 亿千瓦。但如上所述是难以实现把上述全部能量取出，设想只能利用较强的海流、潮汐和波浪；利用大降雨量地域的盐度差，而温差利用则受热机卡诺效率的限制。因此，估计技术上允许利用功率为 64 亿千瓦，其中盐差能 30 亿千瓦，温差能 20 亿千瓦，波浪能 10 亿千瓦，海流能 3 亿千瓦，潮汐能估计能够达到 1 亿千瓦。

（三）海洋能的发展前景

海洋能的利用还很昂贵，以法国的朗斯潮汐电站为例，其单位千瓦装机投资合 1500 美元（1980 年价格），高出常规火电站。但在严重缺乏能源的沿海地区，把海洋能作为一种补充能源加以利用还是可取的。我国海洋能开发已有近 40 年的历史，迄今建成的潮汐电站 8 座，80 年代以来浙江、福建等地对若干个大中型潮汐电站，进行了考察、勘测和规划设计、可行性研究等大量的前期准备工作。总之，我国的海洋发电技术已有较好的基础和丰富的经验，小型潮汐发电技术基本成熟，已具备开发中型潮汐电站的技术条件。但是现有潮汐电站整体规模和单位容量还很小，单位千瓦造价高于常规水电站，水工建筑物的施工还比较落后，水轮发电机组尚未定型标准化。这些均是我国潮汐能开发现存的问题。其中关键问题是中型潮汐电站水轮发电机组技术问题没有完全解决，电站造价亟待降低。

四、生物质能的开发利用

（一）生物质能源的概念

生物质是一种通过大气，水，大地以及阳光有机协作产生的可持续性资源。生物质如果没有通过能源或物质方式被利用，将被微生物分解成水，二氧化碳以及热能散发掉。

生物质产业是指利用可再生或循环的有机物质，包括农作物、树木、能源作物和其他植物及其残体、畜禽粪便、有机废弃物等为原料，进行生物基产品、生物燃料和生物能源生产的产业。

生物质能是以生物质为载体的能量，即通过植物光合作用把太阳能以化学能形式在生物质中存储的一种能量形式。碳水化合物是光能储藏库，生物质是光能循环转化的载体，生物质能是唯一可再生的碳源，它可以被转化成许多固态、液态和气态燃料或其他形式的能源，称为生物质能源。煤炭、石油和天然气等传统能源也均是生物质在地质作用影响下转化而成的。所以说，生物质是能源之源。

（二）生物质能的利用及其现状

生物质能一直是人类赖以生存的重要能源，它是仅次于煤炭、石油和天然气而居于世界能源消费总量第四位的能源，在整个能源系统中占有重要地位。目前人类对生物质能的利用，包括直接用作燃料的有农作物的秸秆、薪柴等；间接作为燃料的有农林废弃物、动物粪便、垃圾及藻类等。现代生物质能的利用是通过生物质的厌氧发酵制取甲烷，用热解法生成燃料气、生物油和生物炭。

生物质能的利用主要有直接燃烧、热化学转换和生物化学转换等3种途径。生物质的热化学转换是指在一定的温度和条件下，使生物质汽化、炭化、热解和催化液化，以生产气态燃料、液态燃料和化学物质的技术。生物质的生物化学转换包括有生物质 - 沼气转换和生物质 - 乙醇转换等。

（三）生物质能优势

1. 增加能源供给

我国有大量以淀粉、油脂、纤维素、半纤维素及木质素等为主要成分的生物资源。我国粮食年产量为 4.5 ~ 5 亿吨，还有大量不易种农作物的土地，可以作为能源等专用植物种植的土地约有 1 亿公顷，再加上南方 10 亿亩山坡和 3 亿亩冬闲田的利用，每年可生产 10 ~ 15 亿吨生物质，可产酒精和生物柴油约 1 亿吨左右，至少相当于大庆油田的产量。

2. 减少二氧化碳排放，改善生态环境

生物质能不但在使用过程中不会大量产生 CO_2，而且绿色植物在进行光合作用时还要吸收大量 CO_2，从而大幅度减少 CO_2 的排放量。利用生物技术可使畜禽粪便、秸秆类木质纤维素转化为沼气、燃料乙醇或其他产品，既有利于根治"畜牧公害"和"秸秆问题"，又能缓解农村能源短缺的问题。

3. 创造就业岗位，增加农民收入

发展生物质能最大的意义在有利于解决"三农"问题，可以创造就业岗位，增加农民收入，保持农村社会的稳定。

4. 发展生物化工，推动化工革命

延长生物质能的产业链，利用生物乙醇生产乙烯、聚乙烯、环氧乙烷等生物化学材料，大幅度提高生物能源工业的附加值。

（四）生物质能利用的形式

依据来源的不同，可以将适合于能源利用的生物质分为林业资源、农业资源、生活污水和工业有机废水、城市固体废物和畜禽粪便等五大类。

1. 林业资源

林业生物质资源是指森林生长和林业生产过程提供的生物质能源，包括薪炭林、在森林抚育和间伐作业中的零散木材、残留的树枝、树叶和木屑等；木材采运和加工过程中的枝丫、锯末、木屑、梢头、板皮和截头等；林业副产品的废弃物，如果壳和果核等。

2. 农业资源

农业生物质能资源是指农业作物（包括能源作物）；农业生产过程中的废弃物，如农作物收获时残留在农田内的农作物秸秆（玉米秸、高粱秸、麦秸、稻草、豆秸和棉秆等）；农业加工业的废弃物，如农业生产过程中剩余的稻壳等。能源植物泛指各种用以提供能源的植物，通常包括草本能源作物、油料作物、制取碳氢化合物植物和水生植物等几类。

3. 生活污水和工业有机废水

生活污水主要由城镇居民生活、商业和服务业的各种排水组成，如冷却水、洗浴排水、盥洗排水、洗衣排水、厨房排水、粪便污水等。工业有机废水主要是酒精、酿酒、制糖、食品、制药、造纸及屠宰等行业生产过程中排出的废水等，其中都富含有机物。

4. 城市固体废物

城市固体废物主要是由城镇居民生活垃圾，商业、服务业垃圾和少量建筑业垃圾等固体废物构成。其组成成分比较复杂，受当地居民的平均生活水平、能源消费结构、城镇建设、自然条件、传统习惯以及季节变化等因素影响。

5. 畜禽粪便

畜禽粪便是畜禽排泄物的总称，它是其他形态生物质（主要是粮食、农作物秸秆和牧草等）的转化形式，包括畜禽排出的粪便、尿及其与垫草的混合物。

五、地热资源开发要加速

（一）地热资源概念

"地热"是地热资源的简称，常指能够经济地为人类所利用的地球内部的热能量资源。地球内部蕴藏有由放射性物质衰变作用等原因所产生巨大的热，地核本身就是一个由地壳和地幔层包裹着的"大热球"，时时刻刻通过各种方式向地球表面传播热量并散发到大气中。地球表面上可看到的火山喷出的熔岩温度高达1200℃～1300℃，天然温泉的温度大多在60℃以上，有的甚至高达100℃～140℃。这足以说明地球内部是一个庞大的热库，蕴藏着巨大的热能。这种热能传播到地表或传至人们可以采集到的地壳上层，就形成了人类可以开发利用的地热资源。

地热能是蕴藏在地球内部的一种自然热能，传播到人类可以开发利用的地壳深度以上就成了地热资源。和煤、石油、天然气及其他传统矿产资源不一样，地热能与太阳能、风能等都属于可再生能源，相对而言都是取之不尽用之不竭的。而且，地热能不受时间和地域限制，随时都在、到处都有。地热能作为一种清洁能源、可再生能源，其开发前景十分广阔。

地热异常的定义。

现已基本测算出，地核的温度达 6000℃，地壳底层的温度达 900 ~ 1000℃，地表常温层（距地面约 15 ~ 30 米）以下的地温随深度增加而增高。不同地区的地热增温率有一定差异，一般定义国内的地热平均增温率约为 3℃/100 米，接近平均增温率的称正常温区，高于平均增温率的地区称地热异常区。

人们通常所说的地热大部分是以水为介质从地下将其带到地面上的。一般定义：温度高于 150℃的地热称为高温地热，温度在 90 ~ 150℃之间的称为中温地热，温度在 25 ~ 90℃之间的称为低温地热。水的临界温度为 374.15℃，由于不同地区地下各深度层的压强、温度、构造都不同，地壳深部水升至地表后的温度差异也会很大，所形成的地热资源类型亦不相同。

（二）地热资源的分类

根据地热资源的性质和赋存状态可将其分为：水热型、地压型、干热岩型和岩浆型四类。水热型地热资源又可进一步划分为蒸汽型和热水型地热资源，它是指地下储有大量热能的蓄水层，是现在开发利用的主要地热资源。地压型地热资源是指以高压水的形式储存于地表以下 2000 ~ 3000 米深的沉积盆地中、并被不透水页岩所封闭的巨大热水体，其除热能之外往往还贮存有甲烷之类的化学能及高压所致的机械能，能量潜力巨大但尚未被人们充分认识。干热岩型地热资源是指地下普遍存在的没有水或蒸汽的热岩石，其温度介于 150℃ ~ 650℃之间；岩浆型资源是指蕴藏在熔融状和半熔状岩浆中的巨大热能，其埋藏部位最深，温度高达 600℃ ~ 1500℃。后两类比前两类的热能更为巨大，开发难度亦更大，属今后可考虑大量开发利用的潜在地热资源。

（三）水热型地热资源的生成

我们可以把地球看作是平均半径约为 6371 公里的多层实心球体，由外向内分别为地壳、地幔和地核，在地壳与上地幔之间还有一层充满高温岩浆的软流层，其距离地表的厚度各处很不均一，由几公里到 70 公里不等，其中大陆壳较厚，海洋壳较薄。地表距离软流层越近地温就越高，在陆地盆地坳陷处的地温就明显高于其他地区的地温。

地热资源的生成与地球岩石圈板块发生、发展、演化及其相伴的地壳热状态、热历史有着密切的内在联系，特别是与更新世以来构造应力场、热动力场有着直接的联系。从全球地质构造观点来看，大于 150℃的高温地热资源带主要出现在地壳表层各大板块的边缘，如板块的碰撞带、板块开裂部位和现代裂谷带。小于 150℃的中、低温地热资源则分布于板块内部的活动断裂带、断陷谷和坳陷盆地地区。

（四）地热资源的温度分级

国内各级政府颁布的地热资源管理条例，对于地热资源的定义基本上一致为：是指由地质作用形成、蕴藏在地壳内部或者溢出地表、达到国家规定的 25℃以上温度、以水和岩石等为载体的热能资源。按照水热型地热资源的温度进行分级：

1. 高温地热资源，温度范围大于 150℃，可用于发电、烘干；
2. 中温地热资源，温度范围 90 ~ 150℃，可用于工业用途、烘干、发电；
3. 低温地热资源—热水，温度范围 60 ~ 90℃，可用于采暖、工艺流程；
4. 低温地热资源—温热水，温度范围 40 ~ 60℃，可用于医疗、洗浴、温室；
5. 低温地热资源—温水，温度范围 25 ~ 40℃，可用于农灌、养殖、土壤加温。

（五）板块边缘地热资源的形成与特征

一般来讲高温地热多分布在地壳各板块的边缘地带，其分布与板块内的活动性断裂及沉积盆地的发育演化有关。地壳至少有十几个板块在运动，板块交界面存在着扩张、隐没、互撞、平移四种不同的运动形态，板块运动的结果使其边缘地带断裂深大、热能集中，进而产生火山活动及火成岩侵入到地表浅层。这些地区的地温异常值显著增高，有火山活动带地区的地温异常值一般会高于正常值的 3 倍左右、地温梯度约为 9℃；没有火山活动带、仅为板块活动带地域范围会较大、地温异常值不会太高，地温梯度一般在 4 ~ 6℃。

（六）板块内沉积盆地型地热资源的形成与特征

板内沉积盆地型中低温地热资源一般属于层状热储分布范围较大的地热田型地热异常区。根据我国地热资源分布规律，中、低温地热田资源分布于活动断裂带及凹陷盆地内，在凹陷盆地中心地带地势低陷，地壳厚度明显低于陆地的平均值，一般距莫霍面深度小于 30 公里，即使是没有岩浆囊、岩浆房等特殊热源的直接影响，但由于地壳厚度较小，受深部地温场的影响较大，致使区内地温异常，地温梯度均高于 3℃ /100 米。全国面积在10 万平方公里以上的中、新生代沉积盆地就有 9 个，还有许多面积较小的新生代沉积盆地，在这些盆地深部，多形成沉积盆地型中低温地热资源。这类地热资源的主要特征：一是属于层状热储分布；二是面积相对较大；三是多为中低温地热资源。

（七）板块内深大断裂型地热资源的形成与特征

从全球构造看，中国的大部分地区都处在板块内部地壳隆起区和地壳沉降区，板内除了沉降盆地型地热资源之外，大多数为断裂构造型地热资源，由深大断裂产生的地热构造则具有不同于一般断裂型地热构造的特点。深大断裂型地热资源是指地壳隆起区沿构造断裂带展布的呈带状分布的地热密集带。深大断裂型地热带的规模主要受构造断裂带的规模大小、延伸长度和宽度的控制，深大断裂带可能会长达几百公里、宽度几公里，小的断裂带可能只有几公里、宽度几百米。断裂地热带的形成特点是：断裂带成为热储和热流的通道，一方面大气降水和地表水通过断裂带入渗到深部，成为地热水的主要补给源；另一方面经过深部热岩的不断循环加热，在某一地势低凹处沿断裂带上涌至地表或浅部，或出露成温泉，或显示出地热异常。

（八）板块内断裂构造型地热资源的形成与特征

岩体受构造应力作用发生变形，一旦超过其可承受强度就会使岩体的连续性和完整性遭到破坏，近而产生各种大大小小的断裂，形成断裂构造。断裂构造是地壳中最常见的构造形式，在地壳中分布很广，无论是高山深谷还是丘陵平原，地表显露的无论是新生界还是早至太古界地层，都有断裂构造的存在，只不过断裂构造的大小不同、深浅不一。在这些断裂构造中只有张性和张扭性断裂构造的断裂面属于张开的，有可能沟通地表径流和风化壳中的地下水，成为地热流体通过循环流动通道，并在断裂深部富集地下热水。一般而言，断裂破碎带越宽、破碎岩石块越大，透水量和蓄水量就会越大；断裂延伸的深度越深、热水循环量越大，打出地热水的温度就越高。

（九）低温传导型地热资源的形成与特征

地热资源按其属性可分为三种类型：大于150℃的高温对流型地热资源，90℃～150℃的中温及小于90℃的低温对流型地热资源，小于90℃低温传导型地热资源。国内除了板块边缘型、沉积盆地型、深大断裂型等地热资源之外，大部分地区的地热资源都属于断裂构造形成的中低温传导型地热资源。按照地球的物理结构，太阳对地温的影响只能深及30米以内，在30米深度以下，地温只受地热影响。在不存在中高温地热资源构造的地区，一般来讲每向地球内部深入100米地温升高2～3℃。若是按照200米深度含水层的水温相对稳定在15～17℃左右来计算，至1000米深度含水层的水温就约为32～40℃，至2000米深度含水层的水温就约为52～60℃，至3000米深度含水层的水温就约为72～90℃。只要是断裂构造相对发育、地表水能够沿裂隙向下渗透较深的地方，一般地区只要取得深度达到1000米含水层的水，水温都会达到30℃以上，满足国家规定出口温度达到25℃以上为地热水资源的标准。

（十）地热资源的利用

地热资源可用于发电、采暖、洗浴、养殖的产业，地热资源是指现有条件下可供开发的地热能、地热流体及其有用组分。而开采利用阶段主要包括地下热水的开采、传输、供热和回灌等过程；运行管理阶段主要包括动态监测、设备维护和人员管理。

浅层地温能开发利用主要有地下水源热泵和土壤源热泵两种方式。热泵机组主要由压缩机、冷凝器、蒸发器、膨胀阀、调节阀控制系统和换热器组成，在能量转换时需要消耗一定的辅助能量（一般为电能），在压缩机和机组内部制冷剂共同作用下，从环境（地下水、土壤）中吸取低品位热能，然后转换为高品位热能释放至循环介质中加以利用。地下水源热泵系统的热源为地下热水，冬季热泵机组从生产井提供的地热水中吸收热量，提高热能品位后，对建筑物供暖，取热后的地热水回灌地下；夏季则生产井与回灌井交换，将室内余热转移到低位热源中，实现降温或制冷。

深层地热能的开发利用可分为直接利用和间接利用两种方式。间接利用主要指发电，用于发电的地热流体一般要求在180℃甚至200℃以上才比较经济。直接利用对水温要求相对较低，包括供暖、洗浴和养殖等。对深层地热能若开发利用过程中能实现完全回灌，则对环境的影响较小，主要是产生噪声和对大气环境的影响；若不能实现回灌，则对环境的影响较大，尤其是对生态环境的影响较大。

地热资源与其他常规能源相比有经济和环境方面的优势，但在开发利用过程中仍会对环境造成影响，主要包括对地下水、地表水、生态、土壤、大气以及声环境等造成的影响。

（十一）地热资源开发利用过程中产生的环境问题

地下水环境问题地热资源开发利用对地下水环境的影响主要体现在水质、水位（资源问题）和水温（热污染）三个方面。

1. 水质问题。深层地热水水质因地而异，其成因决定了地热水矿化度较高，往往富含微量元素和重金属元素。随尾水排放、异层回灌或钻井阶段井壁套管破裂，高矿化地热水会进入浅部地下水并与之混合，导致浅部地下水水质改变。已有水质监测数据表明，我国北方某些地热开发区浅部地下水中矿化度和含氟量较高。

2. 资源问题。深层地热能资源往往埋藏深，地下热水补给缓慢且补给量小，若长期无回灌的持续开采必将造成地下水位持续下降，不但会造成地热能源浪费，而且会导致地热资源枯竭，并产生地面沉降或塌陷等一系列次生地质灾害。

3. 热污染问题。地热水经过一级或多级次利用后温度降低，但相对于地下水而言其尾水温度仍较高，当地热尾水渗入地下后，由于其温度较高会打破地下水原有的温度场平衡，导致局部地下水水温升高。

4. 大气环境问题。地热水中往往含 H_2S、CO_2 等气体，排放到大气中会影响周围的大气环境。H_2S 气体对人体危害较大，浓度低时能麻痹人的嗅觉神经，浓度高时可致人窒息而死。CO_2 是地热气体中的主要成分，含量可高达80%～95%，若任意排放，会加剧温室效应。此外，热泵机组中冷凝器和蒸发器所用的工作介质（二氟一氯甲烷）排放到大气中也会影响臭氧层。

5. 地热水利用后仍含有大量余热，尾水温度甚至可达40℃以上，地热尾水排入地表水体后，受水水体的温度升高，这会加速水中含氮有机物分解，导致地表水体富营养化；同时有机物分解会消耗水中大量的溶解氧，导致水体缺氧，影响水生生物正常生长；此外，地表水体水温升高还将使水分子热运动加剧，水汽在垂直方向上的对流运动加速，水体周围土体中水分蒸发加速而造成土体失水，导致陆生动植物因生活环境改变而大量死亡或迁移，破坏了原有的生态平衡。另一方面，地热水含有氟、重金属和其他有害元素，地热尾水与受水水体混合后会影响受水水体水质。

6. 从长远角度来看，高矿化度地热尾水长期排放，使盐分在土壤中日渐积累，尤其在蒸发强烈的干旱地区，会造成土壤盐渍化。

7. 长时间大量抽取地下热水而无回灌，必将导致地下水位持续下降，孔隙水压力减小，有效应力增加，致使土层压密或盖层破裂，引起地面沉降，在岩溶地区还可能会导致地面塌陷。

（十二）地热资源开发利用过程中存在的问题

一是管理体制不完善、监管力度不够，地热管理法规、政策和标准体系尚不完善，对地热资源的破坏浪费缺乏强有力的法律约束。表现在，管水、管矿、管热的部门分头管理：矿业协会、能源协会、水资源协会等多行业协调。政府很少给地热投资，导致地热开发管理混乱，无人普查勘探和进行资源评价。

二是经济法规不平衡，利用地热资源只向国家缴纳补偿费，并非向市场有偿购买。而其采暖收费缺执行同燃煤、燃油的统一标准。这样，使供水、供热单位有明显的效益，对效益的追逐导致了开发过热状态，易于形成无节制掠夺式的开发趋势。

（十三）对策

为了避免地热资源开发利用过程中的环境问题，需要以地热系统理论为指导，将资源—环境—经济作为一个整体系统，采取以防为主，进行统一部署、统一规划和综合管理。具体防治措施如下：

1. 政府相关部门应加强监控与管理，严格地热工程的审批制度，强调地热资源开发过程中的监测网络和回灌系统建设以及综合开发利用，使地热资源能够合理有序地开发利用，减少盲目开采对地热资源造成的浪费以及过量开采所导致的潜在地质灾害影响的积累。

2. 加强地热资源勘查、开发和保护中的关键技术研究，如加强地热尾水回灌技术和地热尾水处理研究；强化热能利用效率和传热管道保温措施，降低地热消耗和尾水温度；提高地热资源的综合利用效率和经济环境效益。

3. 针对不同的环境问题，以"预防为主，防治结合"为原则，逐个击破，将问题最小化，并针对具体环境问题采取适宜的解决方案：①针对热污染，采用梯级多次利用，如利用地热尾水养殖、洗浴或温室种植和尾水回灌，但是值得注意的是，回灌对地层条件有一定要求，同时由于地热尾水温度的改变使某些矿物质发生沉淀，会对热储层或回灌井造成破坏；②针对生态环境问题，钻井完成后要及时恢复当地植被及加强尾水回灌，不能回灌的地区则采取必要的地热尾水处理措施，如可在广大农村地热区利用水生植物系统（如三棱草、芦苇和香蒲等）净化地热尾水，而净化后达到农田灌溉标准的尾水用于农业灌溉；③针对大气环境问题，地热蒸汽中对环境影响较大的为 H_2S、CO_2 气体，可采用物理或化学的方法将其去除，如用蒸汽转化法、燃烧法、生产商业性硫等方法去除 H_2S，通过地热井蒸汽分离生产商业性的 CO_2 用于温室蔬菜栽培。

六、氢能与燃料电池

（一）氢燃料电池介绍

1. 氢燃料电池的原理

氢燃料电池是使用氢这种化学元素，制造成储存能量的电池。其基本原理是电解水的逆反应，把氢和氧分别供给阴极和阳极，氢通过阴极向外扩散和电解质发生反应后，放出电子通过外部的负载到达阳极。

2. 氢燃料电池的基本结构

氢燃料电池的基本结构和基本燃料电池的结构相同，包括：电极、电解质隔膜与集电器等。电极是燃料氧化和还原的电化学反应发生的场所，可分成阴极与阳极两部分。电解质隔膜的功能是分隔氧化剂与还原剂并同时传导离子。目前燃料电池所采用的电解质隔膜可以分为两类，一类为以绝缘材料制作多孔隔膜，例如石棉膜、碳化硅膜和铝酸锂膜等，再将电解液，例如氢氧化钾、磷酸和熔融碳酸盐等，浸入多孔隔膜；另一类电解质隔膜为固态离子交换膜，例如质子交换膜燃料电池中采用的全氟磺酸树脂膜。集电器也称作双极板，它只有收集电流、疏导反应气体及分隔氧化剂与还原剂的作用；双极板的性能取决于材料特性、流场设计与加工技术。

3. 氢燃料电池的应用

20 世纪 60 年代，氢燃料电池就已经成功地应用于航天领域。往返于太空和地球之间的"阿波罗"飞船就安装了这种体积小、容量大的装置。进入 70 年代以后，随着人们不断地掌握多种先进的制氢技术，很快，氢燃料电池就被运用于发电和汽车。随着制氢技术的发展，氢燃料电池离我们的生活越来越近。到那时，氢气将像煤气一样通过管道被送入千家万户，每个用户则采用金属氢化物的贮罐将氢气贮存起来，然后连接氢燃料电池，再接通各种用电设备。它将为人们创造舒适的生活环境，减轻繁重的生活事务。但愿这种清洁方便的新型能源——氢燃料电池早日应用在人们的日常生活中。

（二）氢能在中国的开发现状

众所周知，我国能源资源并不富有，人均资源量则更低，研究人员认为氢能是解决我国能源短缺的根本对策之一。巨大的能源短缺，直接关系到能源安全和国家安全。要解决中国能源短缺问题，近期应考虑其他液体替代能源。如甲醇，二甲醚等，从长远来看应考虑氢能的作用。

在宏观国家问题上，我国早已试验成功的氢弹就是利用了氢的热核反应释放出的核能，是氢能的一种特殊应用。我国航天领域使用的以液氢为燃料的液体火箭，是氢用作燃料能源的典型例子。氢能在宇航研究中具有广阔的应用前景，如火箭发动机、氢内燃机等。在宏观民用工业领域，燃料电池近年来发展迅速。燃料电池（Fuel Cel，lFC）技术的最新发展及其诱人的前景，使全世界都看到氢作为能源的可行性和必然性。作为具有无污染、高效率、适用广、无噪声、具有连续工作和积木化等优点的动力装置——氢能燃料电池，将随着制氢技术的进步和贮氢手段的完善，在 21 世纪的能源舞台上大展风采。此外，面对民生问题，我国于 1999 年开展清洁城市汽车计划压缩天然气燃料汽车（CNG）和液化天然气燃料汽车（LNG）技术由于成本低廉使用环保，在国际上越来越受到重视。我国在北京，上海，广州，南京，沈阳等大中城市规划和建立了上千个天然气加气站。现有天然气燃料汽车 15 万辆以上。为进一步开发氢能，推动氢能利用的发展，氢能技术已被列入《科技发展"十五"计划》和 2015 年远景规划（能源领域）。这些规划与措施，极大地缓解了我国对石油产品的依存度，降低了环境污染，为我国经济健康稳定地发展做出了贡献。

（三）我国氢燃料电池发展中遇到的问题

1. 氢气的制取

一般工业制氢方法有电解水、台烃的化石燃料中制氢、太阳能光电化学分解热化学制氢制氢、光和微生物制氢等多种方法，但是目前还没有一种价格低廉、无污染、制作工艺成熟、技术优良的工艺方法，这个也是我们技术攻关的方向和目标。

2. 氢气的储存

一般的储存方法有常压储氢、高压储氢、液氢储氢。金属氢化物储氢以及吸附储存，由于氢特别轻，无色无味，容易泄漏、易在空气中达到爆炸极限浓度就会发生爆炸，所以氢的储存成了制取之后又一个技术性难题。

3. 氢气的运输

氢虽然有良好的可运输性，但不论是气态氢或是液氢，他们在使用过程中都存在不可忽视的实际问题。首先，氢特别轻。在运输和使用时。单位能量所占的体积相对较大，这对作汽车动力有一定的挑战。其次，氢特别容易泄漏，即使是真空密封的燃料箱，每 24 小时的泄漏率就达 2%，而汽油一般每一个月才泄漏 1%，因此，对贮氢容器和输氢管道，接头，阀门等都要采取特殊的密封措施。第三，液氢的温度极低，只要有一滴滴在皮肤上，就会发生严重的冻伤，因此在运输和使用过程中必须十分谨慎。要特别注意采取各种安全措施。

针对氢气制取、储存和运输上面存在的问题，从经济性和技术成熟度两个维度分析气氢拖车、管道运输、液氢罐车和储氢材料这四种可能性：

气氢拖车是未来一段时间的主要运输方式，气氢拖车具有运输成本较低的特点，但相对的运输量太小的劣势也暴露了出来；液氢罐车是未来的重要方向，其运输能力是气氢拖车的十倍以上，配合大规模可再生能源或者核电的弃电，是燃料电池大规模部署后的氢气解决方案；液氢压缩的能源消耗和氢罐的制造成本过高则是其需要改进之处，管道氢气运输运营成本低、运输规模庞大，但最致命的缺点是投资成本高且只能点对点，因此在一段时间内很难成为主流；固态储氢材料是未来氢气储存与运输的重要研究方向，包括物理吸附与金属或非金属氢化物储氢三个方向，目前都处于研究或者小规模实验状态。

（四）氢能及燃料电池的发展

当氢能源的使用成本降低到能够与石油等常规能源一样或者更低的时候，氢能源将被广泛利用于生活中的很多方面。

1. 氢气发电

大型电站，无论是水电、火电或核电，都是把发出的电送往电网，由电网输送给用户。但是各种用电户的负荷不同，电网有时是高峰，有时是低谷。为了调节峰荷、电网中常需要启动快和比较灵活的发电站，氢能发电就最适合扮演这个角色。利用氢气和氧气燃烧，组成氢氧发电机组。这种机组是火箭型内燃发动机配以发电机，不需要复杂的蒸汽锅炉系统，因此结构简单，启动迅速，要开即开，欲停即停。在电网低负荷的，还可吸收多余的电来进行电解水，生产氢和氧，以备高峰时发电用。

2. 燃料电池

这是利用氢和氧（成空气）直接经过电化学反应而产生电能的装置。其能源转换效率可达 60% ~ 80%，而且污染少，噪声小，装置可大可小，非常灵活。

3. 家用氢能

随着制氢技术的发展，氢能利用迟早将进入家庭，它可以像输送城市煤气一样，通过氢气管道送往千家万户。每个用户则采用金属氢化物贮罐将氢气贮存，然后分别接通厨房灶具、浴室、氢气冰箱空调机等，并且在车库内与汽车充氢设备连接。人们的生活靠一条氢能管道，可以代替煤气、暖气甚至电力管线，连汽车的加油站也省掉了。这样清洁方便的氢能系统，将给人们创造舒适的生活环境，减轻许多繁杂事务。

4. 更加普及的氢燃料电池汽车

以氢燃料电池代替汽油作汽车发动机的燃料，无疑氢能汽车将是最清洁最理想的交通工具。除了产生同等的能量花费比石油更少的量的优势以外，氢能属于清洁的可再生能源。对人类环境状况不会产生过大的负面影响。

结　语

　　随着经济技术的发展，社会文明程度日益提高，城市人口和地域渐增，环境保护与城市规划两大系统工程如何统筹协调，是实现保护环境与持续发展的关键。环境保护与城市规划都是涉及自然科学与社会科学的综合性工作，必须多学科、多专业共同研究，寻找最佳方案，保证环境与经济建设同步协调发展。制定出合理高效的城市规划方案和良好的环境保护措施和制度，为人类的发展创造出美好的先决条件，促进社会的进一步发展。